前坪水库泄水建筑物和电站设计与技术应用

伦冠海　皇甫泽华　杨子江　历从实　等著

黄河水利出版社
·郑州·

内 容 提 要

本书以河南省前坪水库泄水建筑物和电站为研究对象,针对水库泄水建筑物和电站开展了设计和技术应用研究工作。根据水库规划调度运行条件,并通过水工模型试验,结合现场地形地质条件,研究了泄洪洞、溢洪道、输水洞、电站设计及高边坡生态护坡绿化技术应用。通过水工模型试验,优化了建筑物结构形式,节省了工程投资,为同类水库设计与研究提供科学支撑。

本书可供水库设计研究和管理人员以及高等院校水利水电工程专业的师生阅读参考。

图书在版编目(CIP)数据

前坪水库泄水建筑物和电站设计与技术应用/伦冠海等著.—郑州:黄河水利出版社,2022.4
ISBN 978-7-5509-3264-7

Ⅰ.①前… Ⅱ.①伦… Ⅲ.①水库-泄水建筑物-建筑设计-研究-汝阳县②水力发电站-设计-研究-汝阳县 Ⅳ.①TV62②TV74

中国版本图书馆 CIP 数据核字(2022)第 055874 号

组稿编辑:王路平 电话:0371-66022212 E-mail:hhslwlp@126.com
田丽萍 66025553 912810592@qq.com

出 版 社:黄河水利出版社 网址:www.yrcp.com
地址:河南省郑州市顺河路黄委会综合楼 14 层 邮政编码:450003
发行单位:黄河水利出版社
发行部电话:0371-66026940、66020550、66028024、66022620(传真)
E-mail:hhslcbs@126.com
承印单位:河南新华印刷集团有限公司
开本:787 mm×1 092 mm 1/16
印张:16.75
字数:390 千字
版次:2022 年 4 月第 1 版 印次:2022 年 4 月第 1 次印刷

定价:150.00 元

前　言

由于河川径流具有多变性和不重复性，所以在年与年、季与季以及地区之间来水都不同，且变化很大。在防洪区上游河道适当位置兴建能调蓄洪水的综合利用水库，利用库容拦蓄洪水，蓄洪补枯，达到兴利避害的目的。我国现有水库 9.8 万多座，水库工程作为国民经济基础设施的重要组成部分，对防汛防旱、灌溉、生态养殖、调节温度、净化空气、日常供水等方面有着极其重要的影响，在整个国家经济发展过程中发挥了重要作用。随着我国经济的快速发展，人们对水库工程提出了更高的要求和标准。

前坪水库位于豫西汝阳县境内，是一座以防洪为主，结合灌溉、供水，兼顾发电的大(2)型水库，水库总库容 5.84 亿 m^3。工程主要泄水建筑物包括溢洪道、泄洪洞、输水洞、电站等。坝址区两岸山体为侵蚀、剥蚀的低山区与丘陵区过渡带，岩体裂隙发育，多微张，地质条件复杂，建筑物布置局限较多。溢洪道控制段闸室采用开敞式实用堰，出口采用挑流消能。泄洪洞控制段闸室采用进口有压短管形式布置，洞身为无压泄洪洞，出口采用挑流消能。输水洞进水闸分 4 层取水，洞身采用有压圆形隧洞，出口为明埋钢管接电站，电站采用卧轴混流水轮机组。

泄水建筑物和电站根据规划及调度运行条件，结合现场地形进行设计，并通过整体和单体水工模型试验，进一步验证泄水建筑物的规模，分析研究泄水建筑物总体布置及消能防冲设施的合理性，为设计提供试验支撑，优化了建筑物结构形式，节省了工程投资，为同类水库设计与研究提供科学支撑。溢洪道进水渠、控制段左岸边坡高均超过 80 m，为保证边坡稳定及生态环保，本工程采用客土植物生态护坡，效果良好，为同类工程生态支护提供了参考。

本书共分 9 章。第 1 章由伦冠海、皇甫泽华撰写，第 2 章由伦冠海、王长江、张鹏撰写，第 3 章由历从实、皇甫泽华撰写，第 4 章由朱顺强撰写，第 5、6 章由周志富撰写，第 7 章由伦冠海撰写，第 8 章由杨子江撰写，第 9 章由张赛撰写。本书由伦冠海、皇甫泽华统稿。

由于作者水平所限，书中的错误和不足在所难免，敬请广大读者批评指正。

伦冠海

2022 年 2 月

前　言

2022年2月

目　录

前　言
第1章　绪　论 ……………………………………………………………… (1)
第2章　水　文 ……………………………………………………………… (3)
2.1　流域概况 ……………………………………………………………… (3)
2.2　基本资料 ……………………………………………………………… (6)
2.3　径流复核 ……………………………………………………………… (9)
2.4　设计洪水复核 ………………………………………………………… (27)
2.5　坝下水位-流量关系 ………………………………………………… (99)
2.6　泥　沙 ……………………………………………………………… (101)
2.7　水面蒸发量 ………………………………………………………… (103)
2.8　水文自动测报系统 ………………………………………………… (107)
第3章　工程地质 ………………………………………………………… (115)
3.1　区域地质概况 ……………………………………………………… (115)
3.2　泄水建筑物工程地质条件评价 …………………………………… (117)
3.3　发电引水建筑物工程地质条件评价 ……………………………… (118)
3.4　结　论 ……………………………………………………………… (120)
第4章　工程总体布置与设计标准 ……………………………………… (122)
4.1　工程总体布置 ……………………………………………………… (122)
4.2　工程等级和标准 …………………………………………………… (125)
第5章　泄洪洞 …………………………………………………………… (129)
5.1　基本资料 …………………………………………………………… (129)
5.2　方案比选 …………………………………………………………… (130)
5.3　工程布置 …………………………………………………………… (133)
5.4　水力计算 …………………………………………………………… (135)
5.5　稳定计算 …………………………………………………………… (141)
5.6　洞身结构计算 ……………………………………………………… (145)
第6章　溢洪道 …………………………………………………………… (153)
6.1　基本资料 …………………………………………………………… (153)
6.2　方案比选 …………………………………………………………… (154)
6.3　工程布置 …………………………………………………………… (158)
6.4　水力计算 …………………………………………………………… (162)
6.5　防渗与排水设计 …………………………………………………… (169)
6.6　稳定及应力计算 …………………………………………………… (169)

第7章 输水洞与电站 …… (176)
7.1 输水洞 …… (176)
7.2 电 站 …… (190)
7.3 尾水建筑物 …… (193)
第8章 水工模型试验与优化 …… (196)
8.1 研究任务 …… (196)
8.2 模型设计、制作和试验量测 …… (197)
8.3 泄洪洞和溢洪道联合工作时的泄流性能 …… (202)
8.4 溢洪道导墙修改试验结果 …… (212)
8.5 泄洪洞和溢洪道水工模型试验结果 …… (220)
第9章 高边坡生态护坡绿化 …… (249)
9.1 工程概况 …… (249)
9.2 工程地形 …… (249)
9.3 地层岩性 …… (249)
9.4 常见生态护坡及特点 …… (249)
9.5 施工工艺 …… (252)
9.6 主要材料 …… (252)
9.7 施工所需机械 …… (252)
9.8 施工工艺及流程 …… (253)
9.9 质量验收标准 …… (258)
9.10 质量保证措施 …… (259)
9.11 安全施工措施 …… (259)
9.12 文明施工措施 …… (260)
9.13 环境保护措施 …… (260)
参考文献 …… (261)

第1章　绪　论

北汝河发源于河南省洛阳市嵩县车村乡，由嵩县的竹园乡上庄村娄子沟进汝阳县境内，曲折东流，至小店乡黄屯村东北入平顶山市境内，在襄城县丁营乡崔庄村岔河口处入沙颍河，全长约250 km，河道坡降1/300～1/200，流域面积6 080 km^2。

前坪水库位于淮河流域沙颍河支流北汝河上游河南省洛阳市汝阳县县城以西9 km的前坪村，是以防洪为主，结合灌溉、供水，兼顾发电的大(2)型水库，水库总库容5.84亿m^3，控制流域面积1 325 km^2。

前坪水库工程可控制北汝河山丘区洪水，将北汝河防洪标准由10年一遇提高到20年一遇，同时配合已建的昭平台、白龟山、燕山、孤石滩等水库，规划兴建的下汤水库，以及泥河洼等蓄滞洪区共同运用，可控制漯河下泄流量不超过3 000 m^3/s，结合漯河以下治理工程，可将沙颍河的防洪标准远期提高到50年一遇。

水库灌区面积50.8万亩❶，每年可向下游城镇提供生活及工业用水约6 300万m^3，水电装机容量6 000 kW，多年平均发电量约1 881万kW·h。

前坪水库设计洪水标准采用500年一遇，相应洪水位418.36 m；校核洪水标准采用5 000年一遇，相应洪水位422.41 m。工程主要建筑物包括主坝、副坝、溢洪道、泄洪洞、输水洞、电站等。

主坝采用黏土心墙砂砾(卵)石坝，跨河布置，坝顶长818 m，坝顶路面高程423.50 m，坝顶设高1.2 m混凝土防浪墙，最大坝高90.3 m。

副坝位于主坝右侧，采用混凝土重力坝结构形式，坝顶长165 m，坝顶路面高程423.50 m，坝顶设高1.2 m混凝土防浪墙，最大坝高11.6 m。

左岸布置溢洪道，闸室为开敞式实用堰结构形式，采用WES曲线型实用堰，堰顶高程403.0 m，共5孔，每孔净宽15.0 m，总净宽75.0 m。闸室长35 m，闸室下接泄槽段，出口消能方式采用挑流消能。

泄洪洞布置在溢洪道左侧，进口洞底高程为360.0 m，控制段闸室采用有压短管形式，闸孔尺寸为6.5 m×7.5 m(宽×高)，洞身采用无压城门洞形隧洞，断面尺寸为7.5 m×8.4 m+2.1 m(宽×直墙高+拱高)，洞身段长516 m，出口消能方式采用挑流消能。

右岸布置输水洞，采用竖井式进水塔，进口底高程为361.0 m，控制闸采用分层取水，共设4层，最底部取水口孔口尺寸为4.0 m×5.0 m(宽×高)，其余3个取水口孔口尺寸均为4.0 m×4.0 m(宽×高)。洞身为有压圆形隧洞，直径为4.0 m，洞身长度为256 m，洞身出口压力钢管接电站和消力池。

电站总装机容量为6 000 kW，安装3台机组，其中2台机组为利用农业灌溉及汛期弃水发电，1台机组为生态基流、城镇及工业供水发电。电站厂房由主厂房、副厂房和开关

❶ 1亩=1/15 hm^2，全书同。

站组成,电站尾水管与尾水池相接,尾水池末端设灌溉闸和退水闸。

工程施工采用分期导流,一期利用原河道导流,在左岸施工泄洪洞、右岸施工导流洞;二期利用导流隧洞和泄洪洞导流,施工主坝、副坝、溢洪道、输水洞及电站等其他工程。工程总工期为60个月。

前坪水库工程概算编制采用《水利工程设计概(估)算编制规定》(水利部水总〔2014〕429号),价格水平采用2015年第二季度。本工程总投资为446 251万元,工程静态总投资441 864万元。

第2章　水　文

2.1　流域概况

2.1.1　地理位置、地形地貌

北汝河是淮河流域沙颍河水系的主要支流。西北与黄河支流伊洛河流域以伏牛山为界,东北与颍河相接。北汝河发源于伏牛山区,流经洛阳市的嵩县、汝阳县,平顶山市的汝州、宝丰、郏县、襄城县、叶县和舞阳等县(市),该河在马湾闸上游约25 km处的岔河口汇入沙河。北汝河干流河道长250 km,控制流域面积6 080 km^2,汝阳县及以上流域面积1 866 km^2,平顶山市境内流域面积3 226 km^2,郏县与襄城县交界处以上流域面积5 005 km^2,许昌市境内流域面积988 km^2。前坪水库坝址位于北汝河干流上游河南省汝阳县县城以西9 km的前坪村附近。坝址以上干流长91.5 km,流域面积1 325 km^2。

沙河、漯河以上流域水系见图2-1。

北汝河在汝阳县紫罗山以上属于山区河道,地面高程一般为500~1 500 m,河道宽200~1 000 m,河床质为砂卵石,比降10‰~3.3‰;紫罗山至襄城段为浅山丘陵区,河槽骤然变宽,河道最大行洪宽度可达2 000 m,地面高程一般为300~500 m,河床为砂卵石,河道比降3‰~1.7‰;襄城以下为平原区,河道变窄,最窄处仅有100~200 m,地面高程一般为70~280 m,比降1.4‰,河床质为砂,河道比降平缓,河身弯曲。整个流域地形地貌明显划分为山、丘、平、洼四大类。

北汝河位于伏牛山区,总体为东西走向。伏牛山石人山峰为流域最高峰,海拔2 153 m,其次为龙池漫山峰,海拔2 129 m,为沙颍河与黄河支流伊洛河的分水岭。库区主要是山丘区,西南高、东北低。流域内荒山秃岭较多,坝址以上局部有原始森林,植被覆盖率20%~40%。坝址以下流域内植被稀少,加上陡坡开荒,水土流失严重。

2.1.2　气象、水文

2.1.2.1　气候特征

前坪水库所在流域地处暖温带向亚热带的过渡地带,属大陆性季风气候区。流域内地形复杂,冷暖气团交会频繁,气候变化受季风及地形特征的影响,冬春干旱少雨,夏秋闷热多雨。据汝阳县气象站1957~2005年观测资料统计,多年平均气温14.2 ℃,极端最高气温44 ℃,出现在1966年;最低气温-21 ℃,出现在1969年。

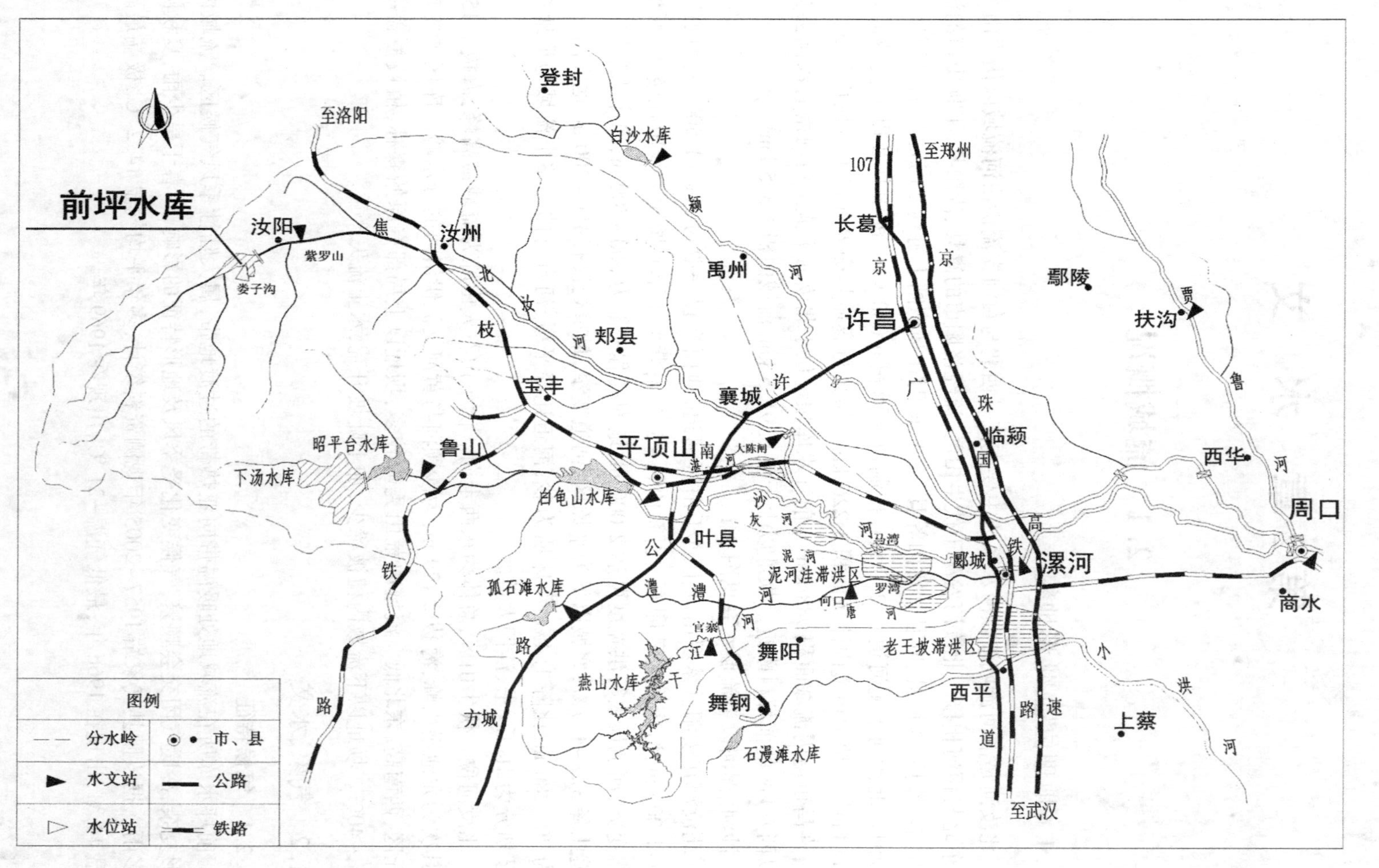

图 2-1　沙河、漯河以上流域水系

据汝阳县1957~2005年气象观测资料统计,本区夏季盛行西南风,多年平均风速为2.1 m/s,多年平均最大风速为13.8 m/s,相应风向为西北风。

受气候、季风、地形等因素的影响,降水的时空分布不均匀,年内、年际变化较大。据前坪水库坝址以上及附近雨量站资料统计,多年平均降水量约761.7 mm。按季节分,6~8月降水量395.4 mm,12月至次年2月降水量37.4 mm,分别占全年的51.9%和4.9%。1964年年降水量最大,为1 202.9 mm;1966年年降水量最小,为497.1 mm。

据汝阳县气象观测资料统计,多年平均相对湿度66%,最大积雪深210 mm(发生在1964年2月9日),最大冻土深140 mm(发生在1975年12月4日),多年平均无霜期220 d。

据紫罗山站历年蒸发量资料统计,多年平均水面蒸发量957 mm。全年以9月最大,多年平均值117.9 mm;以3月最小,多年平均值43.1 mm。

2.1.2.2 暴雨洪水特性

受季风的影响,北汝河暴雨多集中在汛期,一般发生在6~9月,其中7月中下旬到8月上中旬为主雨期。产生暴雨的主要天气系统有低压槽、冷锋面、切变线、涡切变和台风等。西南低涡沿切变线东移是北汝河流域暴雨的主要天气成因之一,1982年大暴雨就是这种天气系统造成的。台风与台风倒槽形成的暴雨主要特征是范围较小、历时较短但降水强度却非常大,如1975年8月暴雨。

北汝河流域洪水主要由暴雨形成,其洪水径流特性与暴雨特性和流域地形特征紧密相关。

北汝河上游为山区,是暴雨多发地区,因地面及河道坡降陡,洪水汇流迅速,峰高势猛。如紫罗山站1982年7月底至8月初的一场洪水在6 h内流量从59 m^3/s猛涨至7 050 m^3/s,22 h后流量又回落至760 m^3/s,由此可以看出紫罗山洪水陡涨陡落的特点。紫罗山洪水一般呈复峰,但也有不少呈单峰形式,一次洪水历时一般为3~10 d。

紫罗山多年平均年径流量4.601亿m^3。最大年径流量11.34亿m^3与最小年径流量0.924亿m^3的比值为12.3。6~9月平均径流量3.08亿m^3,12月至次年2月平均径流量0.24亿m^3,分别为全年径流量的66.9%和5.2%。

2.1.3 水利工程

前坪水库坝址以上流域面积1 325 km^2,分属洛阳市的汝阳县和嵩县。据2011年8月调查,自1958~2009年流域内共建成小(2)型水库6座,总控制面积17.5 km^2,占前坪水库以上流域面积的1.32%,总库容95.6万m^3,兴利库容79.28万m^3,设计灌溉面积0.3万亩。前坪水库上游小型水库基本情况见表2-1。

水库下游16.5 km处的紫罗山水文站控制面积1 800 km^2,前坪水库—紫罗山区间有4座小型水库和2座中型水库,控制流域面积194.5 km^2。

紫罗山以上共有10座小型水库和2座中型水库,总控制面积为212 km^2。北汝河下游在襄城以下干流上建有大陈节制闸。

表 2-1 前坪水库上游小型水库基本情况

序号	水库名称	河流	位置		建成日期(年-月)	控制面积/km^2	校核标准/年	库容/万 m^3		设计灌溉面积/万亩	说明
			县(市)	乡(镇)				总库容	兴利库容		
1	小豆沟	小豆沟	嵩县	车村镇	1975-05	8.6	200	22.6	18.3	0.07	已建
2	韭菜沟	韭菜沟	嵩县	车村镇	1977-11	4.65	200	22.5	16.7	0.06	已建
3	河南	龙潭沟	嵩县	车村镇	1976-11	0.1	200	16.3	16.0	0.08	已建
4	碾盘沟	碾盘沟	嵩县	车村镇	1958-12	0.15	200	13.7	13.0	0.05	已建
5	东沟	斜纹河	汝阳县	付店乡	1975-01	3.3	200	10.5	7.25	0.03	已建
6	老军堂	浑椿河	汝阳县	十八盘乡	1976-10	0.7	200	10.0	8.03	0.01	已建
合计						17.5		95.6	79.28	0.3	

2.2 基本资料

2.2.1 站网分布及测站情况

雨量站:从1951年至今,大陈闸以上及附近先后设立了36个雨量站,其中前坪水库坝址以上及附近先后设立了14个雨量站。测站逐渐增加且分布比较均匀,基本能控制流域的雨情。

娄子沟水文站位于前坪水库坝址上游6 km处,控制流域面积1 218 km^2,该站设立于1954年7月,观测项目有降水、水位、流量等,1955年5月撤销,1970年7月复设水文站,1985年以后改为水位站。

紫罗山水文站位于前坪水库坝址下游16.5 km处,控制流域面积1 800 km^2,该站1951年4月设立,观测项目有降水、水位、流量、泥沙、蒸发等,观测至今,资料可靠。

襄城水文站1979年因大陈闸回水影响,下迁至大陈闸为大陈闸水文站,观测至今,观测项目有降水、水位、流量和泥沙等,资料可靠。

襄城(大陈闸)以上测站基本情况见表2-2。前坪坝址以上流域及站网分布情况见图2-2。

2.2.2 坝址以上流域面积

根据1971年河南省洛阳市水利勘测设计院编制的《前坪水库工程规划报告》,前坪水库坝址以上流域面积采用1 325 km^2。经复核,前坪水库坝址以上流域面积1 309 km^2。两者差别仅1.2%,因此前坪水库坝址以上流域面积仍采用1 325 km^2。

表2-2 襄城(大陈闸)以上测站基本情况

河名	站名	设站年份	观测项目
北汝河	娄子沟	1954	降水、水位、流量 (1954年7月至1955年4月、1970年7月至1984年12月)
北汝河	紫罗山	1951	降水、水位、流量、泥沙、蒸发
北汝河	孙店	1954	降水
北汝河	龙王庙	1954	降水
北汝河	两河口	1951	降水
北汝河	蝉螳	1954	降水
北汝河	黄庄	1953	降水
北汝河	木植街	1962	降水
靳村河	排路	1966	降水
靳村河	沙坪	1967	降水
付店河	付店	1953	降水
浑椿河	十八盘	1977	降水
马兰河	王坪	1962	降水
马兰河	三屯	1955	降水
北汝河	临汝镇	1953	降水
荆河	夏店	1963	降水
康河	寄料街	1957	降水
北汝河	汝州	1931	降水
蟒川河	蟒川	1963	降水
黄涧河	棉花窑	1963	降水
黄涧河	大泉	1963	降水
黄涧河	大峪店	1957	降水
黄涧河	许台	1965	降水
螳牛河	小河	1976	降水
北汝河	韩店	1955	降水
青龙河	老虎洞	1976	降水
北汝河	郏县(城关)	1971	降水
石河	龙兴寺	1976	降水、1956年流量、1957年至今水位
净肠河	大营	1957	降水
玉带河	河陈	1976	降水
净肠河	宝丰	1931	降水
北汝河	郏县	1933	降水
兰河	神垕	1953	降水
肖河	刘武店	1967	降水
北汝河	襄城	1931	降水,1951~1978年水位、流量

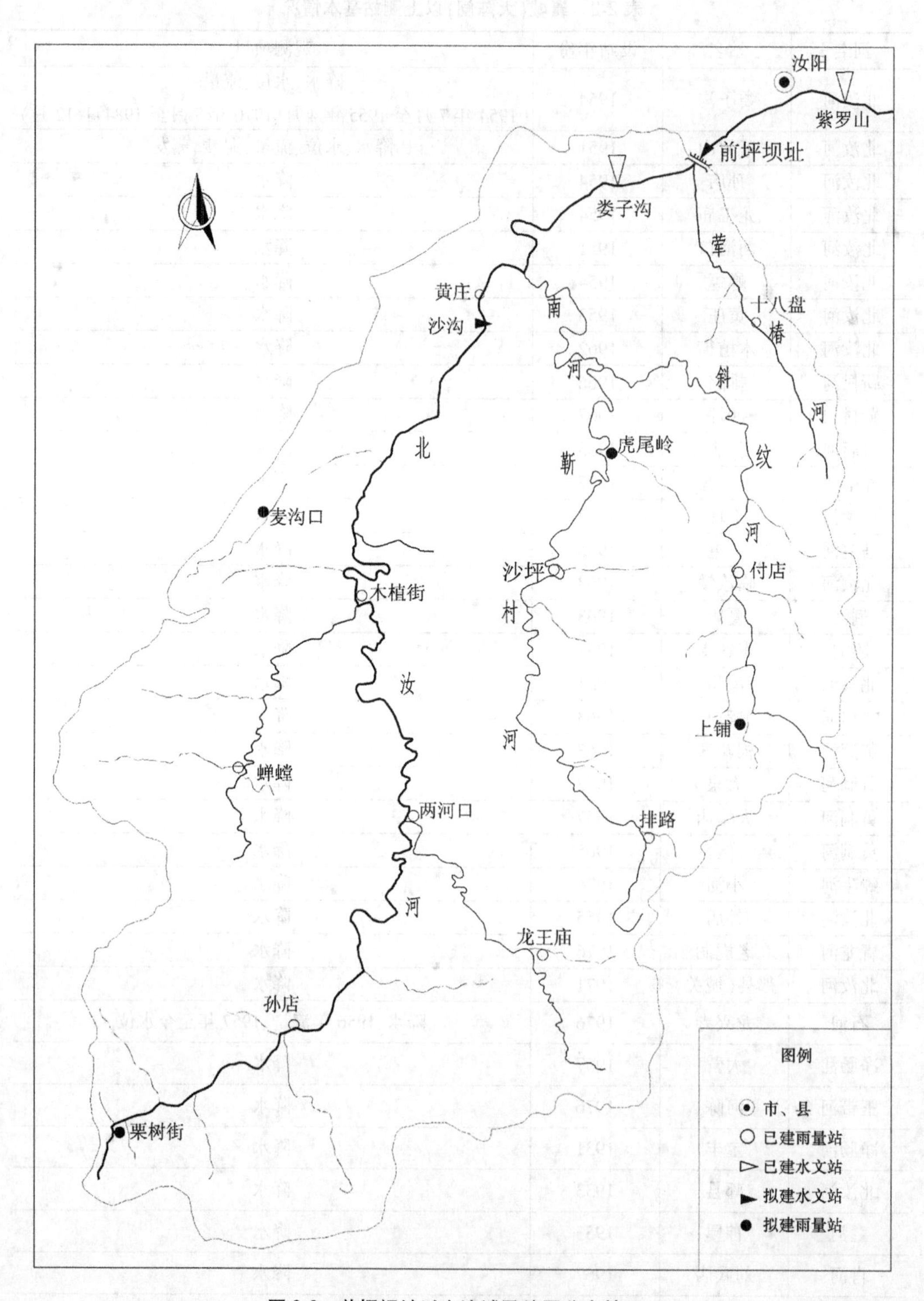

图 2-2　前坪坝址以上流域及站网分布情况

2.2.3 历史洪水资料

2.2.3.1 调查历史洪水

1. 娄子沟站调查历史洪水

1970年7月河南省水利厅对娄子沟站进行了历史洪水调查,调查河段位于娄子沟水文站上、下游附近。上至八里滩,下至西竹园,河段长度为5 400 m,走向为S形,下游段较顺直,流向偏东北,1943年洪水漫溢至南北两坡根。调查到的历史洪水年份为1943年。

根据1943年洪水的洪痕高程,通过实测水位-流量关系曲线外延,推算得1943年洪峰流量为7 750 m^3/s。

2. 紫罗山站调查历史洪水

1970年7月河南省洛阳市水文局对紫罗山站进行了历史洪水调查。调查的年份为1943年,调查范围为沿紫罗山主断面向上3.5 km,向下3.5 km,资料可靠,调查的结论为1943年洪水略高于1870年7月18日洪水。根据1943年洪水的洪痕高程,采用面积导向原断面法,用1958年水位-流量关系线反推1943年水位为295.70 m,推算出紫罗山站1943年洪峰流量为10 000 m^3/s。

两站历史调查洪水均通过河南省水利厅审查,并编入《中国历史洪水》。

2.2.3.2 历史洪水定位

根据《汝州全志》《汝州伊阳县志》对1809年、1816年、1870年、1899年、1937年及1943年洪水灾情的描述,1987年河南省水利厅水文水资源总站刊印的《中华人民共和国河南省洪水调查资料》,确定娄子沟站、紫罗山站1943年洪水为1809年以来的最大洪水。

2.3 径流复核

2.3.1 年径流系列

2.3.1.1 紫罗山站、娄子沟站实测径流系列

紫罗山水文站位于前坪水库坝址下游16.5 km处,集水面积1 800 km^2,有1952~2010年共计59个日历年的实测流量资料。娄子沟水文站位于前坪坝址上游6 km处,集水面积1 218 km^2,有1954年7月至1955年4月、1970年7月至1984年12月、1991年1月至1995年12月共22年不连续实测流量资料。

据调查,前坪水库坝址以上汝阳县和嵩县境内没有大中型水库,只有小(2)型水库6座,其中汝阳县2座、嵩县4座,总控制面积17.5 km^2,占前坪水库以上流域面积的1.32%,总库容95.6万m^3,占前坪水库总库容约0.16%。水库坝址以上水利工程所控制的流域面积、总库容占前坪水库以上的比例很小,对水库上游的产流、汇流条件及年径流量影响甚微,因此不考虑对水库设计洪水、年径流量的还原计算。

紫罗山站和娄子沟站年径流系列见表2-3。

表 2-3 紫罗山站和娄子沟站年径流系列

时段	实测		缺测插补	时段	实测		缺测插补
	紫罗山站/万 m^3	娄子沟站/万 m^3	娄子沟站/万 m^3		紫罗山站/万 m^3	娄子沟站/万 m^3	娄子沟站/万 m^3
1952~1953 年	22 920		15 733	1982~1983 年	113 401	70 915	70 915
1953~1954 年	77 555		50 913	1983~1984 年	102 023	68 937	68 937
1954~1955 年	73 537		46 778	1984~1985 年	70 873		50 316
1955~1956 年	78 131		51 283	1985~1986 年	41 724		27 841
1956~1957 年	97 132		63 518	1986~1987 年	16 704		11 731
1957~1958 年	50 167		33 278	1987~1988 年	25 265		17 243
1958~1959 年	98 191		64 200	1988~1989 年	48 198		32 010
1959~1960 年	22 859		15 694	1989~1990 年	49 016		32 536
1960~1961 年	20 574		14 223	1990~1991 年	34 487		23 669
1961~1962 年	36 840		24 696	1991~1992 年	21 387	13 666	13 666
1962~1963 年	68 738		45 236	1992~1993 年	19 717	8 628	8 628
1963~1964 年	91 860		60 123	1993~1994 年	16 311	9 104	9 104
1964~1965 年	104 826		68 473	1994~1995 年	23 185	15 469	15 469
1965~1966 年	39 120		26 164	1995~1996 年	26 686		22 173
1966~1967 年	25 334		17 287	1996~1997 年	69 119		45 480
1967~1968 年	67 234		44 267	1997~1998 年	18 552		12 921
1968~1969 年	79 829		52 377	1998~1999 年	31 598		21 321
1969~1970 年	28 174		19 117	1999~2000 年	9 235		6 921
1970~1971 年	43 825		28 809	2000~2001 年	52 242		34 613
1971~1972 年	39 331	26 106	26 106	2001~2002 年	14 613		10 384
1972~1973 年	22 573	17 203	17 203	2002~2003 年	19 246		13 368
1973~1974 年	54 594	30 763	30 763	2003~2004 年	71 940		47 297
1974~1975 年	32 627	24 878	24 878	2004~2005 年	29 136		19 736
1975~1976 年	102 819	66 365	66 365	2005~2006 年	67 573		44 485
1976~1977 年	25 824	16 266	16 266	2006~2007 年	20 991		14 491
1977~1978 年	24 758	17 250	17 250	2007~2008 年	32 531		21 922
1978~1979 年	41 917	28 411	28 411	2008~2009 年	21 561		14 858
1979~1980 年	34 191	22 977	22 977	2009~2010 年	33 478		22 532
1980~1981 年	31 269	26 982	26 982	合计	2 655 850	480 325	1 770 342
1981~1982 年	18 309	16 405	16 405	均值	45 791	8 281	30 523

2.3.1.2 利用紫罗山资料插补娄子沟年径流

娄子沟站缺测径流资料可用紫罗山站与娄子沟站同步旬径流相关插补。

紫罗山站与娄子沟站旬径流相关关系:根据紫罗山站、娄子沟站 1954 年 7 月至 1955 年 4 月、1970 年 7 月至 1984 年 12 月、1991 年 1 月至 1995 年 12 月各旬实测径流量,建立相关关系,相关线如图 2-3 所示。

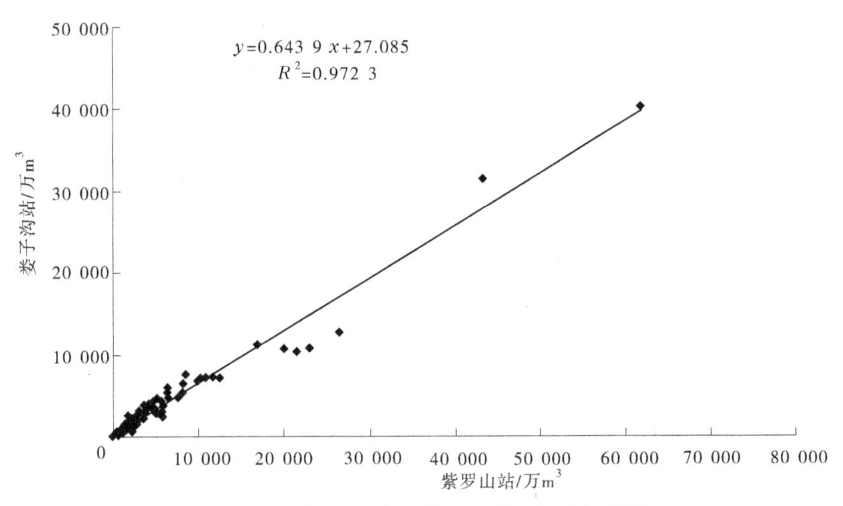

图 2-3　娄子沟站与紫罗山站旬径流相关线

由图 2-3 可见,紫罗山站与娄子沟站实测旬径流组成的点子密集分布在旬径流相关线两侧。通过对紫罗山站与娄子沟站年径流相关线进行回归关系计算,紫罗山站与娄子沟站旬径流相关系数 $R^2=0.972\ 3$,相关系数的机误为 $E_r=0.003$。由于 $|R|>|4E_r|$,说明两站相关关系很密切,因此可采用紫罗山站与娄子沟站旬径流相关线,插补娄子沟站缺测年份的旬径流量。

根据紫罗山站、娄子沟站年径流量共 22 年的不连续观测资料,建立紫罗山站和娄子沟站的年径流相关关系,相关线如图 2-4 所示。

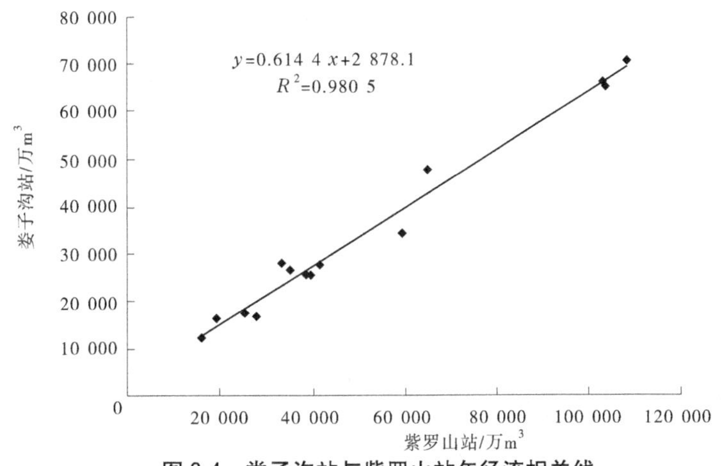

图 2-4　娄子沟站与紫罗山站年径流相关线

根据紫罗山站历年年径流量、紫罗山站与娄子沟站年径流相关关系,插补娄子沟站缺测年份年径流量,得其 1952～2010 年共计 58 个水文年的年径流系列,经计算其均值为 29 890 万 m^3。

根据紫罗山站历年旬径流量、紫罗山站与娄子沟站旬径流相关关系,插补娄子沟站缺测年份旬径流量,得其 1952～2010 年共计 58 个水文年的年径流系列,经计算其均值为 30 523 万 m^3。

娄子沟站缺测年份的年径流量，分别用紫罗山站与娄子沟站年径流相关关系、旬径流相关关系插补，二者相差不大，用年径流插补比用旬径流插补小 2.08%。

综上所述，娄子沟站缺测年份天然年径流量用紫罗山站与娄子沟站旬径流相关关系插补是合理的。

2.3.1.3　娄子沟站水位-流量关系分析

利用娄子沟站 1991～1995 年的洪水要素中水位-流量资料，建立娄子沟站水位-流量关系，根据水位情况分别建立低水位（小于 360.0 m）和高水位（大于或等于 360.0 m）关系，并与洛阳市水文局分析计算的娄子沟站水位-流量关系对比分析。水位-流量关系见图 2-5、图 2-6。从图 2-5 和图 2-6 中看出，娄子沟站低水位（小于 360.0 m）时水位-流量关系拟合不理想，而高水位（大于或等于 360.0 m）时水位-流量关系拟合较好。

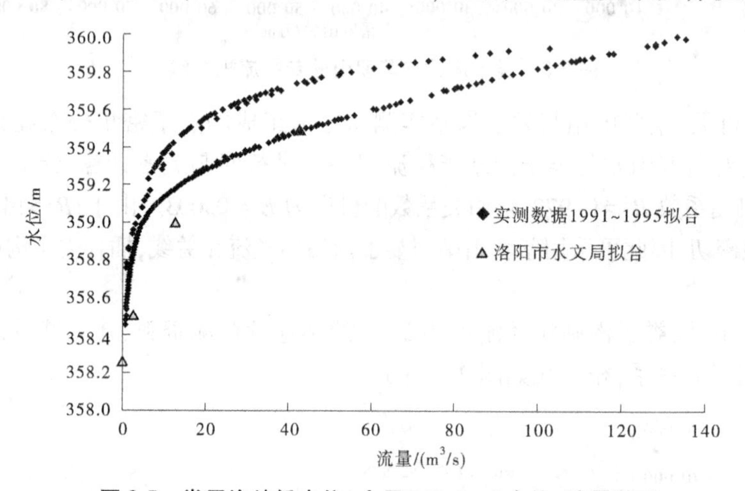

图 2-5　娄子沟站低水位（小于 360.0 m）水位-流量关系

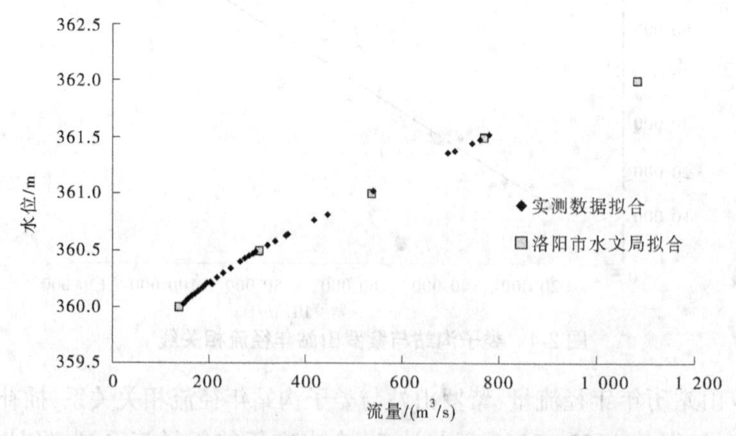

图 2-6　娄子沟站高水位（大于或等于 360.0 m）水位-流量关系

娄子沟站从 1985 年开始改为水位站，故娄子沟站有 1985～2010 年实测逐日平均水位，统计各年逐日平均水位超过 360.0 m 的天数，见表 2-4。

表 2-4　娄子沟站历年逐日平均水位超过 360.0 m 的天数统计

年份	水位大于或等于 360.0 m 天数/d	年份	水位大于或等于 360.0 m 天数/d
1985	5	1998	4
1986	0	1999	0
1987	0	2000	10
1988	3	2001	1
1989	4	2002	2
1990	1	2003	20
1991	0	2004	3
1992	0	2005	50
1993	0	2006	4
1994	2	2007	7
1995	3	2008	2
1996	6	2009	1
1997	0	2010	11

根据表 2-4 统计结果可知，历年逐日平均超过 360.0 m 的天数比较少，低水位的天数较多，而低水位时水位-流量关系拟合不理想，误差较大。因此，娄子沟站缺测年份天然年径流量不再利用水位-流量关系推求，娄子沟站缺测年份天然年径流量仍采用紫罗山站与娄子沟站旬径流相关关系插补。

2.3.2　年径流系列代表性分析

紫罗山站、娄子沟站年径流系列长度均为 1952～2010 年共 58 个水文年连续系列，但是娄子沟站仅有 1954 年 7 月至 1955 年 4 月、1970 年 7 月至 1984 年 12 月、1991 年 1 月至 1995 年 12 月，共 22 年不连续的实测径流资料，其他年份的年径流是由娄子沟站与紫罗山站旬径流相关关系插补的。因此，仅分析紫罗山站天然年径流系列的代表性。

2.3.2.1　年径流量的丰枯变化规律分析

1. 划分标准

紫罗山站年径流的统计参数分别为：均值 4.579 亿 m^3，$C_v=0.6$，$C_s/C_v=2.5$；特丰：$P<5\%$，丰：$P<20\%$，枯：$P>75\%$，特枯：$P>95\%$。紫罗山站年径流划分标准见表 2-5。

表 2-5　紫罗山站年径流划分标准

项目	丰水段		平水段		枯水段	
	特丰	丰	偏丰	偏枯	枯	特枯
紫罗山站/万 m^3	≥ 99 388	64 762～99 388	39 198～64 762	25 649～39 198	14 724～25 649	≤14 724

2. 年径流丰枯段统计

紫罗山站年径流丰枯段统计如表 2-6 所示。由表 2-6 可知,紫罗山站年径流系列具有丰平枯变化规律。

表 2-6 紫罗山站年径流丰枯段统计

时段	丰水段		平水段		枯水段		说明
	特丰	丰	偏丰	偏枯	枯	特枯	
1952~1959 年		5	1		1		丰水段
1959~1962 年				1	2		枯水段
1962~1969 年	1	4		1	1		丰水段
1969~1976 年	1		3	2	1		平水段
1976~1982 年			1	3	2		枯水段
1982~1986 年	2	1	1				丰水段
1986~2010 年		3	3	6	10	2	枯水段

2.3.2.2 年径流模比系数差积曲线分析

年径流模比系数差积曲线变化过程反映了年径流系列的丰、平、枯变化情况。从紫罗山站年径流模比系数差积曲线可以看出:1952~1962 年为丰—枯变化段;1962~1982 年为丰—平—枯变化段;1982~2010 年总体为丰—枯变化段。可见,紫罗山站年径流系列较好地包含了丰、平、枯变化过程,与上述丰枯变化规律分析基本一致。

紫罗山站年径流模比系数差积曲线见图 2-7。

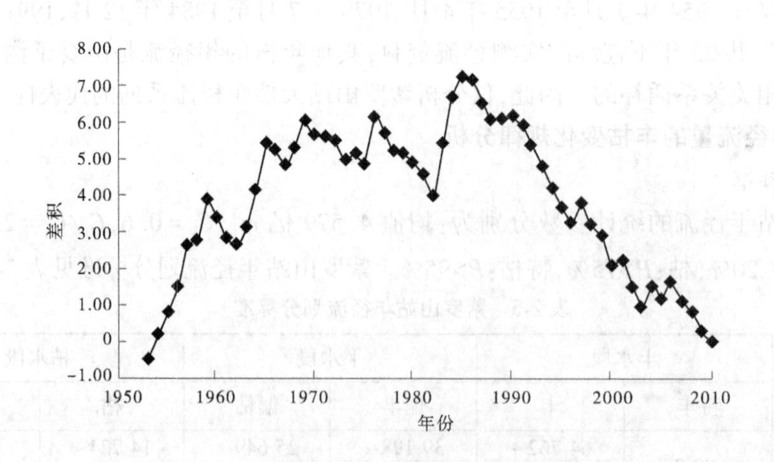

图 2-7 紫罗山站年径流模比系数差积曲线

2.3.2.3　年径流系列代表性分析

通过对紫罗山站年径流系列的丰平枯变化规律和模比系数差积曲线的分析可知：

(1)紫罗山站 58 个水文年的年径流系列中，有两个丰—枯变化段，平均历时约 19 年；一个丰—平—枯变化段，历时约 20 年。

(2)年径流的年际变化较大，丰、枯绝对变幅较大，为 10.42 亿 m^3，相对变幅为 7.71。

综上所述，紫罗山站 1952~2010 年径流系列年际变化较大，且丰、平、枯水年交替出现，系列具有较好的代表性，其成果合理，可作为工程规划兴利调节计算的依据。

2.3.3　年径流频率计算

对 1952~2010 年 58 个水文年的年径流进行频率计算，经验频率采用数学期望公式 $P_m=m/(n+1)$ 计算，频率曲线线型采用 P-Ⅲ型，均值采用计算值，变差系数 C_v 和偏差系数 C_s 根据适线选定。适线时，在照顾多数点据的基础上，侧重考虑平、枯年的点群趋势定线。紫罗山站、娄子沟站年径流系列成果见表 2-7。本次初设采用的年径流系列与可研一致，采用参数与可研一致，故紫罗山站、娄子沟站年径流本次成果与可研成果一致。年径流量频率曲线见图 2-8、图 2-9。

表 2-7　紫罗山站、娄子沟站年径流系列成果

项目		采用参数			各种频率设计年径流量/万 m^3							
		均值/万 m^3	C_v	C_s/C_v	5%	10%	20%	50%	75%	80%	90%	95%
紫罗山站	本次	45 791	0.6	2.5	99 388	82 422	64 762	39 198	25 649	23 120	17 819	14 724
	可研	45 791	0.6	2.5	99 388	82 422	64 762	39 198	25 649	23 120	17 819	14 724
	差值百分比/%	0			0	0	0	0	0	0	0	0
娄子沟站	本次	30 523	0.6	2.5	66 250	54 941	43 169	26 128	17 097	15 411	11 878	9 815
	可研	30 523	0.6	2.5	66 250	54 941	43 169	26 128	17 097	15 411	11 878	9 815
	差值百分比/%	0			0	0	0	0	0	0	0	0

2.3.4　坝址设计年径流

前坪水库集水面积与娄子沟站十分接近，因此前坪水库坝址设计年径流由娄子沟站设计年径流按面积比一次方推算。前坪水库坝址设计年径流成果见表 2-8。

本次年径流计算采用系列与可研均为 1952~2010 年系列，且设计参数一致，故本次计算的坝址年径流量与可研成果是一致的。

前坪水库坝址年径流系列为 1952~2010 年，水文年共计 58 年，前坪水库年径流系列见表 2-9。

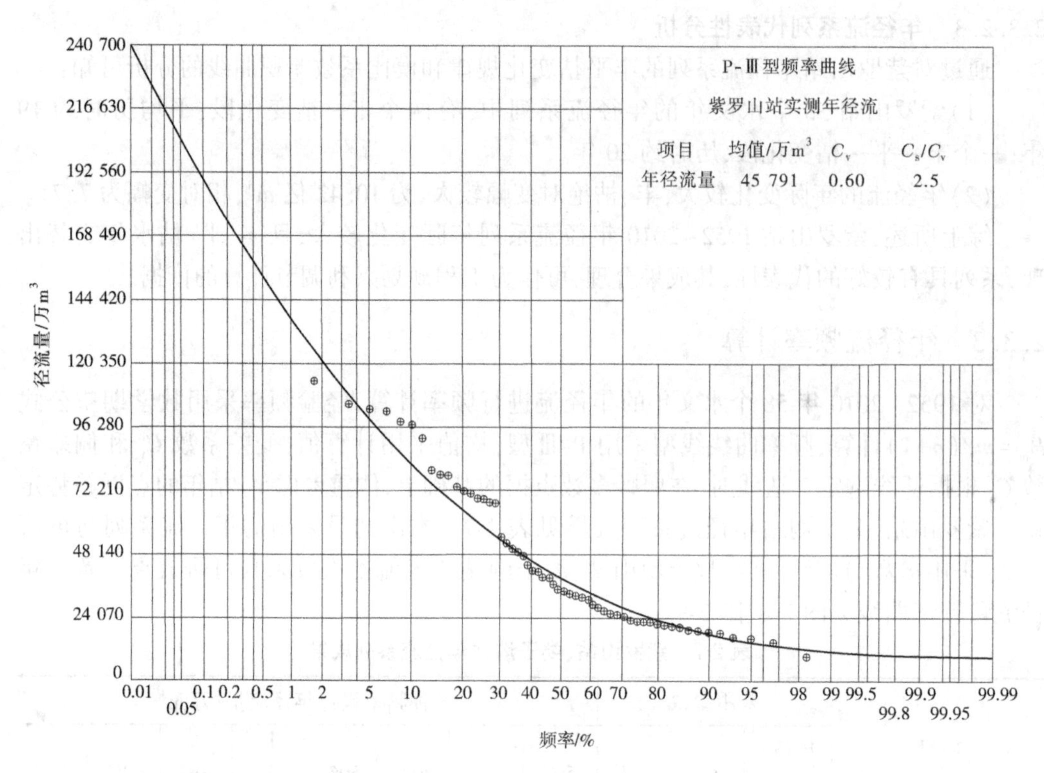

图 2-8 紫罗山站年径流量频率曲线

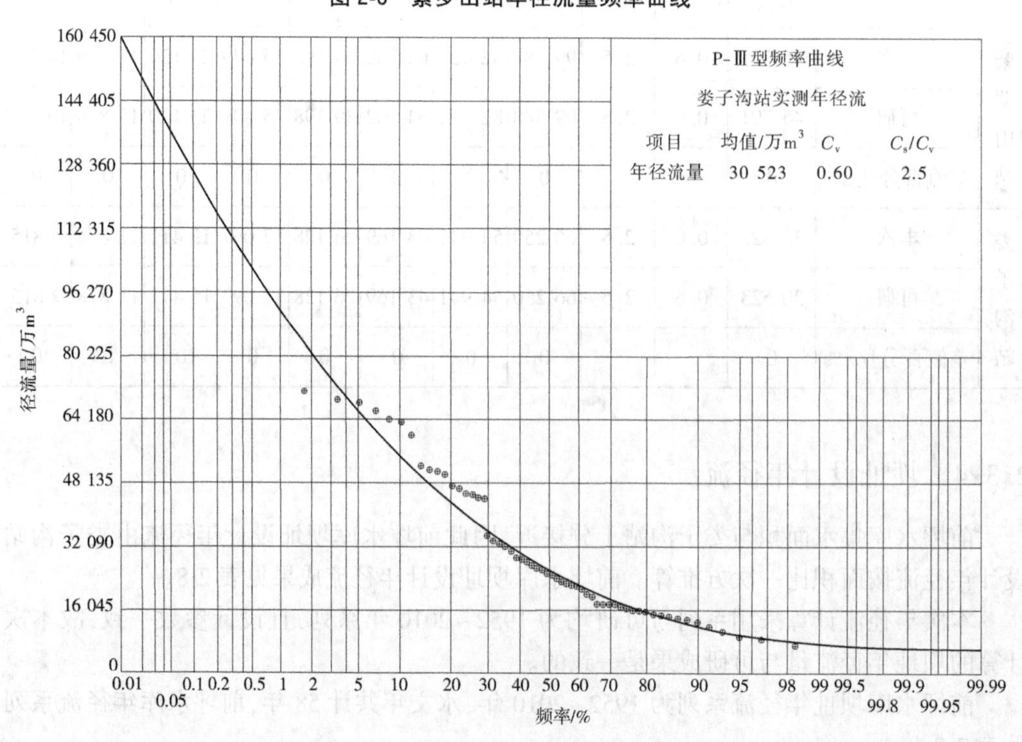

图 2-9 娄子沟站年径流量频率曲线

表 2-8　前坪水库坝址设计年径流成果

项目	采用参数			各种频率设计年径流量/万 m³							
	均值/万 m³	C_v	C_s/C_v	5%	10%	20%	50%	75%	80%	90%	95%
本次	33 205	0.6	2.5	72 070	59 767	46 961	28 424	18 599	16 765	12 921	10 677
可研	33 205	0.6	2.5	72 070	59 767	46 961	28 424	18 599	16 765	12 921	10 677
差值百分比/%	0			0	0	0	0	0	0	0	0

表 2-9　前坪水库年径流系列

时段	年径流量/万 m³	时段	年径流量/万 m³
1952~1953 年	17 115	1982~1983 年	77 145
1953~1954 年	55 385	1983~1984 年	74 993
1954~1955 年	50 887	1984~1985 年	54 736
1955~1956 年	55 789	1985~1986 年	30 287
1956~1957 年	69 098	1986~1987 年	12 761
1957~1958 年	36 201	1987~1988 年	18 758
1958~1959 年	69 840	1988~1989 年	34 822
1959~1960 年	17 073	1989~1990 年	35 395
1960~1961 年	15 472	1990~1991 年	25 748
1961~1962 年	26 866	1991~1992 年	14 867
1962~1963 年	49 209	1992~1993 年	9 386
1963~1964 年	65 405	1993~1994 年	9 903
1964~1965 年	74 488	1994~1995 年	16 828
1965~1966 年	28 463	1995~1996 年	24 121
1966~1967 年	18 806	1996~1997 年	49 476
1967~1968 年	48 156	1997~1998 年	14 056
1968~1969 年	56 978	1998~1999 年	23 194
1969~1970 年	20 796	1999~2000 年	7 529
1970~1971 年	31 340	2000~2001 年	37 654
1971~1972 年	28 399	2001~2002 年	11 297
1972~1973 年	18 714	2002~2003 年	14 542
1973~1974 年	33 466	2003~2004 年	51 452
1974~1975 年	27 063	2004~2005 年	21 470
1975~1976 年	72 195	2005~2006 年	48 393

续表 2-9

时段	年径流量/万 m^3	时段	年径流量/万 m^3
1976~1977 年	17 695	2006~2007 年	15 764
1977~1978 年	18 766	2007~2008 年	23 847
1978~1979 年	30 907	2008~2009 年	16 164
1979~1980 年	24 996	2009~2010 年	24 511
1980~1981 年	29 353	均值	33 205
1981~1982 年	17 847		

2.3.5 坝址径流年内分配

通过统计 1952~2010 年的月径流资料，得出前坪水库多年平均径流量年内分配情况，见表 2-10。

表 2-10 前坪水库多年平均径流量年内分配

项目		月径流量/万 m^3	占全年比例/%	分期径流/万 m^3	占全年比例/%
丰水期	5 月	2 452	7.39	26 696	80.4
	6 月	1 854	5.58		
	7 月	6 660	20.06		
	8 月	8 101	24.40		
	9 月	4 563	13.74		
	10 月	3 066	9.23		
枯水期	11 月	1 389	4.18	6 509	19.6
	12 月	733	2.21		
	1 月	526	1.58		
	2 月	535	1.61		
	3 月	1 139	3.43		
	4 月	2 187	6.59		
合计		33 205	100	33 205	100

由表 2-10 可知，前坪水库 1952~2010 年共 58 个水平年的多年平均径流量为 33 205 万 m^3，其中丰水期（5~10 月）径流量 26 696 万 m^3，占全年的 80.4%；枯水期（11 月至次年 4 月）径流量 6 509 万 m^3，仅占全年的 19.6%。说明前坪水库来水年内分配不均的情况较为显著。前坪水库历年的实测旬径流过程见表 2-11。

表 2-11　前坪水库历年的实测旬径流过程

单位:万 m^3

月	旬	1952~1953年	1953~1954年	1954~1955年	1955~1956年	1956~1957年	1957~1958年	1958~1959年	1959~1960年	1960~1961年	1961~1962年	1962~1963年	1963~1964年	1964~1965年	1965~1966年
6	上	112	125	339	156	543	700	566	1 457	115	86	97	963	931	186
	中	94	259	186	115	794	517	269	1 156	83	72	193	440	659	252
	下	92	485	408	101	13 535	344	139	312	80	590	790	260	341	135
7	上	538	1 037	1 046	1 661	2 924	1 838	10 545	359	175	1 741	189	434	1 045	1 917
	中	172	14 455	8 027	881	1 647	11 468	31 056	694	200	560	778	267	1 914	10 122
	下	223	3 327	1 591	485	4 624	5 436	4 276	484	1 940	229	775	398	9 037	4 860
8	上	182	23 220	11 731	3 307	20 416	529	1 326	488	966	386	2 818	9 835	1 449	999
	中	2 787	1 075	4 062	12 625	7 676	307	2 389	292	486	1 356	12 164	3 144	2 648	824
	下	185	1 257	7 016	13 737	5 462	4 132	2 852	3 304	402	382	1 724	4 117	2 185	502
9	上	2 866	463	1 026	1 126	1 008	468	761	506	5 431	278	356	4 684	2 623	496
	中	1 185	282	2 021	4 650	568	271	471	234	620	286	624	770	7 460	261
	下	966	205	505	4 088	426	237	364	193	210	7 460	1 575	4 332	11 152	215
10	上	409	191	1 025	1 699	368	171	323	129	221	904	3 230	1 443	10 024	444
	中	305	211	606	904	306	135	2 212	212	181	3 027	2 258	558	2 792	575
	下	442	224	332	484	330	329	645	223	264	1 625	681	434	5 973	273
11	上	238	247	239	357	263	302	541	355	207	1 054	2 700	622	1 788	1 116
	中	1 085	442	198	346	245	247	2 002	405	157	1 513	704	395	800	557
	下	885	360	503	292	235	218	665	260	151	1 976	1 343	304	624	316

续表 2-11

月	旬	1952~1953年	1953~1954年	1954~1955年	1955~1956年	1956~1957年	1957~1958年	1958~1959年	1959~1960年	1960~1961年	1961~1962年	1962~1963年	1963~1964年	1964~1965年	1965~1966年
12	上	886	259	677	267	224	249	387	247	141	389	727	283	593	241
	中	290	241	301	358	214	201	343	217	134	289	513	270	478	184
	下	220	241	352	263	229	181	341	210	144	265	403	249	434	190
1	上	239	213	299	220	209	146	255	125	129	178	285	225	330	170
	中	207	205	265	220	198	154	225	149	102	184	219	233	298	167
	下	208	217	351	253	211	166	232	158	120	159	207	202	324	200
2	上	174	219	456	219	190	146	250	114	115	169	185	174	278	155
	中	175	328	514	199	181	126	299	92	95	211	172	180	292	146
	下	131	525	305	185	154	98	242	95	69	142	132	180	246	168
3	上	179	811	1 709	198	191	104	494	114	125	150	191	786	260	291
	中	261	429	1 350	222	204	123	440	170	145	138	219	854	214	572
	下	232	500	531	475	199	168	1 063	987	274	128	270	358	712	219
4	上	253	240	1 192	3 082	159	363	812	537	130	110	385	911	434	185
	中	153	256	574	873	406	248	561	751	375	111	420	7 041	321	170
	下	118	287	578	801	531	1 928	322	1 022	937	127	291	6 074	2 642	502
5	上	262	213	209	428	3 387	665	529	560	261	285	369	787	2 445	456
	中	178	1 545	181	290	458	3 121	1 060	290	167	182	1 243	7 477	470	235
	下	183	789	180	224	384	365	585	171	120	124	9 980	5 723	270	158
合计		17 115	55 383	50 885	55 791	69 099	36 201	69 842	17 072	15 472	26 866	49 210	65 407	74 486	28 459

续表 2-11

月	旬	1966~1967 年	1967~1968 年	1968~1969 年	1969~1970 年	1970~1971 年	1971~1972 年	1972~1973 年	1973~1974 年	1974~1975 年	1975~1976 年	1976~1977 年	1977~1978 年	1978~1979 年	1979~1980 年
6	上	160	166	144	199	1 516	227	368	515	185	79	173	39	487	96
	中	126	131	96	177	2 523	2 796	76	307	291	46	102	17	97	114
	下	242	361	107	173	817	3 881	188	84	102	40	159	98	911	188
7	上	196	3 452	404	361	1 103	1 753	906	11 899	242	69	134	1 136	5 779	606
	中	134	4 335	1 025	594	964	452	478	3 821	170	392	3 259	2 475	7 698	1 959
	下	1 156	3 275	2 503	638	3 864	645	63	5 173	687	1 245	2 952	2 816	4 785	538
8	上	772	683	273	2 810	3 515	406	152	755	5 819	43 670	1 001	4 599	1 076	1 033
	中	381	1 956	6 362	2 242	1 532	323	194	422	631	2 536	388	895	548	2 252
	下	397	5 466	2 007	248	241	864	133	247	530	544	604	953	570	602
9	上	351	8 054	2 795	360	119	275	2 919	1 213	141	892	2 930	827	203	848
	中	143	2 602	15 285	345	535	137	318	413	536	1 436	549	232	138	5 702
	下	137	3 070	2 304	2 684	4 494	125	117	172	158	5 327	209	164	80	5 375
10	上	259	2 401	1 025	934	610	1 828	180	497	4 625	5 462	165	217	52	540
	中	394	592	4 366	415	1 268	238	209	268	893	1 519	180	172	37	257
	下	199	369	785	341	634	1 474	454	168	621	913	147	486	120	199
11	上	155	310	749	262	316	4 187	149	165	391	702	162	1 458	129	153
	中	186	399	465	247	197	1 359	524	149	569	516	232	401	250	145
	下	178	1 824	363	239	206	375	233	103	345	362	107	177	102	120

续表 2-11

月	旬	1966~1967年	1967~1968年	1968~1969年	1969~1970年	1970~1971年	1971~1972年	1972~1973年	1973~1974年	1974~1975年	1975~1976年	1976~1977年	1977~1978年	1978~1979年	1979~1980年
12	上	144	1 306	334	184	145	257	120	91	508	350	89	130	54	112
	中	111	546	324	159	126	162	84	72	278	362	84	121	36	103
	下	128	417	295	164	139	147	97	68	161	318	86	122	43	177
1	上	112	309	242	149	124	128	70	60	188	225	71	88	36	125
	中	101	304	227	146	133	106	77	89	164	178	71	71	41	106
	下	104	284	243	156	162	126	102	85	131	175	88	73	57	118
2	上	102	217	228	144	117	115	89	84	156	141	81	60	65	102
	中	114	196	600	128	142	129	89	139	169	343	84	80	55	102
	下	119	177	358	116	134	106	66	180	116	531	49	57	400	92
3	上	144	206	1 007	171	231	187	80	431	165	492	33	52	164	113
	中	309	214	860	174	237	1 359	230	694	148	482	48	62	134	133
	下	1 758	222	537	177	403	2 008	145	555	108	502	87	68	218	299
4	上	2 038	198	1 267	150	240	593	109	417	62	268	152	47	826	607
	中	3 886	206	1 713	817	933	266	2 265	922	2 589	286	84	89	762	622
	下	2 919	297	5 986	1 895	672	272	992	213	3 850	547	2 394	71	1 260	226
5	上	512	2 517	886	904	2 586	173	5 550	88	697	752	412	81	465	111
	中	287	808	483	333	252	123	562	1 604	378	330	212	96	2 970	959
	下	350	284	335	1 558	108	798	327	1 304	260	163	116	236	258	162
合计		18 804	48 154	56 983	20 794	31 338	28 400	18 715	33 467	27 064	72 195	17 694	18 766	30 906	24 996

续表 2-11

月	旬	1980～1981 年	1981～1982 年	1982～1983 年	1983～1984 年	1984～1985 年	1985～1986 年	1986～1987 年	1987～1988 年	1988～1989 年	1989～1990 年	1990～1991 年	1991～1992 年	1992～1993 年	1993～1994 年	1994～1995 年	1995～1996 年
6	上	1 864	8	356	479	515	784	148	2 628	145	359	797	3 381	110	230	302	47
	中	3 381	20	108	519	1 462	660	118	1 828	81	280	3 097	1 991	104	175	135	84
	下	2 108	2 320	48	636	383	349	474	1 327	180	161	4 553	573	99	161	194	56
7	上	5 863	415	23	772	2 215	306	640	361	313	667	1 429	144	52	110	4 948	4
	中	1 031	2 434	210	292	972	751	192	511	266	2 146	1 215	153	278	78	3 156	433
	下	498	682	34 215	8 305	2 964	361	372	450	987	1 480	2 649	192	213	252	313	6 296
8	上	479	506	13 876	7 870	2 014	463	294	535	6 123	1 851	676	417	135	132	980	1 487
	中	425	1 533	7 962	11 464	1 528	691	492	357	9 585	9 093	1 607	256	275	658	274	3 673
	下	4 240	2 674	1 963	1 365	8 92	1 933	330	232	1 700	1 966	620	310	541	342	389	3 940
9	上	838	426	900	7 279	5 766	891	1 022	573	697	723	284	476	859	154	293	564
	中	501	431	507	1 805	2 938	6 505	983	289	759	615	233	156	304	141	306	392
	下	177	219	390	2 783	13 248	1 486	207	158	427	414	452	109	1 361	101	253	302
10	上	2 463	232	1 838	12 263	4 067	590	160	96	250	285	248	100	528	80	180	541
	中	1 718	131	450	5 108	905	6 536	196	2 524	302	252	213	92	168	81	835	508
	下	426	117	288	2 646	492	2 067	744	464	472	271	227	94	131	86	414	1 400
11	上	245	393	216	1 045	365	582	216	350	352	284	258	84	108	82	224	420
	中	173	274	182	954	1 136	419	178	269	352	292	371	103	103	253	344	332
	下	165	210	198	517	476	358	158	226	360	216	275	104	94	153	385	294

续表 2-11

月	旬	1980～1981年	1981～1982年	1982～1983年	1983～1984年	1984～1985年	1985～1986年	1986～1987年	1987～1988年	1988～1989年	1989～1990年	1990～1991年	1991～1992年	1992～1993年	1993～1994年	1994～1995年	1995～1996年
12	上	140	195	189	368	366	292	119	216	187	194	195	107	96	123	281	262
	中	113	138	131	349	396	235	125	192	138	216	187	106	94	101	244	271
	下	105	82	129	342	338	244	160	177	185	273	182	122	102	97	247	273
1	上	82	83	111	281	340	219	125	136	252	242	226	110	92	85	158	92
	中	86	73	91	296	308	357	110	136	307	210	219	107	89	81	142	117
	下	106	82	94	318	327	428	126	132	321	205	249	116	94	86	147	130
2	上	96	86	97	268	262	193	91	85	214	218	222	105	90	79	130	122
	中	116	75	84	255	256	182	114	95	229	823	233	91	107	76	131	122
	下	105	62	53	191	193	171	130	87	644	1 417	170	75	119	60	100	116
3	上	96	65	95	176	235	181	138	90	1 719	909	365	125	121	83	124	105
	中	68	322	69	168	260	268	385	299	1 989	1 003	451	240	294	118	139	92
	下	277	1 584	466	104	370	566	562	713	811	1 766	822	340	206	129	201	103
4	上	252	1 168	210	316	283	329	346	1 125	514	879	352	260	205	104	174	104
	中	464	282	906	231	262	192	244	564	300	606	788	273	121	2 448	159	101
	下	449	178	4 016	175	228	141	336	186	277	514	383	123	103	2 591	328	157
5	上	98	92	831	128	3 883	212	282	265	579	1 734	252	3 464	186	180	106	501
	中	82	146	3 159	4 367	2 031	140	2 008	366	2 180	2 024	217	209	1 459	105	44	339
	下	24	107	2 680	558	2 059	206	437	714	626	806	1 031	159	344	86	48	340
合计		29 354	17 845	77 141	74 993	54 735	30 288	12 762	18 756	34 823	35 394	25 748	14 867	9 385	9 901	16 828	24 120

续表 2-11

月	旬	1996~1997年	1997~1998年	1998~1999年	1999~2000年	2000~2001年	2001~2002年	2002~2003年	2003~2004年	2004~2005年	2005~2006年	2006~2007年	2007~2008年	2008~2009年	2009~2010年	合计	平均
6	上	556	311	2 113	393	696	29	333	731	117	138	217	78	154	412	29 161	503
	中	387	284	551	418	149	29	488	339	89	96	88	81	165	456	29 651	511
	下	205	268	298	314	3 285	325	3 518	361	310	162	296	124	127	533	48 711	840
7	上	1 025	667	169	1 051	5 261	267	1 066	1 697	237	2 757	816	1 707	487	127	89 085	1 536
	中	1 842	242	1 057	453	5 093	207	429	547	981	1 080	530	3 638	423	460	141 097	2 433
	下	1 145	192	1 166	315	1 052	2 304	1 293	385	2 382	8 371	997	4 520	2 971	757	156 104	2 691
8	上	15 119	631	3 911	559	3 580	1 219	528	584	1 458	2 367	2 301	2 334	454	548	217 647	3 753
	中	2 764	139	4 355	291	1 775	680	359	4 015	2 894	4 716	329	652	1 005	1 027	147 371	2 541
	下	824	109	3 490	119	992	415	336	4 504	931	4 541	702	856	465	2 469	104 853	1 808
9	上	1 050	99	987	329	2 855	128	160	12 144	1 047	891	478	1 676	309	950	88 867	1 532
	中	4 163	653	380	455	706	79	793	3 662	1 500	708	376	747	1 145	580	80 886	1 395
	下	1 363	241	204	190	1 200	87	385	2 554	1 294	4 636	1 432	441	1 435	1 019	94 912	1 636
10	上	981	179	147	433	1 041	84	179	6 821	2 575	7 880	1 068	225	818	377	86 105	1 485
	中	508	121	115	233	1 741	94	141	4 760	514	1 381	277	186	405	386	55 971	965
	下	406	107	124	245	1 357	132	199	1 191	198	1 166	206	220	366	315	35 740	616
11	上	3 472	95	93	189	912	89	153	883	132	879	166	145	260	296	32 305	557
	中	2 239	208	99	160	550	79	129	752	197	796	118	165	225	305	26 492	457
	下	1 342	204	100	156	389	77	113	702	249	497	139	149	204	350	21 726	375

续表 2-11

月	旬	1996~1997年	1997~1998年	1998~1999年	1999~2000年	2000~2001年	2001~2002年	2002~2003年	2003~2004年	2004~2005年	2005~2006年	2006~2007年	2007~2008年	2008~2009年	2009~2010年	合计	平均
12	上	751	196	128	150	352	89	129	576	389	375	185	156	170	370	16 740	289
	中	431	166	116	131	454	112	120	489	356	316	163	190	213	300	13 194	227
	下	348	160	165	85	429	105	124	472	332	304	185	196	271	266	12 584	217
1	上	272	135	142	67	287	92	118	269	277	249	152	152	223	294	10 313	178
	中	216	115	142	74	341	108	103	230	254	229	149	129	109	274	9 842	170
	下	223	110	163	86	308	135	122	216	271	209	148	152	131	208	10 355	179
2	上	208	93	157	76	349	112	111	216	202	234	113	128	123	267	9 292	160
	中	154	89	111	72	383	92	113	167	191	268	127	133	114	297	10 680	184
	下	149	94	79	62	311	57	150	306	149	268	106	120	95	255	11 067	191
3	上	293	156	68	73	316	79	182	250	169	338	1 324	132	118	348	17 552	303
	中	1 907	416	80	58	238	82	191	283	156	457	763	136	126	348	21 831	376
	下	859	368	257	60	249	67	295	316	111	279	988	128	175	318	26 693	460
4	上	623	1 658	158	51	167	62	265	189	246	317	208	105	176	397	27 010	466
	中	469	1 841	178	50	189	91	209	106	251	573	148	1 023	243	393	41 405	714
	下	379	331	440	42	166	63	244	100	137	322	158	1 401	646	6 060	58 428	1 007
5	上	750	491	296	31	260	1 290	760	128	314	160	135	657	187	689	45 531	785
	中	1 556	1 366	694	29	158	1 723	426	387	289	206	95	619	900	523	54 141	933
	下	496	1 520	457	29	64	612	279	119	267	227	85	348	722	1 540	42 505	733
合计		49 475	14 055	23 190	7 529	37 655	11 295	14 543	51 451	21 466	48 393	15 768	23 849	16 160	24 514	1 925 847	33 204

2.4　设计洪水复核

2.4.1　坝址设计洪水

2.4.1.1　历史洪水及洪水系列

1. 历史洪水

1）调查历史洪水

1987年7月河南省水利厅水文水资源总站刊印的《中华人民共和国河南省洪水调查资料》中对娄子沟站、紫罗山站1943年洪水有较详细的记载和推算。本次设计洪水采用的历史洪水成果见表2-12。

表2-12　1943年历史洪水调查整编采用成果

站名	娄子沟站	紫罗山站
流量/(m^3/s)	7 750	10 000

2）历史洪水洪量插补

根据实测资料，建立娄子沟站、紫罗山站 $W_{24\,h}-Q_m$ 和 $W_{3\,d}-Q_m$ 关系曲线，见图2-10~图2-13，由此查算得1943年历史洪水的最大24 h和最大3 d洪量。娄子沟站1943年最大24 h、最大3 d洪量分别为2.382亿 m^3、4.718亿 m^3，紫罗山站1943年最大24 h、最大3 d洪量分别为4.085亿 m^3、7.050亿 m^3。

3）历史洪水定位

根据《汝州全志》《汝州伊阳县志》对1809年、1816年、1870年、1899年、1937年及1943年洪水灾情的描述，1987年河南省水利厅水文水资源总站刊印的《中华人民共和国河南省洪水调查资料》确定娄子沟站、紫罗山站1943年洪水为1809年以来的最大洪水。

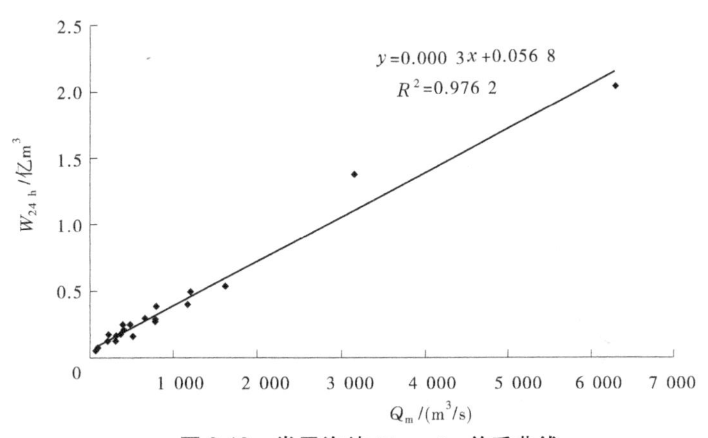

图2-10　娄子沟站 $W_{24\,h}-Q_m$ 关系曲线

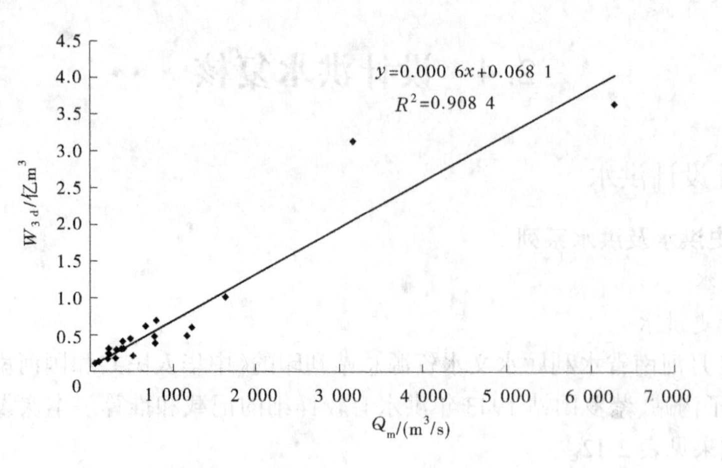

图 2-11 娄子沟站 $W_{3\,d}$-Q_m 关系曲线

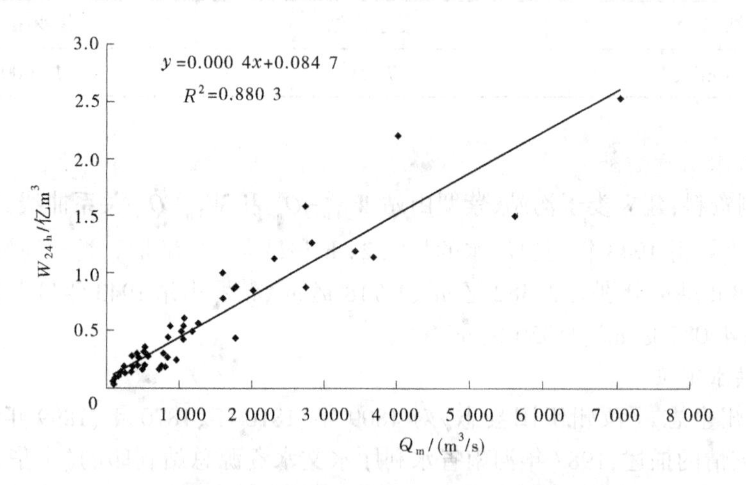

图 2-12 紫罗山站 $W_{24\,h}$-Q_m 关系曲线

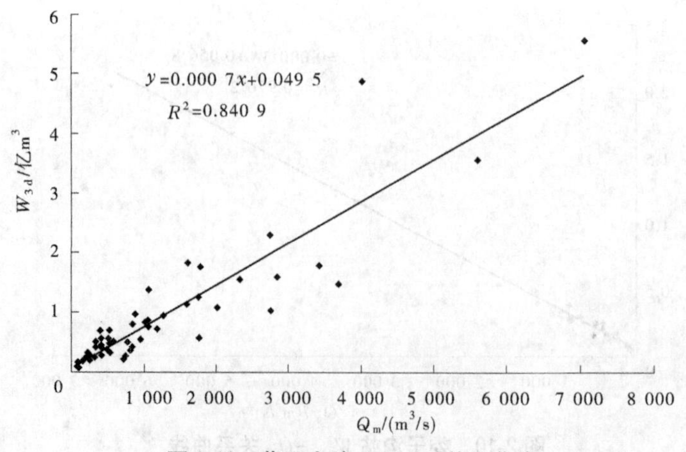

图 2-13 紫罗山站 $W_{3\,d}$-Q_m 关系曲线

2. 洪水系列

洪峰流量采用年最大值法,洪量采用固定时段独立选取年最大值法,根据本流域汛期洪水过程特点、水库调洪演算及流域防洪规划等方面的要求,时段选取24 h、3 d、7 d及15 d。

娄子沟站实测洪水系列为1954年7月1日至1955年4月30日、1970年7月1日至1984年12月31日、1991年1月1日至1995年12月31日。紫罗山站实测洪水系列为1952年1月1日至1954年12月31日、1955年5月31日至2010年12月31日。

娄子沟站没有实测资料的年份利用紫罗山与娄子沟两站的洪峰流量、各时段洪量相关关系进行插补。

1)相关关系

利用紫罗山站与娄子沟站1954年、1970~1984年及1991~1995年的历年实测资料,建立紫罗山站与娄子沟站年最大洪峰流量、各时段最大洪量相关关系,其相关线如图2-14~图2-18所示。

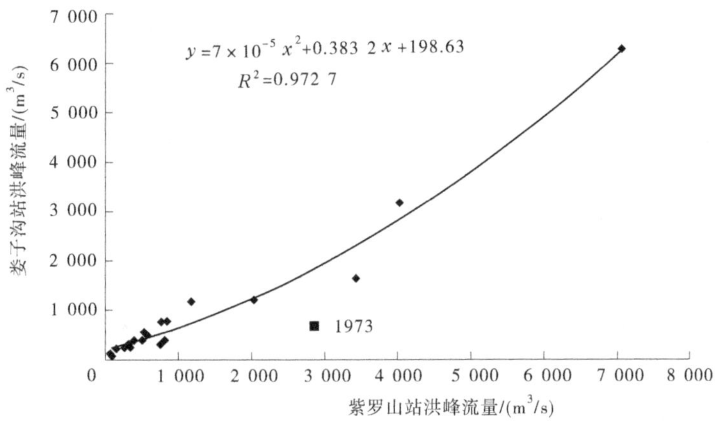

图2-14　紫罗山站与娄子沟站洪峰流量关系曲线

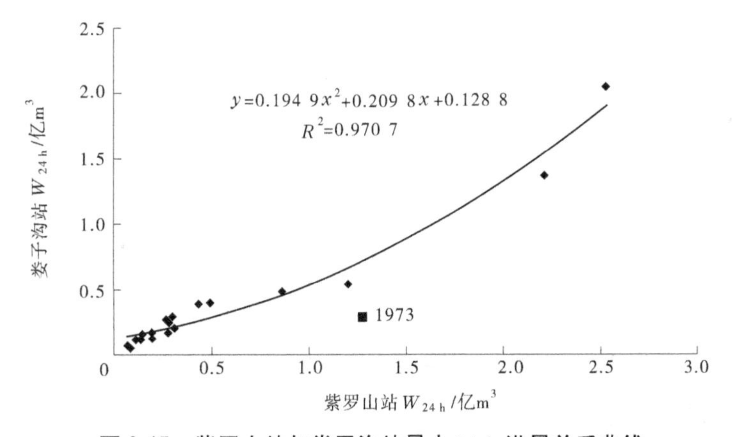

图2-15　紫罗山站与娄子沟站最大24 h洪量关系曲线

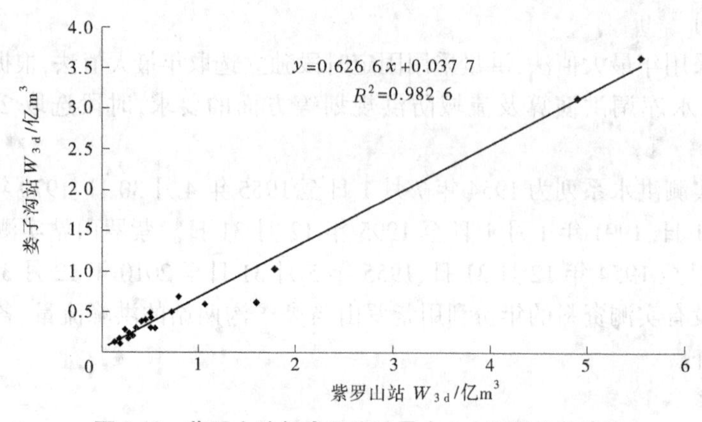

图 2-16 紫罗山站与娄子沟站最大 3 d 洪量关系曲线

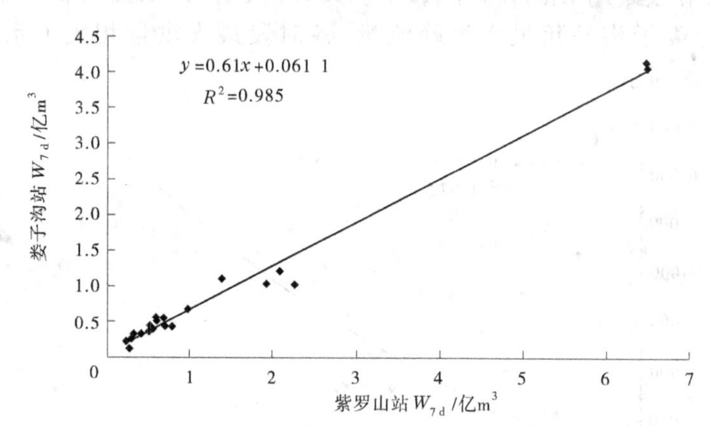

图 2-17 紫罗山站与娄子沟站最大 7 d 洪量关系曲线

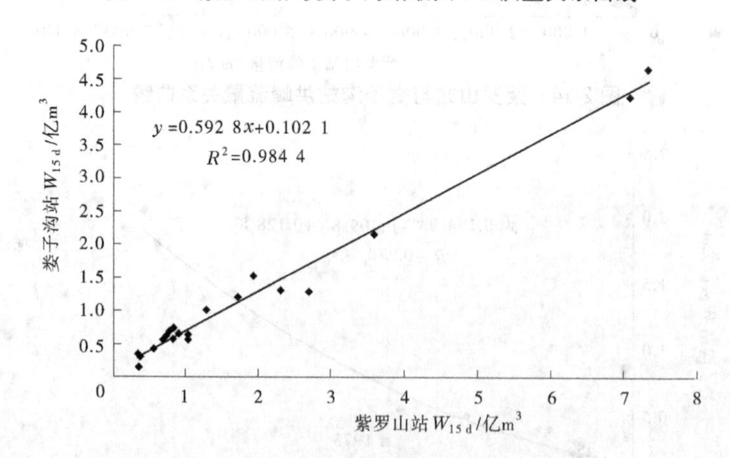

图 2-18 紫罗山站与娄子沟站最大 15 d 洪量关系曲线

2)相关关系显著性检验

从图 2-14~图 2-18 可以看出,由紫罗山站与娄子沟站洪峰流量、最大 24 h 洪量组成的点据(除 1973 年点据外)均匀地分布在其洪峰流量、各时段洪量相关线两侧,最大 3 d、最大 7 d 及最大 15 d 洪量组成的点据均匀地分布在其相关线的附近。由于 1973 年暴雨中心位于娄子沟站以下、紫罗山站以上,因此在建立紫罗山站与娄子沟站洪峰流量、最大24 h洪量相关线时不考虑1973年的洪峰流量和最大24 h洪量。

为了验证紫罗山站与娄子沟站洪峰流量、各时段洪量的相关性,本次分别对紫罗山站与娄子沟站洪峰流量、各时段洪量相关线进行回归关系显著性检验,检验结果见表2-13。由表2-13可以看出,紫罗山站与娄子沟站洪峰流量、各时段最大洪量相关性较好,可以用紫罗山站资料来插补娄子沟站缺测年份的洪峰流量、各时段洪量。

表2-13 紫罗山站与娄子沟站实测资料的显著性检验

类别	相关系数 r	样本容量	t 检验		F 检验	
			计算 t 值	$P=1\%$时 t 值	计算 F 值	$P=1\%$时 F 值
Q_m	0.986	21			1.43	3.32
$W_{24\ h}$	0.985	21	0.27	2.711 6	1.88	3.32
$W_{3\ d}$	0.990	21	0.77	2.711 6	2.50	3.32
$W_{7\ d}$	0.992	21	0.98	2.711 6	2.64	3.32
$W_{15\ d}$	0.992	21	1.01	2.711 6	2.55	3.32

紫罗山站、娄子沟站洪峰流量和各时段洪量统计见表2-14。

表2-14 紫罗山站、娄子沟站洪峰流量和各时段洪量统计

年份	紫罗山站					娄子沟站				
	Q_m/(m^3/s)	$W_{24\ h}$/亿 m^3	$W_{3\ d}$/亿 m^3	$W_{7\ d}$/亿 m^3	$W_{15\ d}$/亿 m^3	Q_m/(m^3/s)	$W_{24\ h}$/亿 m^3	$W_{3\ d}$/亿 m^3	$W_{7\ d}$/亿 m^3	$W_{15\ d}$/亿 m^3
1952	500	0.162	0.361	0.479	0.571	408	0.167	0.264	0.353	0.441
1953	3 680	1.147	1.483	3.097	3.641	2 557	0.625	0.976	1.959	2.277
1954	2 020	0.854	1.083	1.946	2.321	1 220	0.487	0.603	1.044	1.316
1955	1 600	1.007	1.931	2.671	3.575	991	0.537	1.244	1.690	2.221
1956	2 750	1.586	2.286	3.163	4.120	1 782	0.952	1.497	2.042	2.544
1957	1 060	0.424	0.764	1.443	2.158	683	0.252	0.530	0.949	1.412
1958	5 620	1.507	3.560	4.477	5.736	4 563	0.892	2.391	2.947	3.502
1959	732	0.162	0.211	0.364	0.511	517	0.167	0.172	0.279	0.401
1960	423	0.296	0.549	0.704	0.832	373	0.208	0.398	0.503	0.612
1961	2 750	0.877	1.023	1.104	1.171	1782	0.463	0.685	0.745	0.804
1962	1 070	0.611	1.365	1.706	2.051	689	0.329	0.912	1.124	1.325
1963	1 030	0.491	0.814	1.245	1.777	668	0.279	0.552	0.824	1.161
1964	1 750	0.870	1.255	1.677	2.833	1 084	0.458	0.877	1.089	1.805
1965	1 060	0.538	0.873	1.338	2.217	683	0.297	0.599	0.900	1.449

续表 2-14

年份	紫罗山站					娄子沟站				
	Q_m/(m³/s)	$W_{24\,h}$/亿 m³	$W_{3\,d}$/亿 m³	$W_{7\,d}$/亿 m³	$W_{15\,d}$/亿 m³	Q_m/(m³/s)	$W_{24\,h}$/亿 m³	$W_{3\,d}$/亿 m³	$W_{7\,d}$/亿 m³	$W_{15\,d}$/亿 m³
1966	106	0.026	0.070	0.135	0.196	240	0.134	0.084	0.145	0.221
1967	1 770	0.429	0.580	0.779	1.452	1 096	0.251	0.409	0.541	0.971
1968	2 320	1.133	1.553	1.771	2.657	1 464	0.616	1.048	1.175	1.711
1969	952	0.242	0.534	0.761	1.051	627	0.203	0.386	0.524	0.725
1970	530	0.194	0.322	0.533	0.973	522	0.157	0.208	0.367	0.600
1971	352	0.277	0.503	0.680	0.805	231	0.168	0.314	0.437	0.551
1972	96.2	0.071	0.133	0.262	0.351	105	0.072	0.130	0.248	0.287
1973	2 850	1.271	1.598	2.165	2.598	675	0.293	0.622	1.018	1.278
1974	800	0.190	0.351	0.583	0.721	372	0.171	0.310	0.477	0.597
1975	4 020	2.205	4.894	6.482	6.780	3 170	1.373	3.133	4.081	4.236
1976	509	0.310	0.555	0.777	1.029	400	0.201	0.313	0.413	0.560
1977	760	0.195	0.273	0.491	0.891	307	0.123	0.177	0.360	0.637
1978	1 170	0.492	0.728	0.962	1.715	1 170	0.398	0.490	0.656	1.134
1979	570	0.274	0.512	0.676	1.296	488	0.248	0.441	0.532	0.991
1980	408	0.279	0.452	0.585	0.788	390	0.243	0.407	0.509	0.689
1981	174	0.116	0.175	0.226	0.331	208	0.123	0.169	0.221	0.320
1982	7 050	2.527	5.565	6.448	7.325	6 280	2.044	3.638	4.126	4.617
1983	3 420	1.203	1.784	2.091	3.591	1 630	0.539	1.020	1.215	2.153
1984	850	0.434	0.808	1.381	1.953	800	0.385	0.682	1.117	1.526
1985	524	0.347	0.710	0.904	1.157	419	0.224	0.488	0.614	0.792
1986	258	0.119	0.190	0.235	0.272	302	0.156	0.157	0.206	0.265
1987	426	0.190	0.275	0.340	0.553	375	0.175	0.212	0.271	0.430
1988	1 600	0.790	1.152	1.730	2.287	991	0.415	0.761	1.118	1.461
1989	402	0.300	0.701	1.124	1.590	364	0.208	0.478	0.749	1.055
1990	558	0.301	0.471	0.808	1.099	434	0.209	0.335	0.560	0.754

续表 2-14

年份	紫罗山站					娄子沟站				
	Q_m/(m³/s)	$W_{24\ h}$/亿 m³	$W_{3\ d}$/亿 m³	$W_{7\ d}$/亿 m³	$W_{15\ d}$/亿 m³	Q_m/(m³/s)	$W_{24\ h}$/亿 m³	$W_{3\ d}$/亿 m³	$W_{7\ d}$/亿 m³	$W_{15\ d}$/亿 m³
1991	266	0.142	0.280	0.407	0.552	234	0.121	0.246	0.333	0.421
1992	332	0.140	0.237	0.306	0.349	312	0.159	0.287	0.319	0.334
1993	103	0.080	0.176	0.252	0.347	67	0.052	0.110	0.130	0.155
1994	840	0.267	0.409	0.512	0.835	790	0.266	0.383	0.438	0.722
1995	775	0.296	0.507	0.589	0.764	778	0.288	0.485	0.547	0.662
1996	1 770	0.879	1.775	2.075	2.470	1 096	0.463	1.157	1.341	1.580
1997	83	0.059	0.136	0.225	0.332	231	0.142	0.124	0.198	0.298
1998	527	0.292	0.462	0.575	1.072	420	0.206	0.327	0.410	0.740
1999	93.6	0.046	0.091	0.143	0.188	235	0.138	0.096	0.148	0.212
2000	424	0.226	0.416	0.730	1.372	374	0.185	0.302	0.506	0.915
2001	232	0.138	0.238	0.343	0.455	291	0.161	0.189	0.270	0.372
2002	437	0.262	0.411	0.482	0.608	379	0.197	0.295	0.355	0.463
2003	883	0.535	0.965	1.640	2.396	592	0.296	0.731	1.062	1.522
2004	328	0.137	0.254	0.347	0.556	332	0.166	0.202	0.273	0.435
2005	1 270	0.568	0.938	1.105	1.651	798	0.310	0.624	0.735	1.090
2006	160	0.097	0.186	0.296	0.373	262	0.150	0.155	0.242	0.323
2007	348	0.156	0.405	0.584	0.984	340	0.165	0.292	0.417	0.685
2008	242	0.186	0.306	0.380	0.452	295	0.174	0.230	0.293	0.370
2009	232	0.134	0.228	0.298	0.461	291	0.160	0.181	0.243	0.375
2010	2 480	0.779	1.724	2.640	3.176	1 579	0.410	1.115	1.671	1.985

2.4.1.2　洪水频率分析

1. 洪峰流量 Q_m、最大 24 h 及最大 3 d 洪量

将历史洪水和 1952~2010 年系列看作从总体中独立抽出的两个随机样本，各项洪水在各自系列中分别进行排位，实测系列洪水经验频率按下式计算：

$$P_{\mathrm{m}} = \frac{m}{n+1} \tag{2-1}$$

式中 n——实测系列洪水年数，本次 $n=59$。

特大洪水，序位为 M，经验频率为

$$P_{\mathrm{M}} = \frac{M}{N+1} \tag{2-2}$$

式中 N——调查考证期的最远年份迄今的年数，本次 $N=202$。

设计洪水统计参数首先用不连续系列均值与变差系数计算公式计算，而后通过适线确定。不连续系列均值与变差系数计算公式如下：

$$\bar{x} = \frac{1}{N}\left(\sum_{j=1}^{a} X_j + \frac{N-a}{n-l}\sum_{i=l+1}^{n} X_i\right) \tag{2-3}$$

$$C_{\mathrm{v}} = \frac{1}{\bar{x}}\sqrt{\frac{1}{N-1}\left[\sum_{j=1}^{a}(x_j-\bar{x})^2 + \frac{N-a}{n-l}\sum_{i=l+1}^{n}(x_i-\bar{x})^2\right]} \tag{2-4}$$

紫罗山站和娄子沟站的洪峰流量、最大 24 h 及最大 3 d 洪量适线结果见表 2-15、图 2-19～图 2-24。

2. 最大 7 d、最大 15 d 洪量

最大 7 d、最大 15 d 洪量(1952～2010 年)按连续洪量系列进行频率计算。适线成果见表 2-15、图 2-25～图 2-28。

表 2-15 紫罗山站、娄子沟站设计洪水成果

站名	项目	均值	均值模数	参数		不同重现期(年)洪水设计值						
				C_{v}	$C_{\mathrm{s}}/C_{\mathrm{v}}$	5	10	20	50	100	500	5 000
紫罗山站	$Q_{\mathrm{m}}/(\mathrm{m}^3/\mathrm{s})$	1 214	4.39	1.42	2.5	1 751	3 083	4 599	6 778	8 514	12 733	19 040
	$W_{24\,\mathrm{h}}$/亿 m^3	0.519	2.88	1.40	2.5	0.752	1.312	1.948	2.858	3.583	5.341	7.968
	$W_{3\,\mathrm{d}}$/亿 m^3	0.920	5.11	1.40	2.5	1.333	2.327	3.452	5.066	6.351	9.468	14.124
	$W_{7\,\mathrm{d}}$/亿 m^3	1.225	6.81	1.35	2.5	1.795	3.066	4.490	6.519	8.128	12.019	17.816
	$W_{15\,\mathrm{d}}$/亿 m^3	1.633	9.07	1.15	2.5	2.468	3.883	5.401	7.505	9.147	13.060	18.83
娄子沟站	$Q_{\mathrm{m}}/(\mathrm{m}^3/\mathrm{s})$	882.1	4.33	1.50	2.5	1 246	2 268	3 455	5 179	6 562	9 939	15 011
	$W_{24\,\mathrm{h}}$/亿 m^3	0.339	2.78	1.45	2.5	0.485	0.865	1.301	1.929	2.431	3.652	5.480
	$W_{3\,\mathrm{d}}$/亿 m^3	0.616	5.06	1.45	2.5	0.882	1.574	2.366	3.509	4.422	6.643	9.968
	$W_{7\,\mathrm{d}}$/亿 m^3	0.815	6.69	1.35	2.5	1.194	2.040	2.987	4.337	5.407	7.996	11.853
	$W_{15\,\mathrm{d}}$/亿 m^3	1.076	8.83	1.15	2.5	1.626	2.558	3.558	4.945	6.026	8.607	12.404

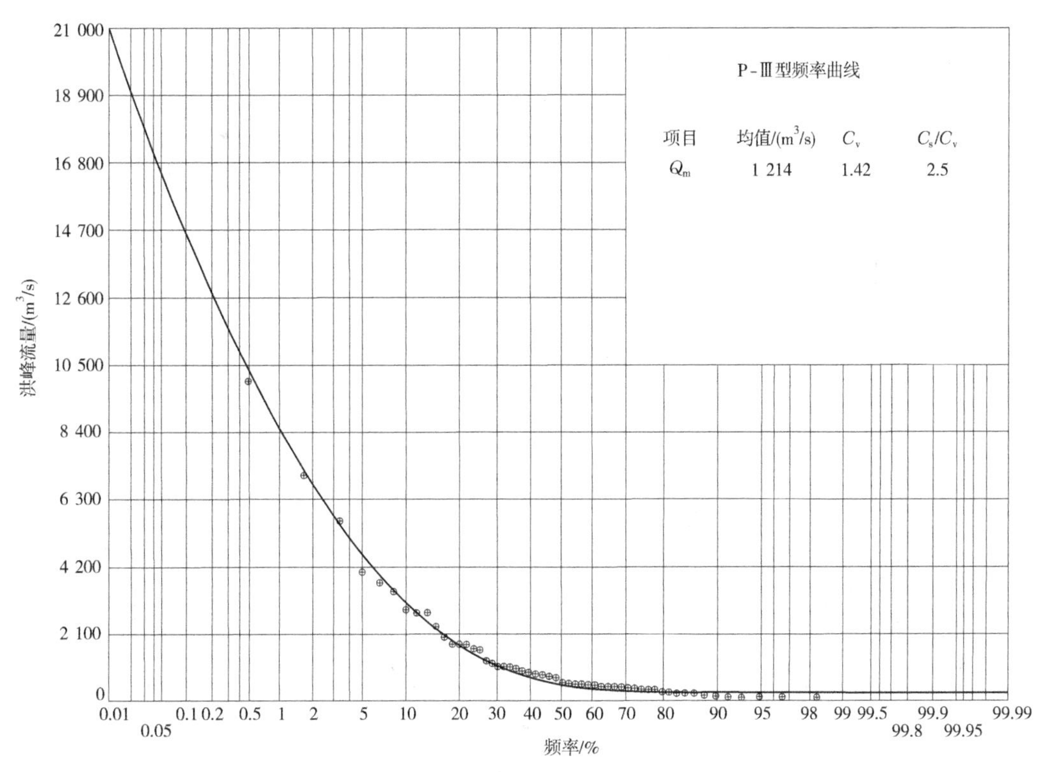

图 2-19　紫罗山站洪峰流量 Q_m 频率曲线

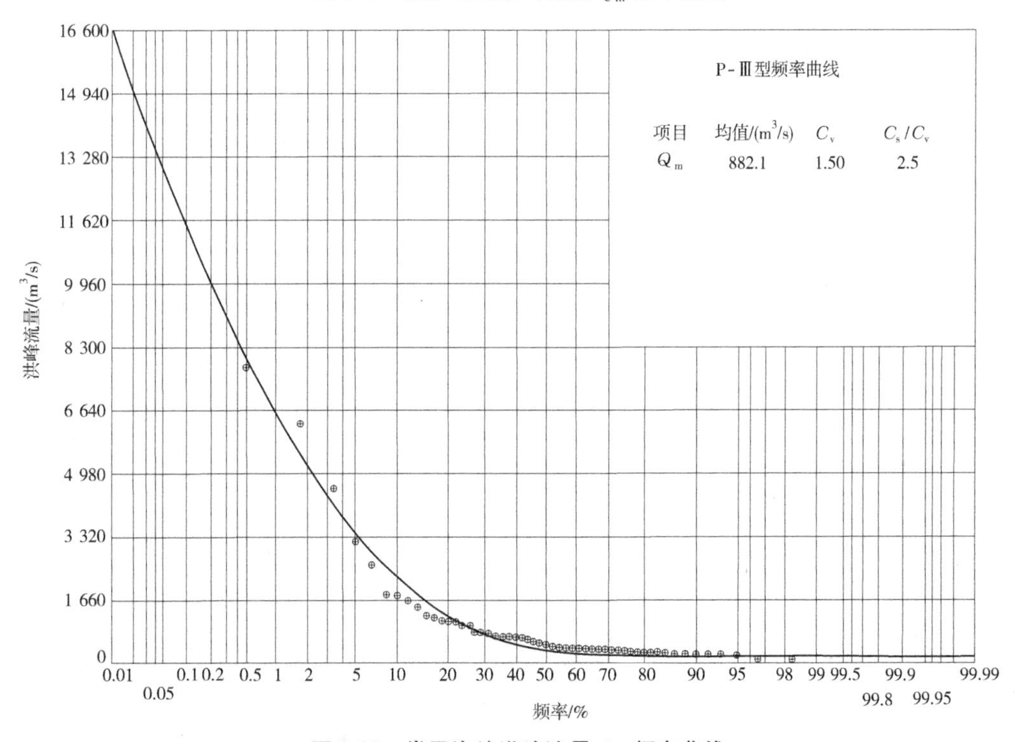

图 2-20　娄子沟站洪峰流量 Q_m 频率曲线

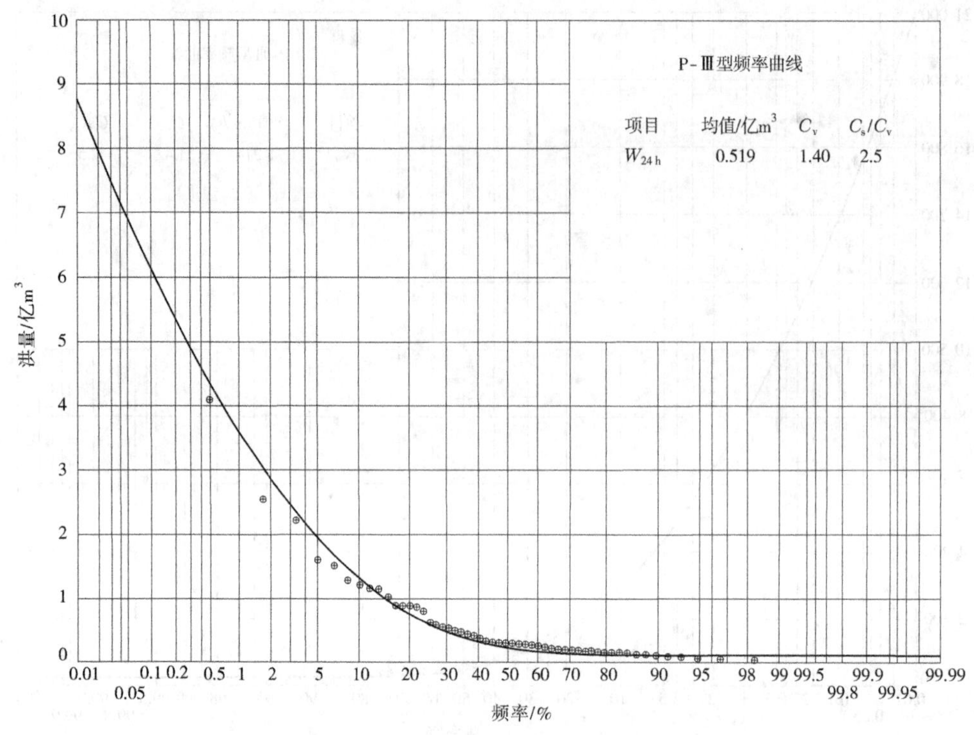

图 2-21 紫罗山站最大 24 h 洪量频率曲线

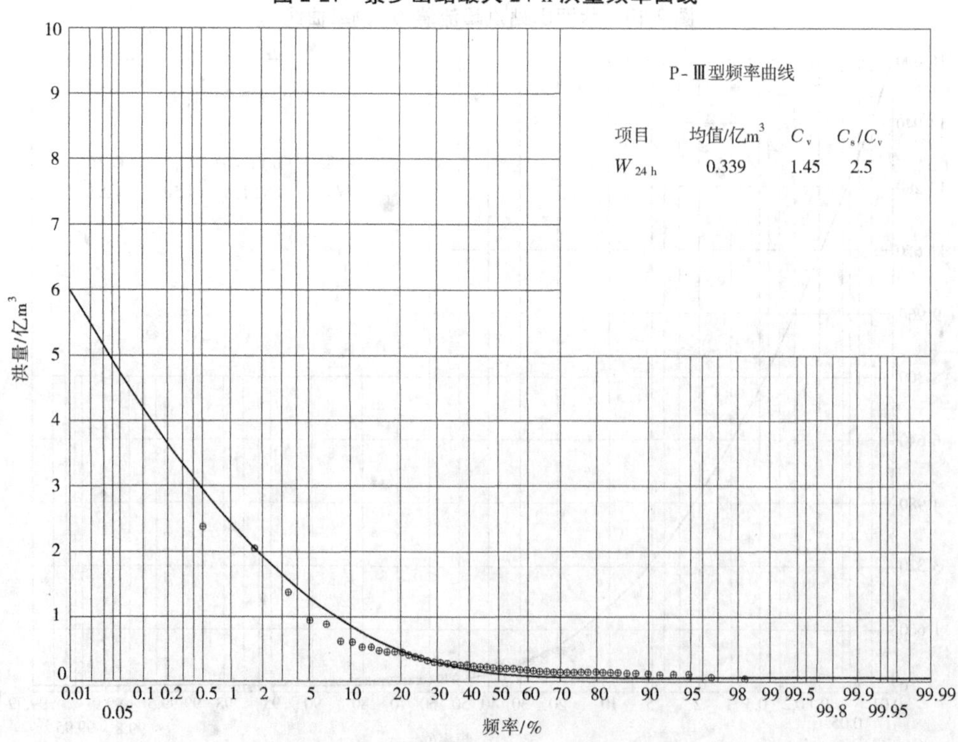

图 2-22 娄子沟站最大 24 h 洪量频率曲线

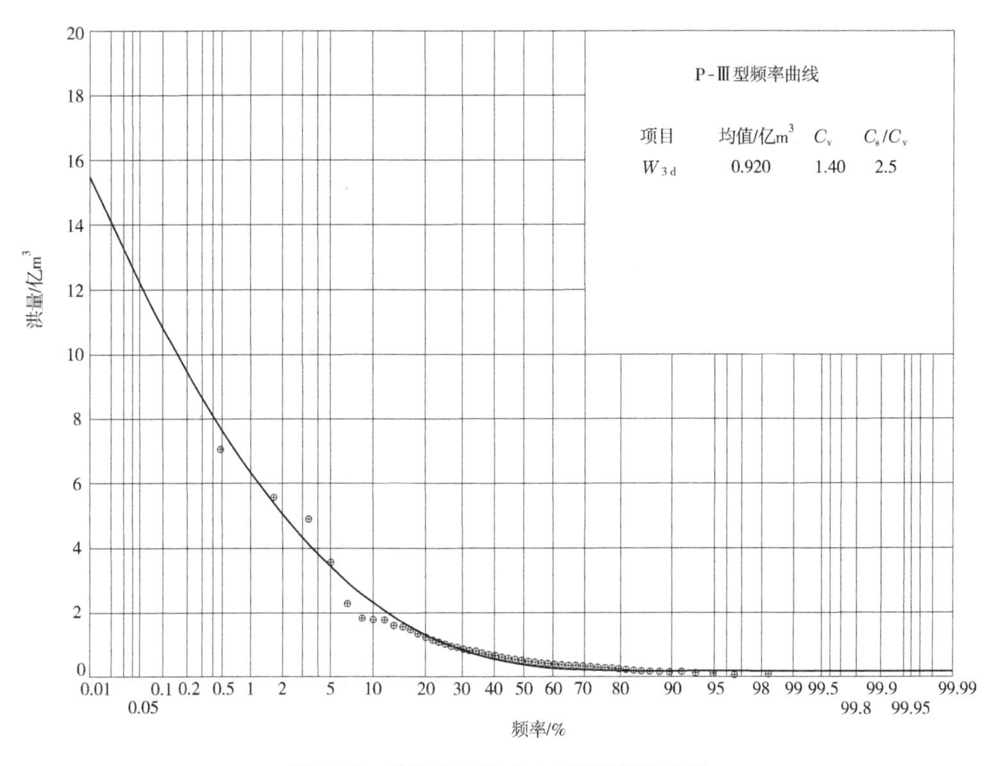

图 2-23　紫罗山站最大 3 d 洪量频率曲线

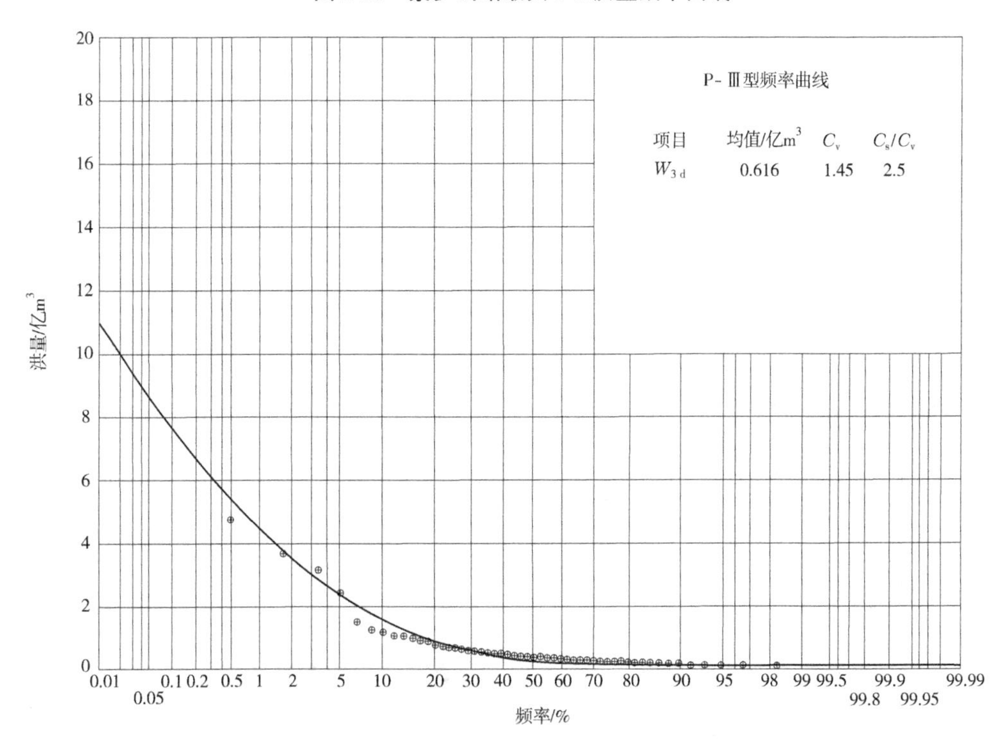

图 2-24　娄子沟站最大 3 d 洪量频率曲线

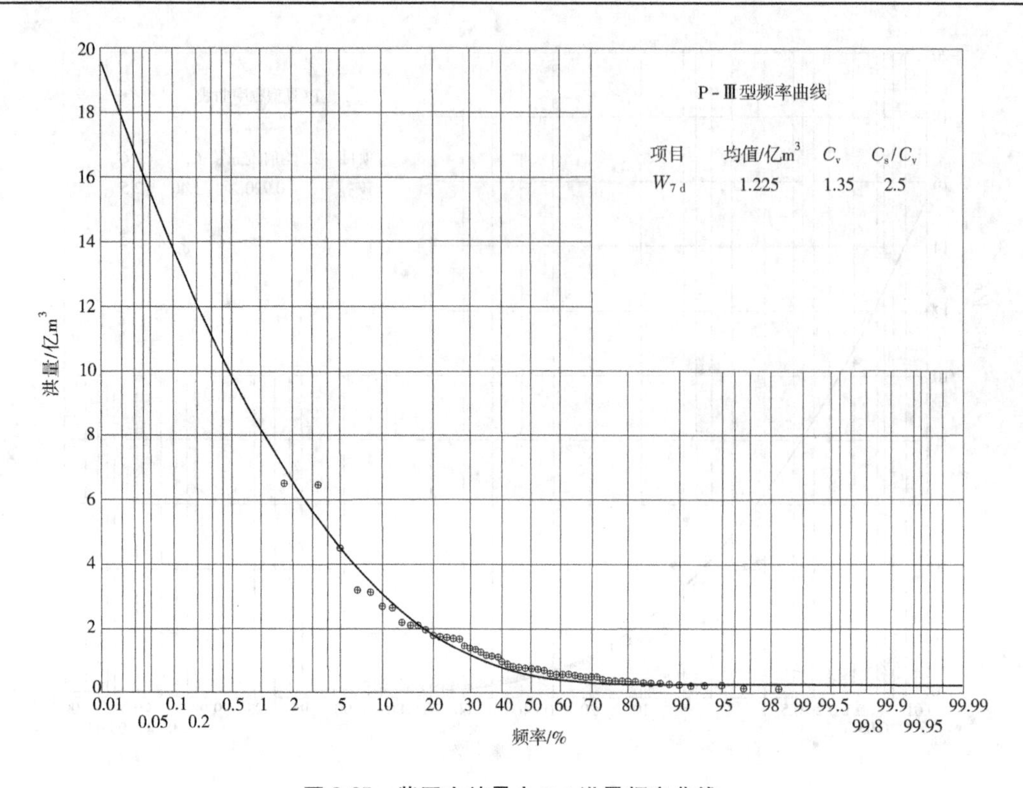

图 2-25　紫罗山站最大 7 d 洪量频率曲线

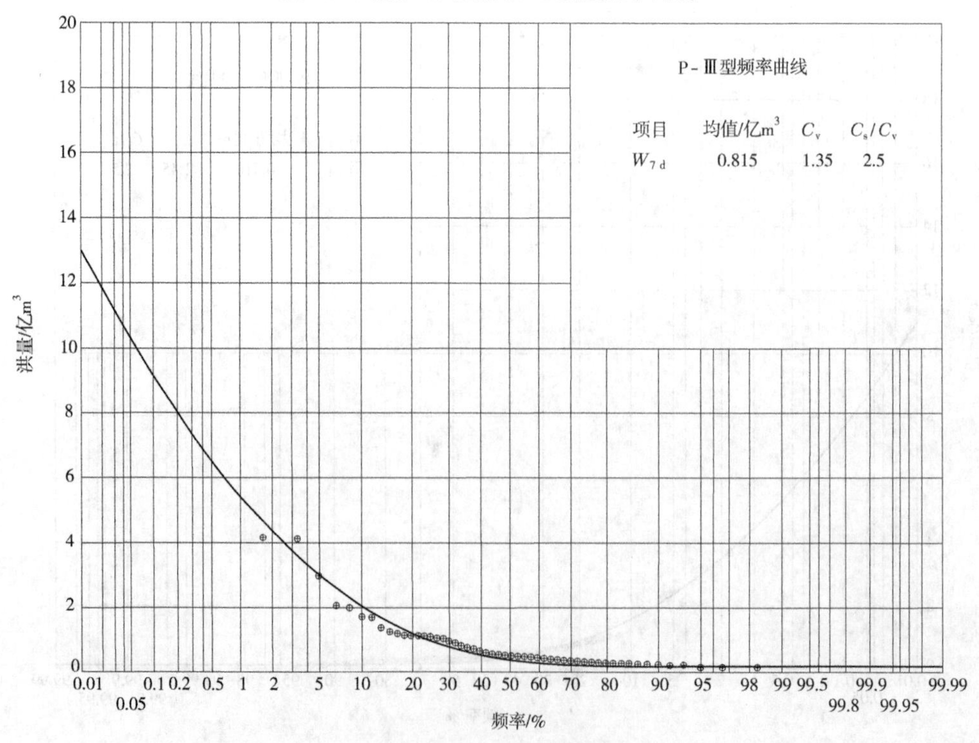

图 2-26　娄子沟站最大 7 d 洪量频率曲线

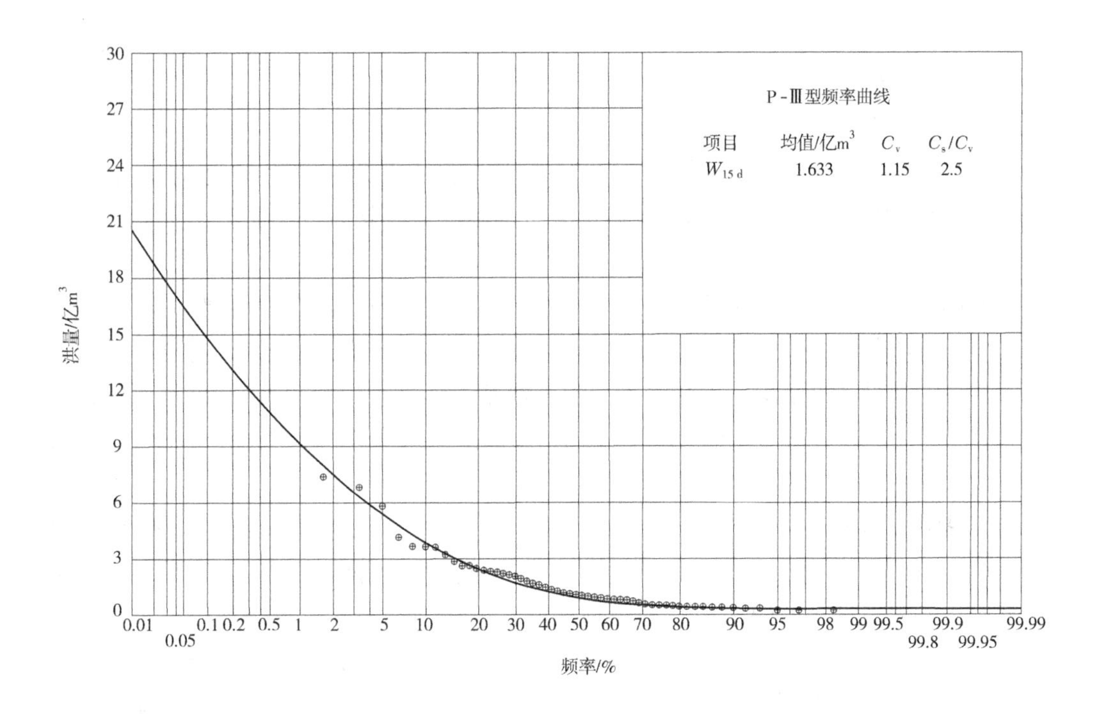

图 2-27　紫罗山站最大 15 d 洪量频率曲线

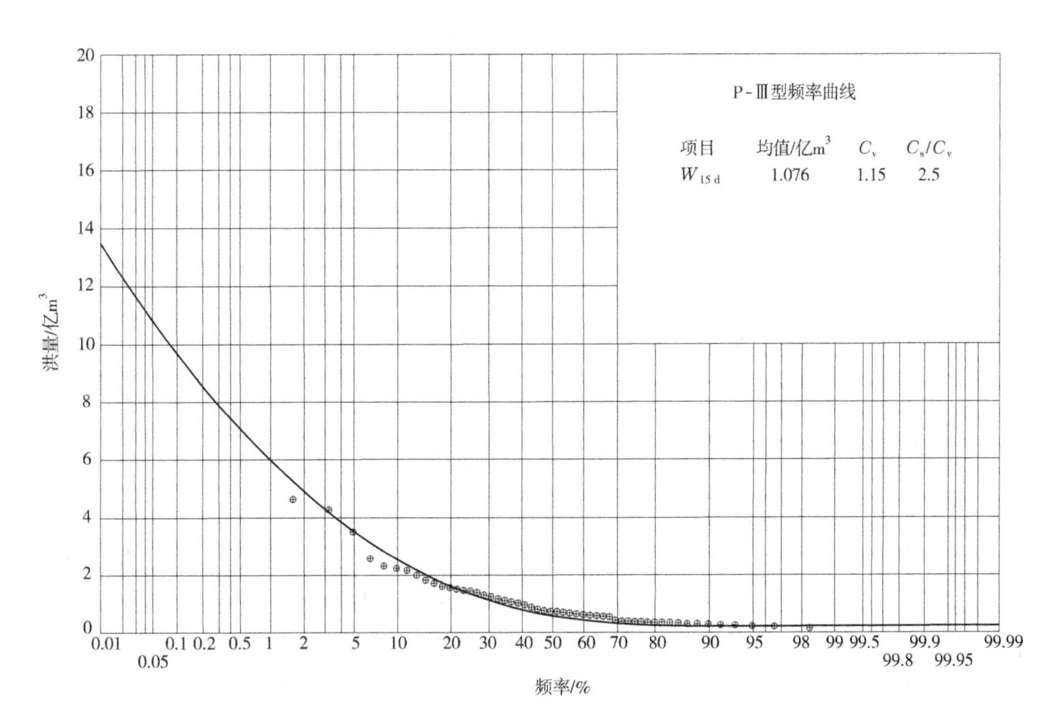

图 2-28　娄子沟站最大 15 d 洪量频率曲线

本次娄子沟站和紫罗山站设计洪水与可研阶段采用系列一致，设计参数一致，故设计洪水计算成果一致。

3. 设计洪水成果合理性分析

(1)紫罗山站为国家基本水文站，实测资料可靠，洪水系列长度达59年，符合有关规程、规范要求。本次计算充分运用坝址以上娄子沟站的实测资料加以比较分析，增强了资料的可靠性。

(2)本次加入了1943年调查历史大洪水，增加了设计洪水成果的可靠性。

(3)娄子沟站与紫罗山站同时段洪量均值随流域面积的增大而增大，符合一般变化规律。紫罗山站设计洪水均值模数略大于娄子沟站设计洪水均值模数，同站不同时段的 C_v 值一般随时段增长而减小，同时段洪量的 C_v 值随集水面积的增大而减小，符合一般规律。

关于紫罗山站设计洪水均值模数略大于娄子沟站设计洪水均值模数的分析：由2005年《河南省暴雨参数图集》中"河南省年最大3 d点雨量均值等值线图"可知，紫罗山站以上的暴雨中心出现在娄子沟站与紫罗山站区间。根据娄子沟站以上雨量站以及娄子沟站—紫罗山站区间雨量站资料，分别进行统计计算。各雨量站资料采用1976~2010年共35年同长度系列雨量资料，娄子沟站以上最大1 d雨量均值为68 mm，最大3 d雨量均值为98 mm；娄子沟站—紫罗山站区间最大1 d雨量均值为79 mm，最大3 d雨量均值为115 mm。由于暴雨中心出现在娄子沟站与紫罗山站区间，故紫罗山站均值模数略大于娄子沟站均值模数。

2.4.1.3 本次设计洪水成果

前坪水库坝址设计洪水采用以下三种方法计算：

方法一，坝址设计洪峰流量由娄子沟站的设计洪峰流量按面积比的0.65次方计算，时段洪量由娄子沟站的设计时段洪量按面积比的1次方计算，其中0.65是通过对1943年、1973年、1975年、1982年、1983年娄子沟站和紫罗山站洪峰流量的关系以及暴雨中心的分布情况分析而得，计算结果见表2-16。

方法二，坝址设计洪水由紫罗山站的设计值推求，计算方法同方法一，计算结果见表2-16。

方法三，坝址设计洪水根据娄子沟站和紫罗山站设计值线性内插求得。

三种方法计算结果见表2-16。

从表2-16可以看出，三种方法推求的坝址设计洪水成果大致相近，方法一推求的坝址5 000年一遇的设计洪峰流量和最大24 h、最大3 d设计洪量比其他两种方法推求的设计值略大。从水库的安全考虑，坝址设计洪水采用方法一推求的数值。

2.4.1.4 设计洪水成果的比较与选用

1. 本次设计洪水成果

本次设计洪水成果参数比较见表2-17，前坪水库历次设计洪水成果比较见表2-18。

表 2-16　前坪水库坝址设计洪水成果

计算方法	项目	均值	不同重现期(年)洪水设计值						
			5	10	20	50	100	500	5 000
方法一	Q_m/(m³/s)	932	1 316	2 396	3 649	5 470	6 931	10 498	15 855
	$W_{24\ h}$/亿 m³	0.369	0.528	0.941	1.415	2.098	2.645	3.973	5.961
	$W_{3\ d}$/亿 m³	0.670	0.959	1.712	2.574	3.817	4.810	7.227	10.840
	$W_{7\ d}$/亿 m³	0.887	1.299	2.219	3.249	4.718	5.882	8.698	12.894
	$W_{15\ d}$/亿 m³	1.171	1.769	2.783	3.871	5.379	6.555	9.363	13.494
方法二	Q_m/(m³/s)	995	1 435	2 526	3 769	5 554	6 977	10 434	15 602
	$W_{24\ h}$/亿 m³	0.382	0.554	0.966	1.434	2.104	2.637	3.932	5.865
	$W_{3\ d}$/亿 m³	0.677	0.981	1.713	2.541	3.729	4.675	6.970	10.397
	$W_{7\ d}$/亿 m³	0.902	1.321	2.257	3.305	4.799	5.983	8.847	13.115
	$W_{15\ d}$/亿 m³	1.202	1.817	2.858	3.976	5.525	6.733	9.614	13.861
方法三	Q_m/(m³/s)	943	1 338	2 420	3 671	5 486	6 940	10 486	15 809
	$W_{24\ h}$/亿 m³	0.372	0.532	0.946	1.419	2.099	2.643	3.965	5.944
	$W_{3\ d}$/亿 m³	0.671	0.963	1.712	2.568	3.801	4.785	7.180	10.759
	$W_{7\ d}$/亿 m³	0.890	1.303	2.226	3.260	4.733	5.901	8.726	12.935
	$W_{15\ d}$/亿 m³	1.176	1.778	2.797	3.890	5.406	6.588	9.409	13.561

表 2-17　前坪水库设计洪水成果参数比较

时间	项目	洪峰/(m³/s)	洪量/亿 m³			
			最大 24 h	最大 3 d	最大 7 d	最大 15 d
本次(1952~2010年)	均值	932	0.369	0.670	0.887	1.171
	C_v	1.5	1.45	1.45	1.35	1.15
	C_s/C_v	2.5	2.5	2.5	2.5	2.5

表 2-18　前坪水库历次设计洪水成果比较

时间	项目	不同重现期(年)洪水设计值						
		5	10	20	50	100	500	5 000
本次(1952~2010年)	Q_m/(m³/s)	1 316	2 396	3 649	5 470	6 931	10 498	15 855
	$W_{24\,h}$/亿 m³	0.528	0.941	1.415	2.098	2.645	3.973	5.961
	$W_{3\,d}$/亿 m³	0.959	1.712	2.574	3.817	4.810	7.227	10.840
	$W_{7\,d}$/亿 m³	1.299	2.219	3.249	4.718	5.882	8.698	12.894
	$W_{15\,d}$/亿 m³	1.769	2.783	3.871	5.379	6.555	9.363	13.494
可研采用成果(项目建议书成果 1952~2005年)	Q_m/(m³/s)	1 340	2 440	3 720	5 580	7 070	10 689	16 200
	$W_{24\,h}$/亿 m³	0.525	0.939	1.412	2.095	2.640	3.967	5.957
	$W_{3\,d}$/亿 m³	0.957	1.709	2.569	3.809	4.797	7.207	10.82
	$W_{7\,d}$/亿 m³	1.314	2.202	3.187	4.578	5.674	8.308	12.25
	$W_{15\,d}$/亿 m³	1.794	2.826	3.933	5.466	6.661	9.507	13.68
差值百分比/%(本次-可研采用成果)/可研采用成果	Q_m	-1.79	-1.80	-1.91	-1.97	-1.97	-1.79	-2.13
	$W_{24\,h}$	0.57	0.21	0.21	0.14	0.19	0.15	0.07
	$W_{3\,d}$	0.21	0.18	0.19	0.21	0.27	0.28	0.18
	$W_{7\,d}$	-1.14	0.77	1.95	3.06	3.67	4.69	5.26
	$W_{15\,d}$	-1.39	-1.52	-1.58	-1.59	-1.59	-1.51	-1.36

可研阶段经延长后设计洪水与项目建议书成果比较后,设计洪水仍采用项目建议书成果。

本次计算设计洪水成果与可研计算成果比较:洪峰略有减小,最大 24 h、最大 3 d 洪量略有增加,最大 7 d 洪量校核洪水增大约 5.26%,最大 15 d 洪量略有减小,将本次设计洪水放大设计洪水过程线后经调洪演算,与可研计算成果过程线调洪演算成果比较,水位略低,为工程安全考虑,本阶段设计洪水仍采用可研阶段设计洪水采用成果。

2. 利用娄子沟水位资料复核设计洪水

1)利用水位-流量关系计算娄子沟站最大 3 d 洪量

娄子沟站高水位(大于或等于 360.0 m)水位-流量关系拟合较好,利用水位大于 360.0 m 的水位-流量关系,计算几个大水年最大 3 d 洪量,并与原成果和项目建议书成果比较。选取 1989 年、1996 年、2003 年、2005 年、2010 年 5 个较大水年,5 个年份的最大

3 d 洪量见表 2-19。

表 2-19　最大 $W_{3\,d}$ 洪量结果分析　单位:亿 m^3

年份	此次利用水位-流量关系计算($W_{3\,d}$)	可研报告原数值(利用紫罗山站转换的 $W_{3\,d}$)
1989	0.467	0.478
1996	1.386 7	1.157
2003	1.039	0.731
2005	0.87	0.624
2010	1.08	1.115

从表 2-19 中分析可知,这 5 个大水年利用水位-流量关系计算的结果较表 2-14 中计算成果略大。

2)娄子沟站最大 3 d 洪量计算

将表 2-19 中的 5 个年份的 $W_{3\,d}$ 替换表 2-14 中的数据,得到新的娄子沟站最大 3 d 洪量系列。对新系列进行频率分析,频率曲线见图 2-29,成果见表 2-20。

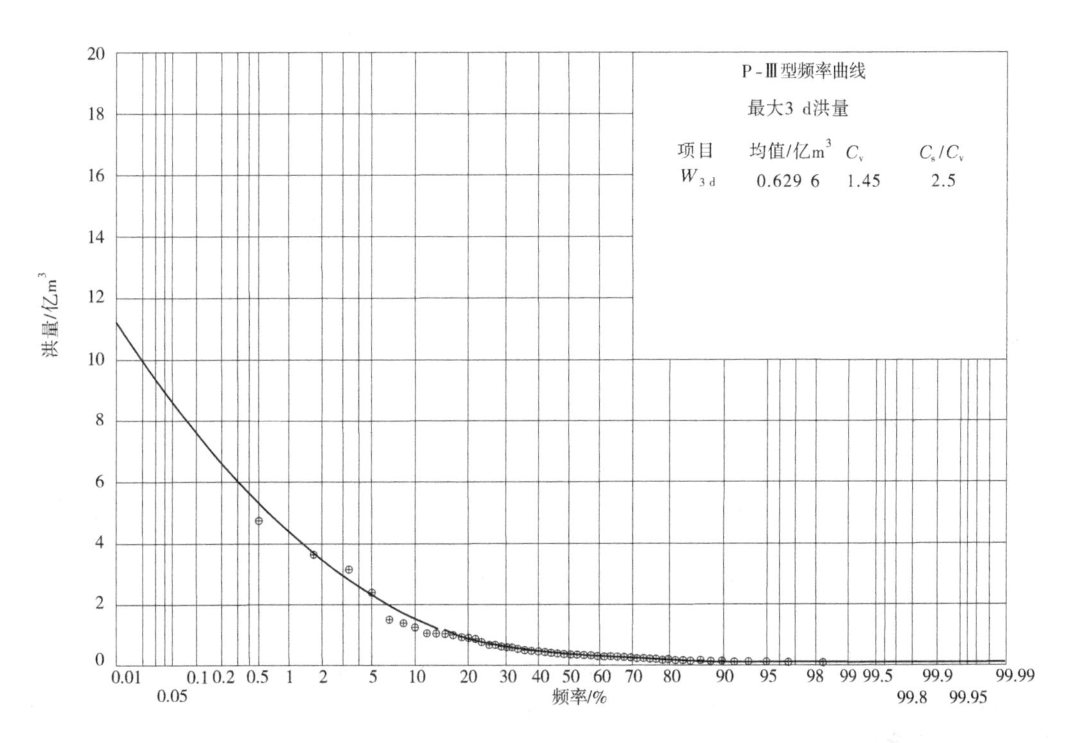

图 2-29　娄子沟站最大 3 d 洪量频率曲线

表 2-20 娄子沟站最大 $W_{3\,d}$ 设计值成果对比分析 洪量单位:亿 m³

站名	项目	均值	参数		不同重现期(年)洪水设计值						
			C_v	C_s/C_v	5	10	20	50	100	500	5 000
娄子沟	水位-流量关系计算	0.629 6	1.45	2.5	0.902	1.609	2.419	3.588	4.521	6.792	10.193
	初设成果	0.616	1.45	2.5	0.882	1.574	2.366	3.509	4.422	6.643	9.968
	相差百分比/%	2.21	0	0	2.27	2.22	2.24	2.25	2.24	2.24	2.26

从表 2-20 可以看出,利用娄子沟站高水位-流量关系计算成果比初设成果大 2.22%~2.27%。

3)前坪水库坝址最大 3 d 洪量设计洪水

前坪水库坝址最大 3 d 洪量设计值根据娄子沟站的设计洪量按面积比的 1 次方计算,并将计算成果与初设计算成果和可研采用成果进行对比,见表 2-21。

经表 2-21 分析,利用娄子沟站高水位-流量关系计算得到的前坪水库坝址最大 3 d 洪量各频率设计值比初设计算成果偏大 2.23%~2.32%,比可研采用成果偏大 2.42%~2.53%。

表 2-21 前坪水库坝址最大 3 d 洪量设计值成果对比分析 洪量单位:亿 m³

项目		不同重现期(年)洪水设计值						
		5	10	20	50	100	500	5 000
与初设计算成果对比	利用水位-流量关系计算成果	0.981	1.750	2.632	3.903	4.918	7.389	11.088
	初设计算成果	0.959	1.712	2.574	3.817	4.81	7.227	10.84
	相差百分比/%	2.32	2.24	2.23	2.26	2.25	2.24	2.29
与可研采用成果对比	利用水位-流量关系计算成果	0.981	1.750	2.632	3.903	4.918	7.389	11.088
	可研采用成果	0.957	1.709	2.569	3.809	4.797	7.207	10.82
	相差百分比/%	2.53	2.42	2.43	2.47	2.53	2.52	2.48

利用娄子沟站高水位-流量关系计算得到的前坪水库坝址最大 3 d 洪量设计值与各阶段成果相比,相差在 3%之内,最终成果仍选用可研阶段设计洪水采用成果。

2.4.1.5 安全修正值

1.与邻近地区水库设计洪水成果比较

前坪水库设计洪水计算成果与邻近水库的设计洪水成果比较见表 2-22。

表 2-22　前坪水库设计洪水计算成果与邻近水库的设计洪水成果比较

项目		前坪水库	燕山水库	出山店水库	南湾水库	薄山水库	昭平台水库
F/km^2		1 325	1 169	2 900	1 100	580	1 430
洪峰	$Q_{均值}/(m^3/s)$	949	1 647	1 830	1 610	1 190	3 540
	C_v	1.5	1.1	1.1	1.0	1.0	0.9
	$Q_{均值}/F^{0.75}$	4.3	8.2	4.6	8.4	10.1	15.2
	$Q_{5\ 000}/(m^3/s)$	16 200	17 820	21 777	15 247	12 876	29 077
	$Q_{5\ 000}/F^{0.75}$	73.8	89.1	55.1	79.8	108.9	125.0
$W_{24\ h}$	$\overline{W}$/亿 m^3	0.367	0.603	1.20	0.58	0.342	0.996
	C_v	1.45	1.25	1.15	0.9	0.95	0.85
	$\frac{\overline{W}}{F}$/mm	27.7	51.6	41.4	52.7	59	69.7
	$W_{5\ 000}$/亿 m^3	5.957	7.842	16.17	4.756	3.02	9.078
	$\frac{W_{5\ 000}}{F}$/mm	449.6	670.8	557.6	432.4	520.7	634.8
$W_{3\ d}$	$\overline{W}$/亿 m^3	0.668	0.946	1.92	0.91	0.505	1.503
	C_v	1.45	1.35	1.05	0.9	0.9	0.8
	$\frac{\overline{W}}{F}$/mm	50.4	80.9	66.2	82.7	87.1	105.1
	$W_{5\ 000}$/亿 m^3	10.82	11.344	21.4	7.462	4.14	12.643
	$\frac{W_{5\ 000}}{F}$/mm	816.6	970.4	737.9	678.4	713.8	884.1
$W_{7\ d}$	$\overline{W}$/亿 m^3	0.888	1.238	2.54	1.21	0.615	1.987
	C_v	1.3	1.25	0.95	0.9	0.9	0.8
	$\frac{\overline{W}}{F}$/mm	67.0	105.9	87.6	110.0	106.0	139
	$W_{5\ 000}$/亿 m^3	12.25	12.302	24.64	9.92	5.04	16.715
	$\frac{W_{5\ 000}}{F}$/mm	924.5	1 052.3	849.7	902.0	869	1 168.9

由表 2-22 可知,前坪水库洪峰均值模数与出山店水库相当,比其他水库均偏小,5 000 年一遇洪峰模数比出山店水库略大,比其他水库均偏小;最大 24 h 洪量均值模数比邻近水库均偏小,5 000 年一遇洪量模数比南湾水库略大,比其余水库均偏小;最大 3 d 洪量均值模数比邻近水库均偏小,5 000 年一遇洪量模数比燕山水库和昭平台水库小,比其他水库略大;7 d 洪量均值模数比邻近水库均偏小,5 000 年一遇洪量模数比燕山水库和昭平台水库偏小,比其他水库略大。与邻近的昭平台水库、燕山水库相比,前坪水库洪峰、洪量模数均偏小,这是由于昭平台水库、燕山水库位于暴雨中心地带,查《河南省暴雨参

数图集》雨量均值等值线图,昭平台水库、燕山水库控制流域内雨量比前坪水库控制流域雨量均值大。

从以上分析可知,对前坪水库起控制作用的5 000年一遇最大3 d、最大7 d洪量模数,与邻近水库成果比较大体相当。

2. 计算误差

前坪水库校核洪水标准为5 000年一遇,其值由娄子沟站的设计洪水通过面积关系转换而得。娄子沟站5 000年一遇设计洪水,根据C_s查B值诺模图求得B值,抽样误差计算如表2-23所示。娄子沟站洪峰流量和各时段洪量的相对抽样误差为19.5%~31.6%。

表2-23 娄子沟站5 000年一遇校核洪水抽样误差计算

项目	C_s	C_v	B	n	K_p	相对误差/%
Q_m	3.750	1.50	27.4	202	17.02	16.99
$W_{24\,h}$	3.625	1.45	26.7	202	16.19	16.83
$W_{3\,d}$	3.625	1.45	26.7	202	16.19	16.83
$W_{7\,d}$	3.375	1.35	24.1	59	14.54	29.13
$W_{15\,d}$	2.875	1.15	20.5	59	11.53	26.62

3. 安全修正值的采用

通过以上长短系列设计洪水成果对比、与邻近地区水库设计洪水成果对比以及抽样误差计算等,认为前坪水库校核标准设计洪水存在偏小的可能。

《水利水电工程设计洪水计算规范》(SL 44—2006)规定:对大型工程或重要的中型工程,用频率分析法计算的校核标准设计洪水,应对资料条件、参数选用、抽样误差等进行综合分析检查,如成果有偏小可能,应加安全修正值,修正值一般不超过计算值的20%。经以上抽样误差计算和综合分析,前坪水库校核标准设计洪水成果有偏小的可能,因此本阶段前坪水库的校核洪水标准加10%安全修正值(可研阶段校核标准洪水亦加了10%安全修正值)。前坪水库校核标准洪水加安全修正值后采用的设计洪水成果见表2-24。

表2-24 前坪水库设计洪水采用成果

项目	不同重现期(年)洪水设计值							
	5	10	20	50	100	500	5 000	5 000×1.1
Q_m/(m³/s)	1 340	2 440	3 720	5 580	7 070	10 700	16 200	17 800
$W_{24\,h}$(亿 m³)	0.525	0.939	1.412	2.095	2.640	3.967	5.957	6.552
$W_{3\,d}$(亿 m³)	0.957	1.709	2.570	3.809	4.797	7.207	10.82	11.90
$W_{7\,d}$/亿 m³	1.314	2.202	3.187	4.578	5.674	8.308	12.25	13.48
$W_{15\,d}$(亿 m³)	1.794	2.826	3.933	5.466	6.661	9.510	13.68	15.05

2.4.1.6 洪水过程线

根据《水利水电工程设计洪水计算规范》(SL 44—2006),设计洪水过程线采用放大典型洪水过程线的方法推求,并应选择能反映洪水特性、对工程防洪运用较不利的大洪水作为典型,前坪水库坝址设计洪水,采用典型洪水过程线放大法,对洪峰流量及各时段洪量同频率控制放大。

本次选择典型洪水过程线时,对 1952~2010 年系列的大洪水特性都进行了分析、对比,选择的典型年有 1958 年、1975 年、1982 年。"58·7""82·8"主峰均在前,但"58·7"的洪峰流量不在最大 24 h 洪量的范围内;"75·8""82·8"洪水特性如下:

"75·8"洪水为双峰,前峰洪峰流量 3 900 m^3/s,后峰洪峰流量 4 020 m^3/s,间隔时间 36 h,该场洪水相当于水库略大于 20 年一遇洪水;"82·8"洪水为复峰,前峰陡涨陡落,起涨时间只有 7 h 即达到洪峰流量 7 050 m^3/s,退水亦较快,经过 16 h 即削减为 760 m^3/s,后峰洪峰流量 4 380 m^3/s,与前峰间隔时间 41 h,该场洪水相当于水库 100 年一遇洪水。

将"75·8""82·8"典型洪水进行同频率过程线放大,经水库调洪演算,某些频率是"75·8"典型洪水位高,某些频率是"82·8"典型洪水位高,因此从水库防洪安全方面考虑,本次设计洪水将"75·8"和"82·8"洪水过程均作为典型过程进行各频率洪水放大。

典型年洪水过程线及坝址设计洪水过程线见图 2-30~图 2-33。

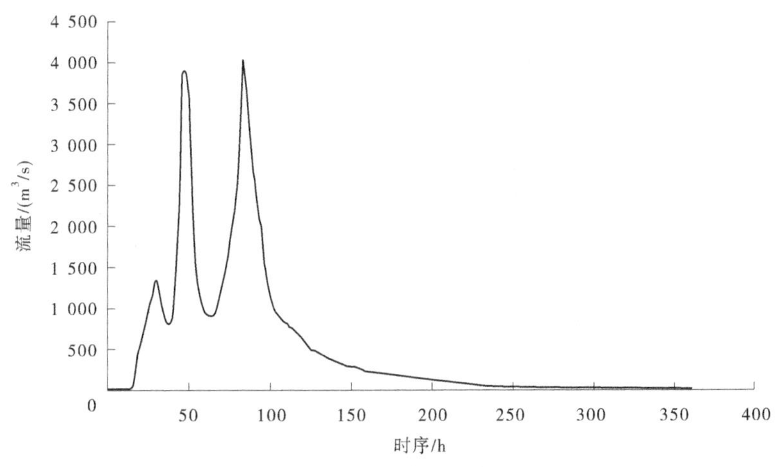

图 2-30 1975 年典型洪水过程线

2.4.2 分期洪水

2.4.2.1 前坪水库施工期洪水

根据工程施工要求,计算前坪水库坝址非汛期 11 月至次年 5 月、10 月至次年 5 月的施工期设计洪水。

施工期洪峰、洪量均由紫罗山站历年实测流量资料统计,洪峰、洪量系列为 1952~2010 年共 58 年,统计时跨期 5 d 选样。统计系列见表 2-25。对实测连续系列进行频率计算,采用 P-Ⅲ型频率曲线适线,频率曲线见图 2-34~图 2-43,设计值见表 2-26。前坪水库坝址施工期设计洪水由紫罗山站设计洪水按面积比计算,洪峰按面积比的 0.65 次方、洪

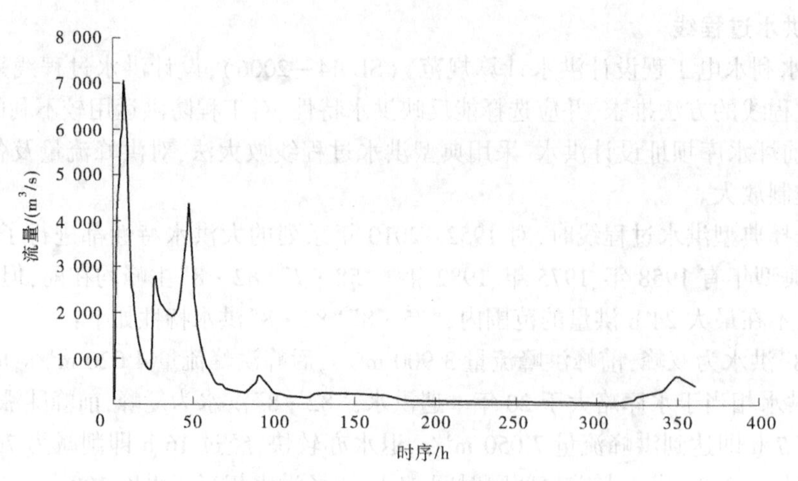

图 2-31　1982 年典型洪水过程线

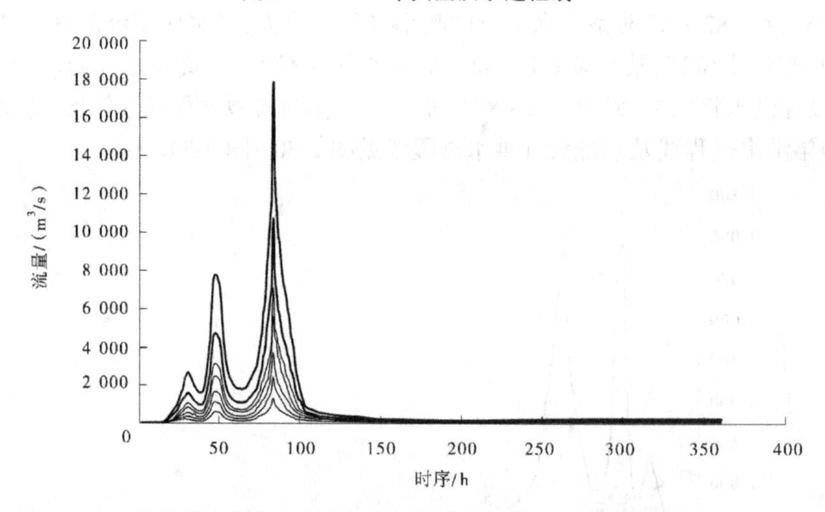

图 2-32　前坪水库坝址设计洪水过程线(1975 年典型)

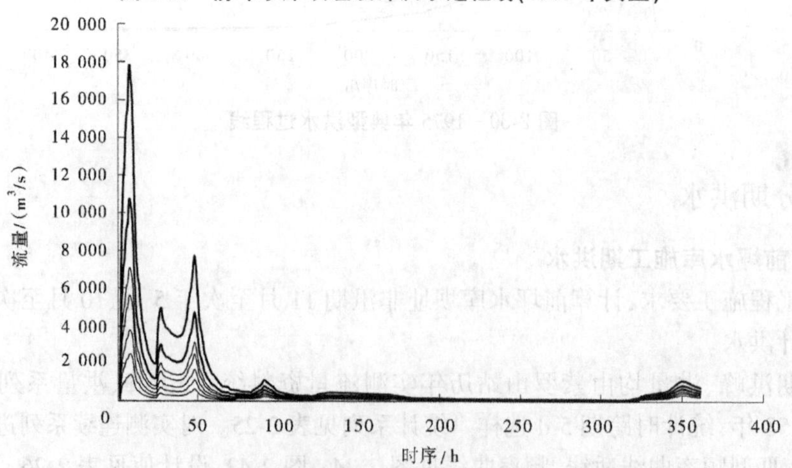

图 2-33　前坪水库坝址设计洪水过程线(1982 年典型)

量按面积比的1次方转换,成果见表2-27。

表2-25 紫罗山站非汛期洪水统计系列

时段	11月至次年5月					10月至次年5月				
	Q_m/(m³/s)	W_{24h}/万m³	W_{3d}/万m³	W_{7d}/万m³	W_{15d}/万m³	Q_m/(m³/s)	W_{24h}/万m³	W_{3d}/万m³	W_{7d}/万m³	W_{15d}/万m³
1952~1953年	31.2	261	700	1 446	2 189	33	286	700	1 446	2 189
1953~1954年	90.3	619	1 409	2 046	2 908	90.3	619	1 409	2 046	2 908
1954~1955年	22.5	187	517	975	1 559	22.5	187	517	975	1 559
1955~1956年	226	1 616	3 300	4 457	5 225	226	1 624	3 383	4 476	5 225
1956~1957年	280	1 624	3 439	4 543	5 254	280	1 758	3 625	4 657	5 368
1957~1958年	179	1 279	2 875	4 336	5 112	179	1 382	2 990	4 348	5 132
1958~1959年	69.5	569	1 354	2 373	3 440	226	1 349	2 239	2 383	3 455
1959~1960年	69.3	427	987	1 448	1 942	69.3	508	1 005	1 467	1 962
1960~1961年	85.6	325	764	1 126	1 589	85.6	353	764	1 126	1 668
1961~1962年	171	1 236	2 552	3 851	4 564	2 570	8 786	10 346	11 208	11 836
1962~1963年	713	4 631	8 139	12 450	15 443	713	4 925	8 224	12 508	15 764
1963~1964年	1 360	6 290	12 545	16 771	18 236	1 360	6 519	13 422	16 846	18 301
1964~1965年	182	1 045	2 195	4 304	6 670	1 675	8 704	11 847	13 512	15 988
1965~1966年	53	438	999	1 469	2 058	53	438	999	1 469	2 058
1966~1967年	307	1 659	3 213	4 821	8 888	307	1 659	3 213	4 821	8 888
1967~1968年	151	1 210	2 761	3 775	4 446	151	1 210	2 761	3 775	4 446
1968~1969年	498	2 402	5 340	7 609	10 508	498	2 418	5 360	7 629	10 528
1969~1970年	147	994	2 055	2 389	3 558	147	1 038	2 270	2 509	3 678
1970~1971年	123	755	1 858	2 486	3 262	123	938	1 881	2 496	3 272
1971~1972年	352	2 765	5 026	6 795	7 868	352	2 771	5 344	6 936	7 978
1972~1973年	295	1 771	4 077	6 779	7 896	295	2 003	4 167	6 917	7 936
1973~1974年	70.4	500	1 367	2 513	3 168	70.4	560	1 395	2 571	3 225
1974~1975年	266	1 711	3 494	5 621	8 280	850	1 909	4 124	5 821	8 670
1975~1976年	32.7	232	575	944	1 465	284	1 987	4 529	8 677	10 729
1976~1977年	202	822	1 724	2 494	3 121	202	1 030	1 743	2 514	3 151
1977~1978年	55.2	357	871	1 289	1 892	55.2	357	871	1 289	1 892

续表 2-25

时段	11月至次年5月					10月至次年5月				
	Q_m/ (m³/s)	$W_{24\ h}$/ 万 m³	$W_{3\ d}$/ 万 m³	$W_{7\ d}$/ 万 m³	$W_{15\ d}$/ 万 m³	Q_m/ (m³/s)	$W_{24\ h}$/ 万 m³	$W_{3\ d}$/ 万 m³	$W_{7\ d}$/ 万 m³	$W_{15\ d}$/ 万 m³
1978~1979年	164	1 115	2 568	3 469	4 118	164	1 241	2 655	3 473	4 128
1979~1980年	66.7	331	721	957	1 214	99	582	930	1 102	1 224
1980~1981年	18.5	137	365	594	743	388	2 130	3 158	3 870	4 180
1981~1982年	20.4	163	462	1 013	1 998	115	876	1 732	2 115	2 998
1982~1983年	985	3 447	4 960	6 069	7 957	985	3 454	4 960	6 081	7 957
1983~1984年	585	2 402	3 440	4 020	4 523	1 320	8 557	13 807	16 466	20 920
1984~1985年	364	2 255	3 891	5 306	7 895	364	2 337	5 440	9 405	11 889
1985~1986年	26.3	101	281	586	1 086	502	3 110	5 017	9 061	1 086
1986~1987年	270	1 400	2 151	2 689	3 026	270	1 400	2 151	2 689	3 026
1987~1988年	71.5	520	1 140	1 652	2 116	71.5	520	1 140	1 652	2 116
1988~1989年	172	1 166	2 201	2 994	4 233	172	1 166	2 201	2 994	4 233
1989~1990年	134	890	1 943	2 736	3 440	134	890	1 943	2 736	3 440
1990~1991年	162	1 400	2 798	4 051	5 148	733	6 331	6 636	9 817	10 322
1991~1992年	332	899	2 366	3 040	3 439	332	1 396	2 538	3 083	3 472
1992~1993年	103	783	1 753	2 499	3 429	103	802	1 819	2 509	3 441
1993~1994年	263	1 400	2 523	3 349	4 734	263	1 545	2 639	3 385	4 741
1994~1995年	14.1	108	276	561	1 043	37	277	576	905	1 257
1995~1996年	32.9	84	240	497	917	50	434	980	1 622	2 136
1996~1997年	226	1 331	2 458	3 403	6 112	226	1 538	2 514	3 429	6 133
1997~1998年	125	808	1 715	3 034	4 504	168	1 170	2 110	3 045	4 509
1998~1999年	44.5	300	653	959	1 354	44.5	300	653	959	1 354
1999~2000年	36.4	314	580	580	602	36.4	314	580	602	742
2000~2001年	27.8	162	470	988	1 660	100	697	1 403	2 128	3 279
2001~2002年	111	772	1 534	2 194	4 158	111	801	1 606	2 198	4 162
2002~2003年	31	353	758	1 220	1 531	41	353	758	1 220	1 531
2003~2004年	24.9	168	402	896	1 801	332	2 581	5 989	8 851	13 278
2004~2005年	6.33	59	171	370	758	7	59	171	370	758
2005~2006年	15	130	389	889	1 761	393	3 396	6 342	9 866	16 327
2006~2007年	122	683	1 312	1 738	2 403	122	761	1 862	2 821	3 334
2007~2008年	166	1 020	2 106	2 807	3 264	166	1 022	2 108	2 808	3 270
2008~2009年	46.6	359	838	1 134	1 412	61	524	879	1 572	2 218
2009~2010年	1 350	4 743	6 960	8 103	9 185	549	4 743	6 960	8 103	9 185
均值	209	1 130	2 217	3 164	4 174	334	1 907	3 334	4 575	5 697

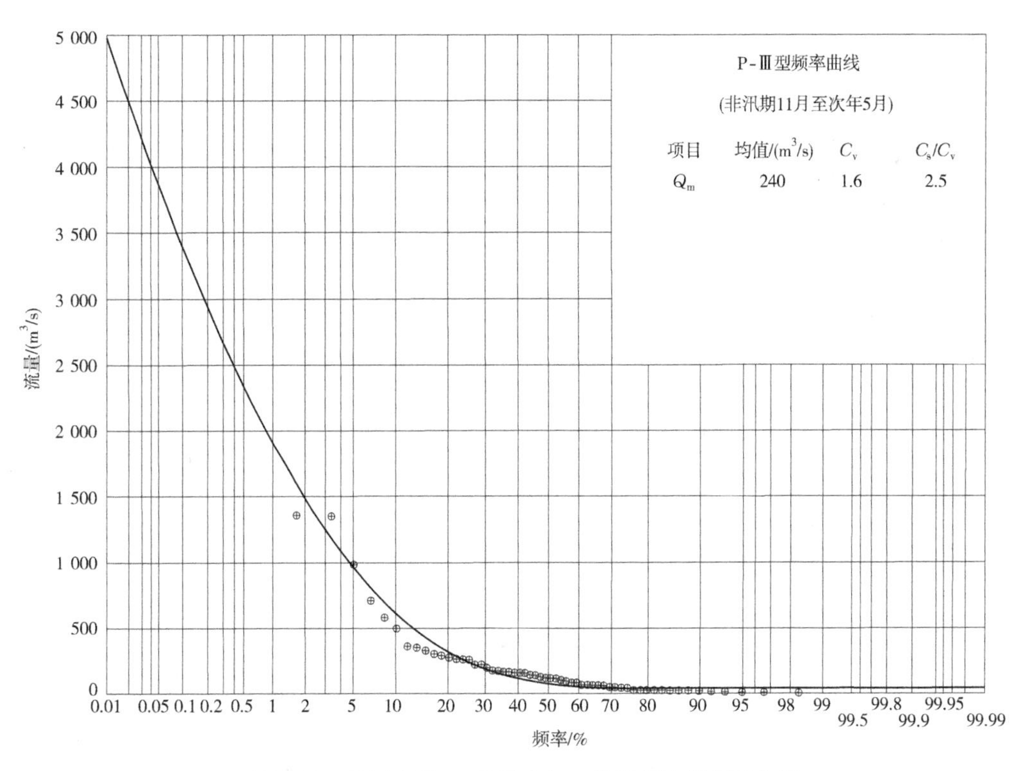

图 2-34　紫罗山站 11 月至次年 5 月洪峰流量频率曲线

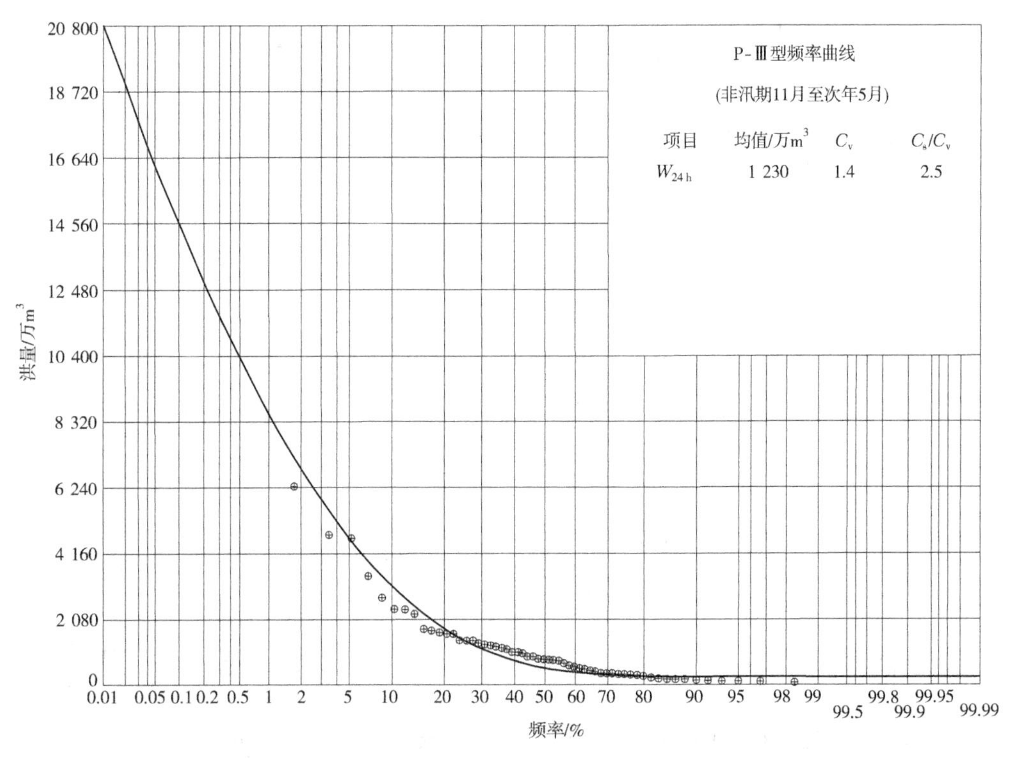

图 2-35　紫罗山站 11 月至次年 5 月最大 24 h 洪量频率曲线

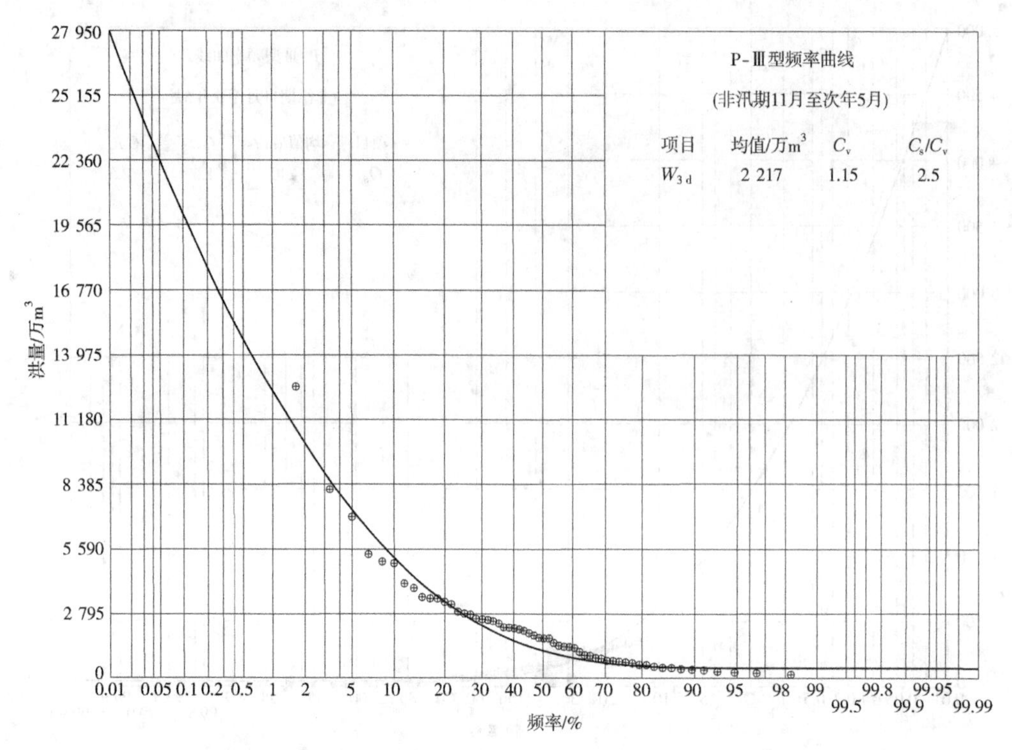

图 2-36 紫罗山站 11 月至次年 5 月最大 3 d 洪量频率曲线

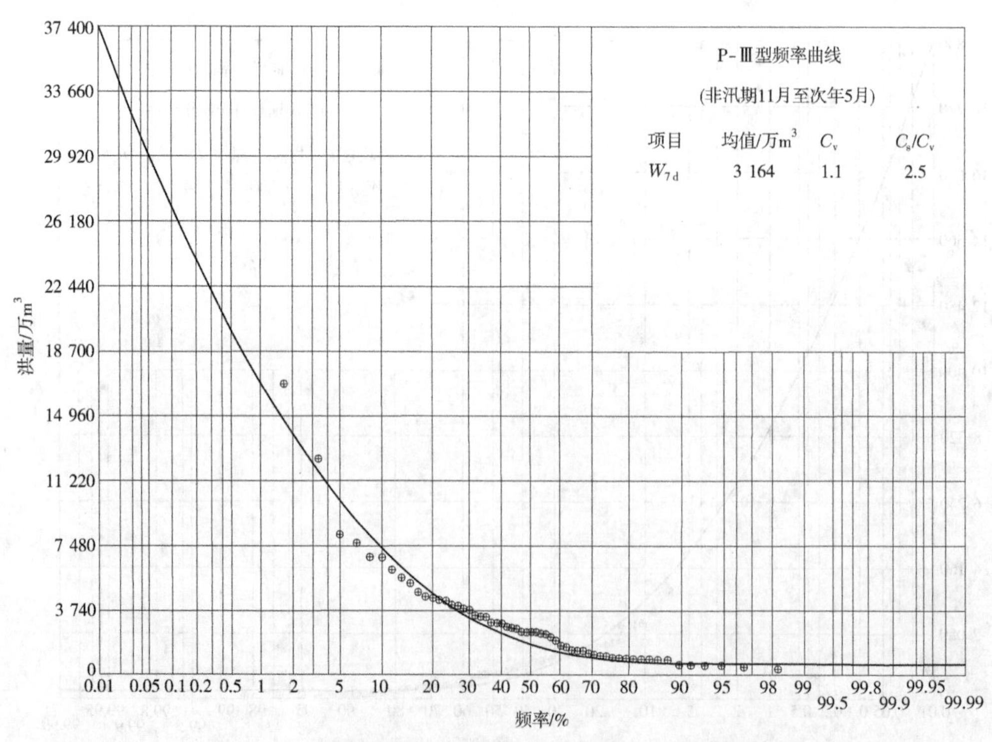

图 2-37 紫罗山站 11 月至次年 5 月最大 7 d 洪量频率曲线

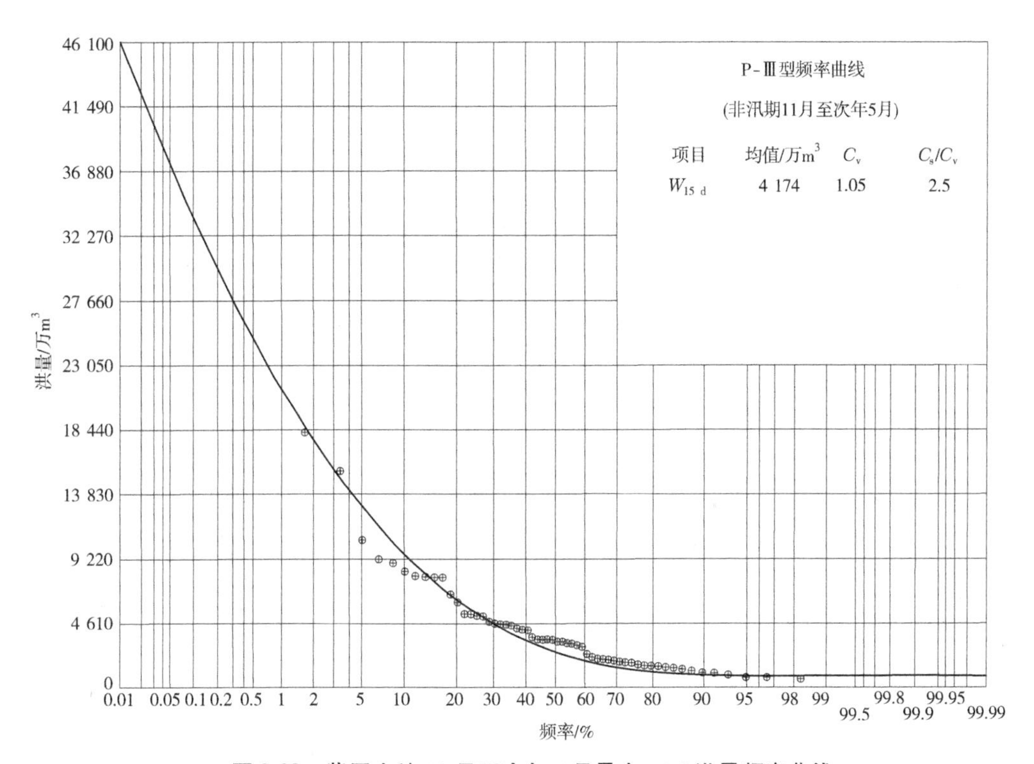

图 2-38 紫罗山站 11 月至次年 5 月最大 15 d 洪量频率曲线

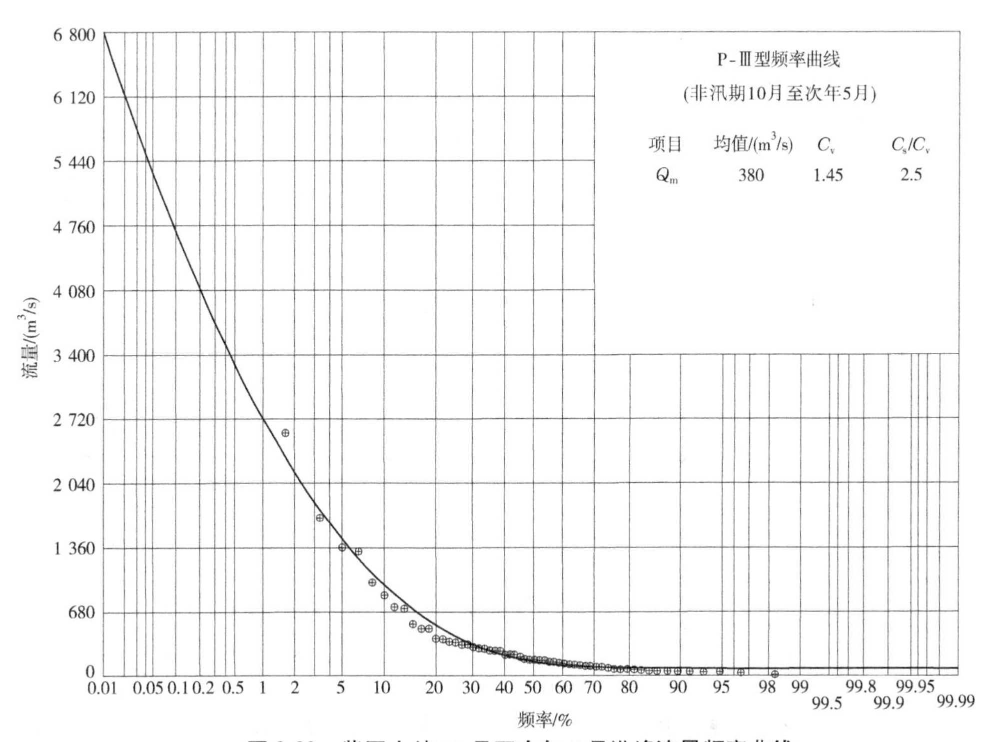

图 2-39 紫罗山站 10 月至次年 5 月洪峰流量频率曲线

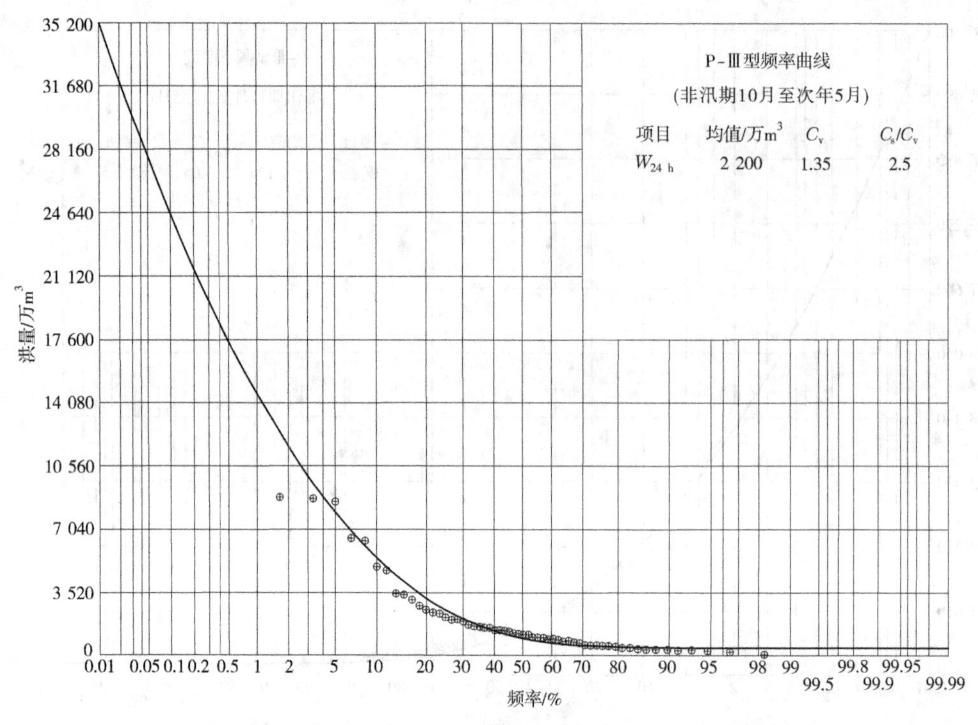

图 2-40　紫罗山站 10 月至次年 5 月最大 24 h 洪量频率曲线

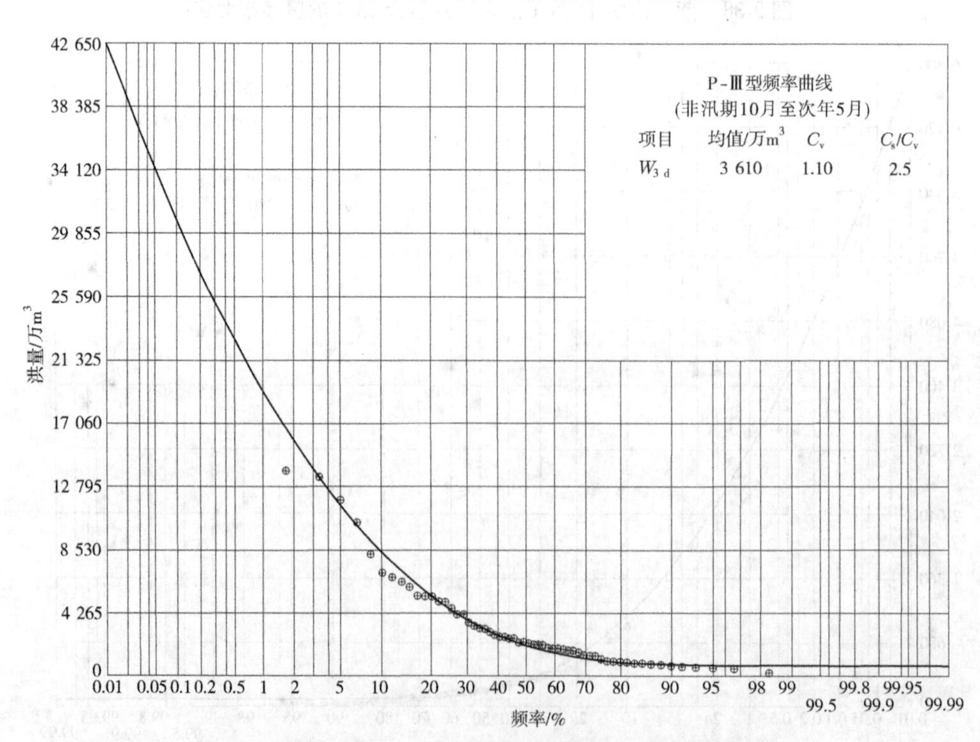

图 2-41　紫罗山站 10 月至次年 5 月最大 3 d 洪量频率曲线

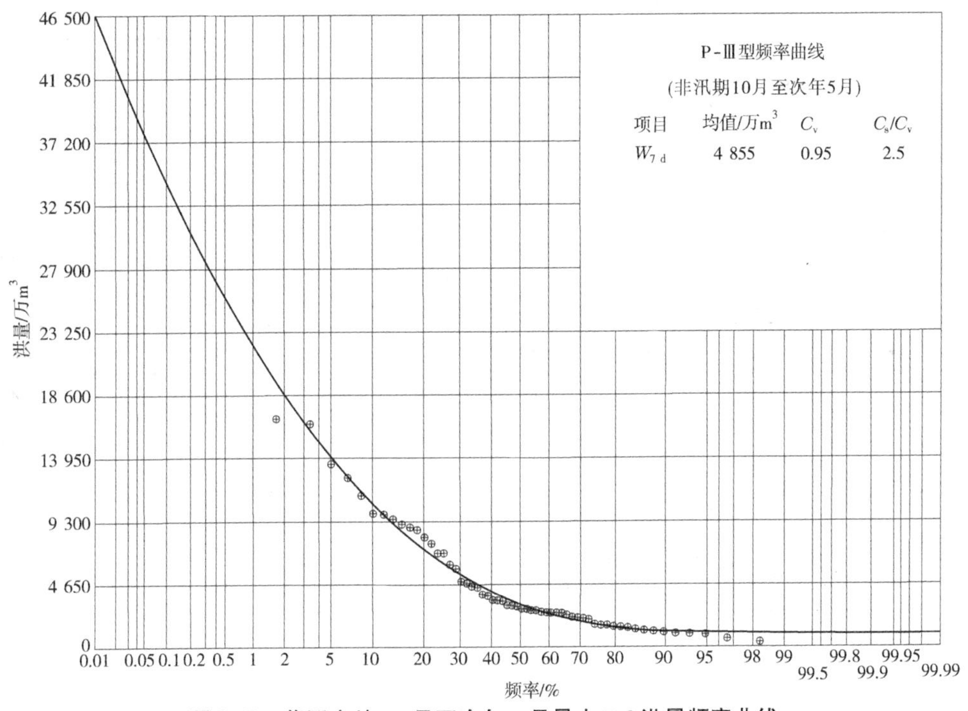

图 2-42　紫罗山站 10 月至次年 5 月最大 7 d 洪量频率曲线

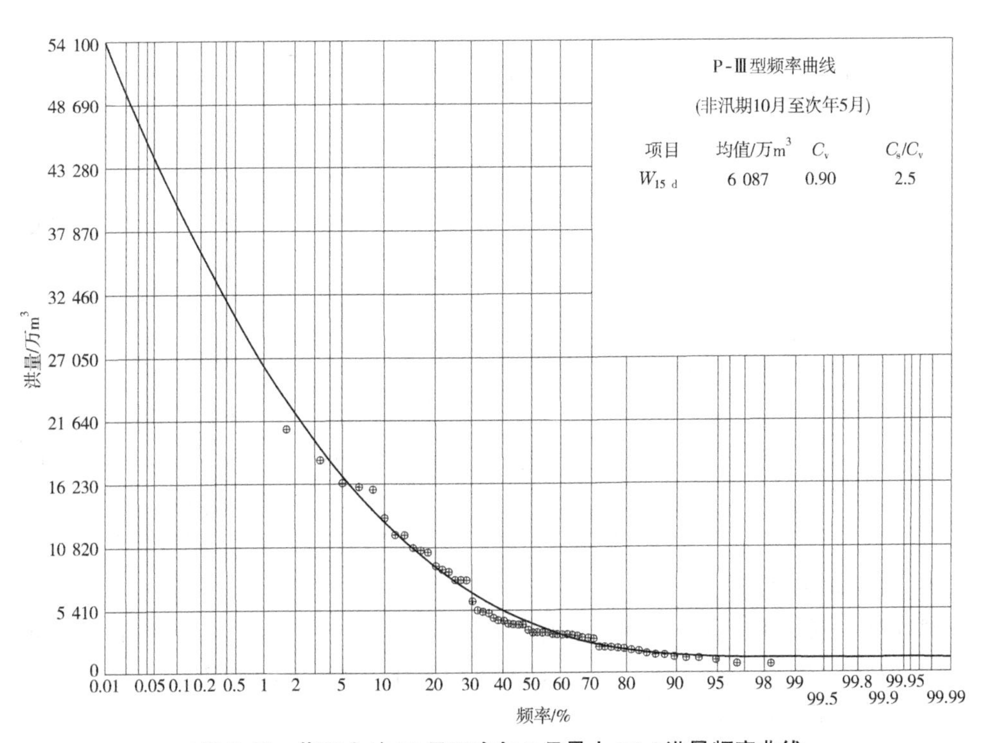

图 2-43　紫罗山站 10 月至次年 5 月最大 15 d 洪量频率曲线

表 2-26　紫罗山站非汛期设计洪水采用成果

分期	项目	单位	参数			各频率设计值		
			均值	C_v	C_s/C_v	5%	10%	20%
11 月至次年 5 月	Q_m	m^3/s	240	1.6	2.5	975	623	328
	$W_{24\,h}$	万 m^3	1 230	1.4	2.5	4 616	3 111	1 783
	$W_{3\,d}$	万 m^3	2 217	1.15	2.5	7 330	5 270	3 350
	$W_{7\,d}$	万 m^3	3 164	1.1	2.5	10 154	7 394	4 795
	$W_{15\,d}$	万 m^3	4 174	1.05	2.5	12 987	9 578	6 335
10 月至次年 5 月	Q_m	m^3/s	380	1.45	2.5	1 460	971	544
	$W_{24\,h}$	万 m^3	2 200	1.35	2.5	8 064	5 506	3 224
	$W_{3\,d}$	万 m^3	3 610	1.10	2.5	11 586	8 436	5 471
	$W_{7\,d}$	万 m^3	4 855	0.95	2.5	14 127	10 689	7 351
	$W_{15\,d}$	万 m^3	6 087	0.90	2.5	17 082	13 092	9 179

表 2-27　前坪水库坝址非汛期设计洪水成果

分期	项目	单位	均值	各频率设计值		
				5%	10%	20%
11 月至次年 5 月	Q_m	m^3/s	197	799	511	269
	$W_{24\,h}$	万 m^3	905	3 398	2 290	1 312
	$W_{3\,d}$	万 m^3	1 632	5 396	3 879	2 466
	$W_{7\,d}$	万 m^3	2 329	7 474	5 443	3 530
	$W_{15\,d}$	万 m^3	3 073	9 560	7 050	4 663
10 月至次年 5 月	Q_m	m^3/s	311	1 196	796	446
	$W_{24\,h}$	万 m^3	1 619	5 936	4 053	2 373
	$W_{3\,d}$	万 m^3	2 657	8 529	6 210	4 027
	$W_{7\,d}$	万 m^3	3 574	10 399	7 868	5 411
	$W_{15\,d}$	万 m^3	4 481	12 574	9 637	6 757

2.4.2.2　襄城站后汛期洪水

前坪水库兴建的主要任务是提高下游河道的防洪标准，将北汝河防洪标准由 10 年一遇提高到 20 年一遇，襄城站 20 年一遇设计流量控制在 3 000 m^3/s 以内。

1. 后汛期洪水统计方法

襄城站主汛期为 6 月 20 日至 8 月 15 日，后汛期为 8 月 16 日至 9 月 30 日，根据《水利水电工程设计洪水计算规范》(SL 44—2006)，按跨期选样时，跨期的幅度一般不宜超过 5~10 d,采用 10 d。后汛期洪水统计时间见表 2-28。

表 2-28　襄城站后汛期洪水统计时间

设计洪水分期名称	分期				按照跨期统计			
	开始日期		终止日期		开始日期		终止日期	
	月	日	月	日	月	日	月	日
后汛期	8	16	9	30	8	6	10	10

2. 后汛期洪水统计成果

按照上述计算方法得到襄城站 1951~2010 年后汛期洪水 60 年系列的统计成果。统计内容包括洪峰流量 Q_m,洪量 $W_{24\,h}$、$W_{3\,d}$、$W_{7\,d}$、$W_{15\,d}$,见表 2-29。

表 2-29　襄城站后汛期洪水统计成果

年份	Q_m/(m^3/s)	$W_{24\,h}$/万 m^3	$W_{3\,d}$/万 m^3	$W_{7\,d}$/万 m^3	$W_{15\,d}$/万 m^3
1951	164	1 284	3 072	5 307	7 828
1952	670	2 863	4 976	6 575	8 133
1953	2 120	9 590	21 479	29 931	33 859
1954	1 720	6 601	17 928	32 296	44 790
1955	2 230	14 918	33 382	54 885	62 673
1956	1 040	8 986	13 910	19 380	35 804
1957	581	2 788	4 757	6 385	7 787
1958	285	2 190	4 532	7 143	11 037
1959	416	1 745	2 759	4 609	6 086
1960	328	2 573	5 235	6 972	8 114
1961	2 500	16 144	20 283	22 940	24 951
1962	1 020	7 718	18 147	24 607	30 357
1963	918	4 812	9 522	18 234	25 095
1964	1 770	12 420	21 098	27 865	52 864
1965	55	373	931	1 758	3 033
1966	36	189	338	515	732
1967	1 280	5 308	9 061	13 038	22 900
1968	2 410	15 409	22 583	26 852	35 412
1969	523	2 780	4 757	6 312	7 239
1970	165	1 329	2 892	4 258	6 358

续表 2-29

年份	Q_m/(m^3/s)	$W_{24\,h}$/万 m^3	$W_{3\,d}$/万 m^3	$W_{7\,d}$/万 m^3	$W_{15\,d}$/万 m^3
1971	65	478	1 084	1 835	2 336
1972	62	490	1 169	2 520	3 744
1973	110	907	2 349	4 063	5 870
1974	645	3 193	7 031	10 931	13 779
1975	3 000	20 423	53 549	74 055	81 008
1976	64	525	1 328	2 770	4 933
1977	352	2 220	3 775	7 033	10 028
1978	20	194	549	1 019	1 870
1979	549	3 465	8 122	11 949	24 170
1980	394	1 763	3 033	4 916	6 829
1981	132	1 080	2 779	3 375	3 375
1982	2 320	13 219	23 501	30 568	45 256
1983	3 600	24 538	45 360	57 802	65 470
1984	803	4 752	11 059	23 181	39 018
1985	927	4 026	9 685	13 012	15 891
1986	61	531	1 535	2 083	2 382
1987	164	92	138	138	138
1988	2 227	12 528	17 781	29 868	40 991
1989	359	2 955	7 430	12 462	16 940
1990	121	854	2 064	3 753	5 768
1991	48	363	674	971	1 825
1992	97	829	2 258	3 809	4 892
1993	8	43	66	72	86
1994	180	1 201	2 989	3 263	3 263
1995	281	1 858	4 536	6 057	9 814
1996	1 094	6 817	12 355	16 603	21 688
1997	6	11	33	41	57
1998	312	2 696	4 942	8 302	16 991
1999	8	30	45	57	71
2000	929	6 670	13 072	16 310	20 657

续表 2-29

年份	Q_m/(m^3/s)	$W_{24\,h}$/万 m^3	$W_{3\,d}$/万 m^3	$W_{7\,d}$/万 m^3	$W_{15\,d}$/万 m^3
2001	31	272	809	1 448	1 852
2002	17	145	377	729	872
2003	762	4 761	11 508	22 343	35 294
2004	261	1 685	3 805	5 373	8 478
2005	346	3 525	7 906	13 179	21 544
2006	67	494	1 259	1 762	2 131
2007	164	1 063	2 690	4 133	5 356
2008	33	268	778	1 693	3 110
2009	169	1 374	2 393	2 620	3 864
2010	1 140	8 286	17 617	24 252	38 499
平均	703	4 344	8 585	12 504	17 087

3. 后汛期洪水频率计算

《水利水电工程设计洪水计算规范》(SL 44—2006)要求具有30年以上实测或插补延长洪水流量资料,并有调查历史洪水时,应采用频率分析法计算设计洪水。襄城站有60年洪水流量资料,故频率计算时采用实测的洪水系列。

第 m 项洪水的经验频率 P_m 按数学期望公式计算:

$$P_m = \frac{m}{n+1}$$

式中　n——实测连续系列长度;

m——按照大小顺序排位的序号。

频率曲线线型采用P-Ⅲ型。

变差系数 C_v 通过适线并考虑参数的地区平衡确定。适线时,偏差系数 C_s 采用本地区的经验关系 $C_s=2.5C_v$。

襄城站1951~2010年60年系列的后汛期设计洪水统计参数见表2-30,适线时适当调整(加大)均值和 C_v 值,偏安全定线。频率曲线见图2-44~图2-48,襄城站后汛期设计洪水计算成果见表2-31。

表 2-30　襄城站后汛期设计洪水统计参数

项目	Q_m		$W_{24\,h}$		$W_{3\,d}$		$W_{7\,d}$		$W_{15\,d}$	
	均值/(m^3/s)	C_v	均值/万 m^3	C_v	均值/万 m^3	C_v	均值/万 m^3	C_v	均值/万 m^3	C_v
计算值	703	1.28	4 344	1.26	8 585	1.25	12 504	1.20	17 087	1.09
适线值	775	1.30	4 851	1.28	9 578	1.27	13 845	1.25	18 565	1.12

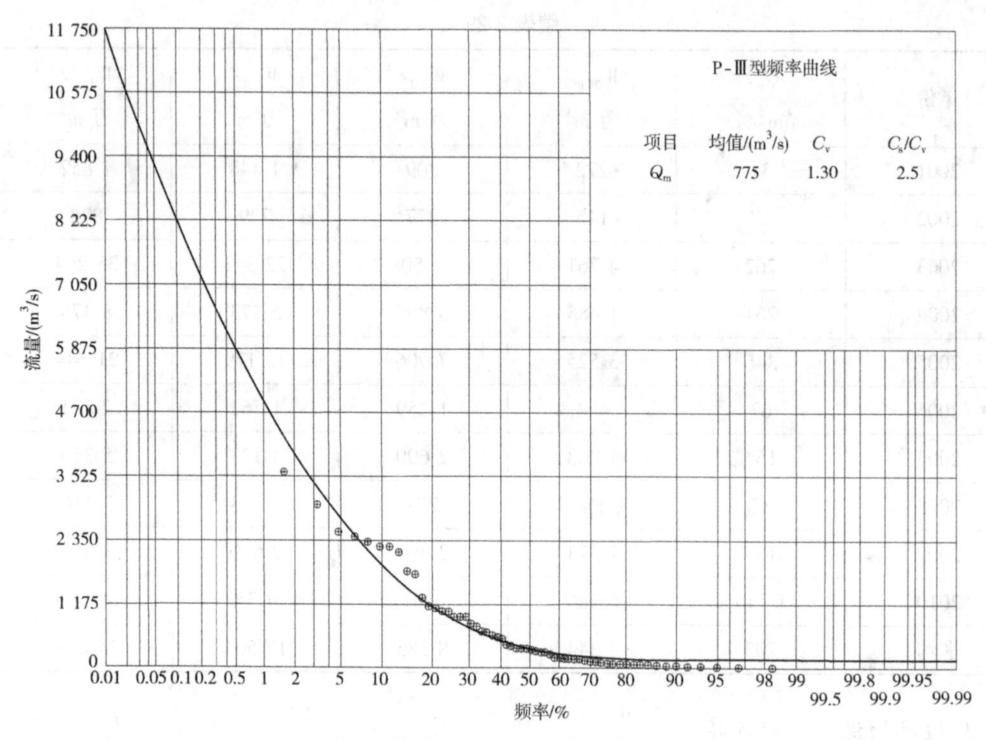

图 2-44　襄城站后汛期洪峰流量频率曲线

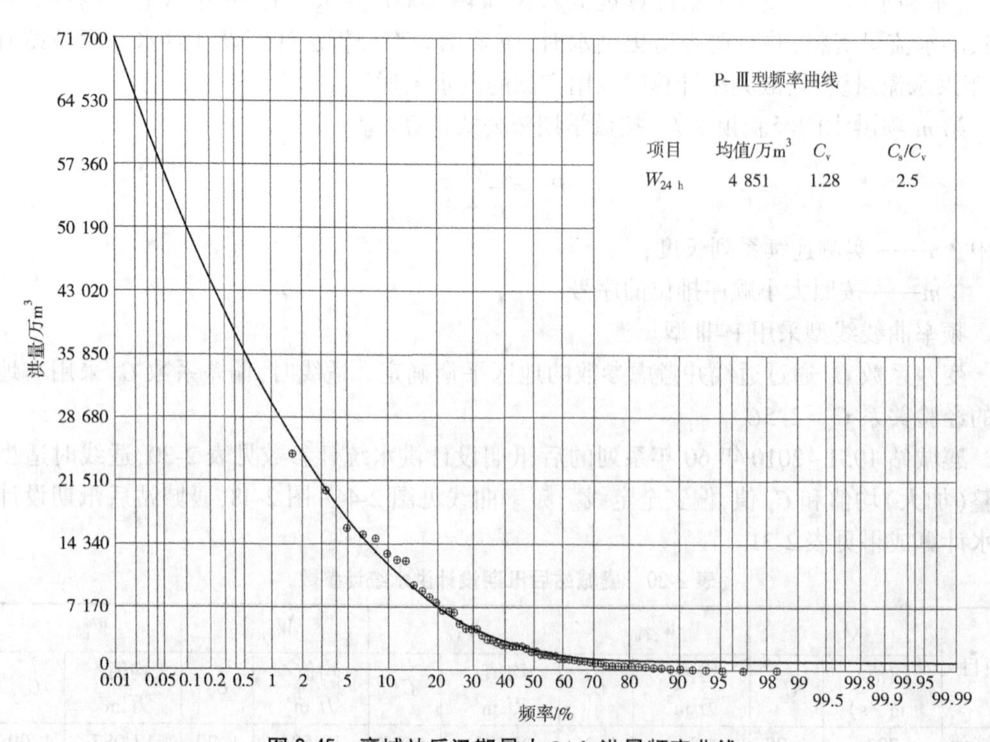

图 2-45　襄城站后汛期最大 24 h 洪量频率曲线

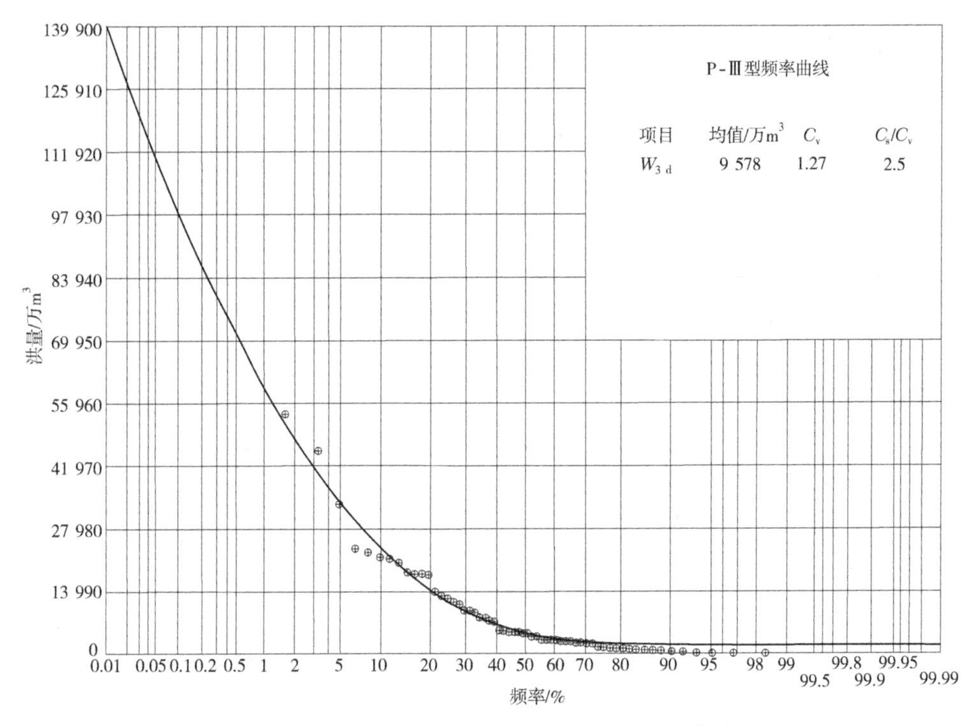

图 2-46 襄城站后汛期最大 3 d 洪量频率曲线

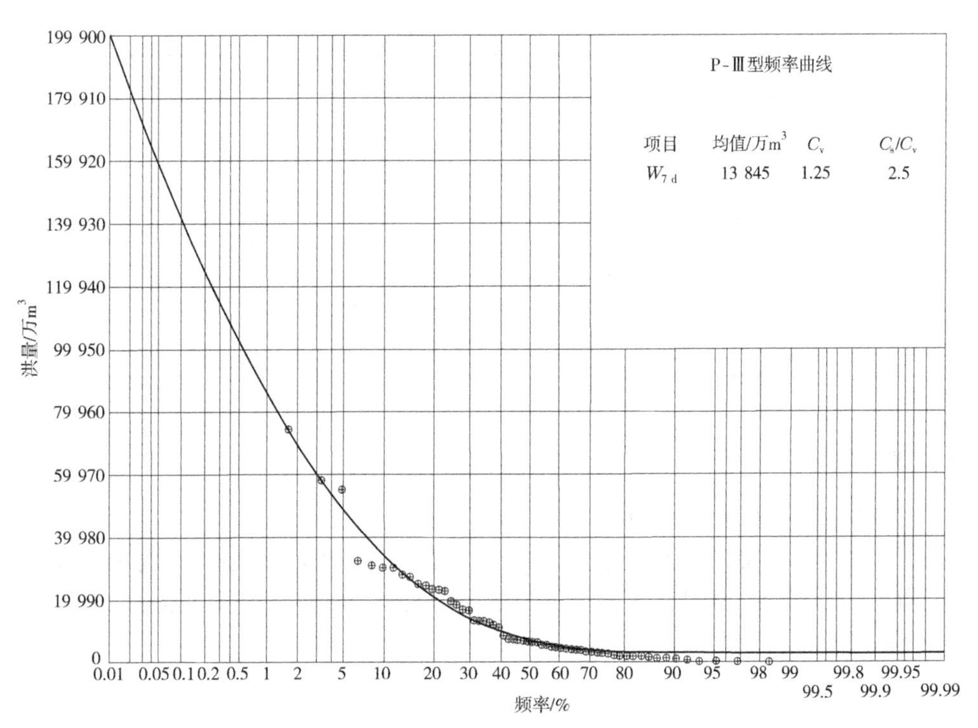

图 2-47 襄城站后汛期最大 7 d 洪量频率曲线

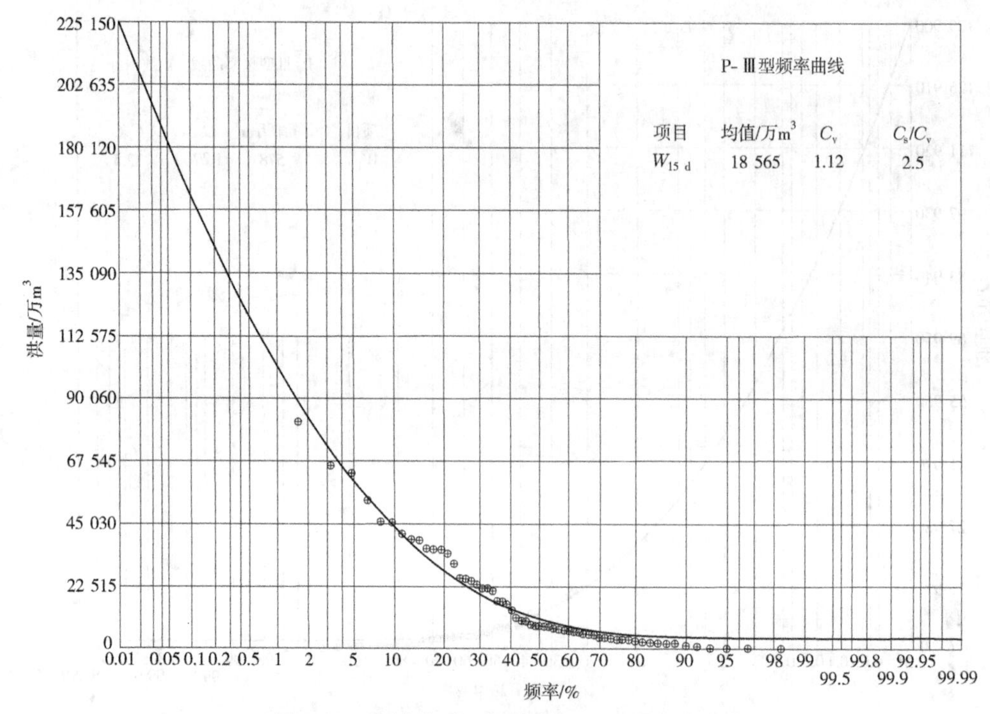

图 2-48　襄城站后汛期最大 15 d 洪量频率曲线

表 2-31　襄城站后汛期设计洪水计算成果

项目	单位	不同重现期(年)洪水设计值				
		5	10	20	50	100
Q_m	m^3/s	1 146	1 920	2 775	3 986	4 942
$W_{24\,h}$	万 m^3	7 213	11 969	17 214	24 611	30 442
$W_{3\,d}$	万 m^3	14 270	23 585	33 833	48 264	59 629
$W_{7\,d}$	万 m^3	20 684	33 902	48 385	68 727	84 722
$W_{15\,d}$	万 m^3	28 116	43 709	60 333	83 285	101 143

2.4.3　设计洪水地区组成

2.4.3.1　襄城站以上设计洪水组成

北汝河前坪水库坝址以下设有紫罗山、汝州、襄城(大陈闸)水文站,沙河上也设有水文站,根据防洪规划需要,设计洪水地区组合采用紫罗山、襄城(大陈闸)等站的实测流量资料,进行襄城以上地区洪水组合计算。

1. 襄城(大陈闸)站

1)基本资料

襄城站控制流域面积 5 432 km^2,1951 年 2 月由治淮委员会设为雨量站,1951 年 4 月改设为襄城三等水文站,1951 年 5 月设为襄城二等水文站。1951～1978 年有实测流量资料,1979 年后测站下迁 10 km 至大陈闸。因两个地点集水面积变化不大,故大陈闸站的流量作为襄城站的流量使用。1952 年高水位时流量缺测,用延长当年水位-流量关系线插补。据调查,1954 年、1956 年及 1957 年 3 年襄城以上堤防均有溃决。鉴于 1954 年堤矮且不封闭,决口水量仍可归槽,不需还原;1956 年 6 月决口复堤,洪量最大的 8 月未决堤,也不需要还原;1957 年虽有跑水,但从实测流量与河南省水利勘测设计研究有限公司的还原成果比较,洪峰接近,长时段洪量几乎相等,所以也不予还原。

2)计算系列

大陈闸站下泄流量受防洪调度影响,与入库流量过程有一定差异,根据闸堰洪水水文要素将大陈闸实测过程还原为入库洪水过程。

北汝河襄城以上无大中型水利工程,可根据实测资料统计 1951~2010 年共 60 年襄城站洪水系列,系列成果见表 2-32。

表 2-32　襄城站洪水统计成果

年份	最大流量/(m^3/s)	最大洪量/亿 m^3			
		24 h	3 d	7 d	15 d
1951	561	0.53	0.65	0.93	1.27
1952	1 600	0.78	1.04	1.33	1.58
1953	2 440	1.38	2.15	4.22	5.42
1954	2 110	1.04	1.79	3.52	4.87
1955	2 230	1.58	3.26	5.14	7.31
1956	2 490	2.151	3.504	5.155	6.614
1957	3 040	1.470	1.971	3.865	6.923
1958	2 880	1.490	3.653	4.882	6.231
1959	1 280	0.431	0.577	0.743	0.890
1960	328	0.257	0.524	0.697	0.811
1961	2 500	1.614	2.028	2.294	2.527
1962	1 020	0.772	1.815	2.461	3.036
1963	2 080	1.200	1.668	2.532	3.985
1964	1 770	1.242	2.110	2.787	5.286
1965	1 110	0.638	1.112	1.906	3.151
1966	186	0.071	0.129	0.276	0.386
1967	1 280	0.531	0.906	1.304	2.290
1968	2 410	1.541	2.258	2.685	3.541
1969	523	0.278	0.476	0.631	0.724
1970	248	0.160	0.385	0.694	1.151
1971	2 260	0.946	1.190	1.659	2.157
1972	62	0.049	0.117	0.252	0.374

续表 2-32

年份	最大流量/(m^3/s)	最大洪量/亿 m^3			
		24 h	3 d	7 d	15 d
1973	2 840	1.835	2.569	3.212	4.273
1974	645	0.319	0.703	1.096	1.614
1975	3 000	2.042	5.355	7.406	8.118
1976	780	0.570	1.101	1.621	2.414
1977	352	0.222	0.526	0.871	1.624
1978	942	0.560	1.125	1.493	2.248
1979	549	0.385	0.816	1.195	2.420
1980	411	0.320	0.643	0.904	1.257
1981	147	0.120	0.278	0.389	0.538
1982	4 022	2.811	6.729	8.579	10.733
1983	3 693	2.498	4.868	5.780	7.167
1984	803	0.538	1.140	2.232	3.815
1985	927	0.493	0.978	1.301	1.953
1986	135	0.082	0.172	0.237	0.316
1987	298	0.129	0.261	0.370	0.645
1988	2 227	1.256	1.885	2.987	4.103
1989	359	0.300	0.760	1.246	1.694
1990	251	0.203	0.461	0.792	1.156
1991	191	0.141	0.326	0.501	0.722
1992	172	0.108	0.237	0.381	0.489
1993	78	0.053	0.131	0.193	0.266
1994	1 734	0.513	0.724	0.876	1.515
1995	999	0.230	0.454	0.606	0.981
1996	1 094	0.790	1.895	2.361	2.999
1997	99	0.085	0.203	0.366	0.624
1998	312	0.270	0.494	0.837	1.706
1999	130	0.091	0.204	0.325	0.494
2000	2 598	1.060	1.530	2.249	4.022
2001	205	0.153	0.312	0.455	0.613
2002	484	0.331	0.608	0.710	1.122
2003	762	0.486	1.151	2.234	3.549

续表 2-32

年份	最大流量/(m^3/s)	最大洪量/亿 m^3			
		24 h	3 d	7 d	15 d
2004	291	0.198	0.389	0.556	0.889
2005	878	0.549	0.963	1.318	2.183
2006	110	0.090	0.160	0.272	0.381
2007	361	0.251	0.667	0.987	1.491
2008	170	0.131	0.263	0.349	0.450
2009	169	0.137	0.350	0.449	0.625
2010	2 569	1.572	2.400	2.750	3.748
平均值	1 170	0.701	1.286	1.841	2.591

3)设计洪水

将襄城站实测系列 1951~2010 年洪峰和各时段洪量按大小排位计算其经验频率,均值与变差系数 C_v 首先用矩法计算初值,而后通过 P-Ⅲ型频率曲线目估适线确定,$C_s=2.5C_v$,确定参数后计算出各设计频率的洪峰及 $W_{24\ h}$、$W_{3\ d}$、$W_{7\ d}$、$W_{15\ d}$、$W_{30\ d}$。襄城站现状设计洪水参数及设计洪水成果见表 2-33,频率曲线见图 2-49~图 2-53。

表 2-33　襄城站现状设计洪水参数及设计洪水成果

方案	项目		均值	C_v	C_s/C_v	不同重现期(年)洪水设计值			
						10	20	50	100
本次成果	洪峰/(m^3/s)		1 254	0.91	2.5	2 710	3 545	4 665	5 522
	洪量/亿 m^3	$W_{24\ h}$	0.74	1	2.5	1.66	2.23	2.99	3.58
		$W_{3\ d}$	1.45	1.15	2.5	3.45	4.79	6.66	8.12
		$W_{7\ d}$	1.99	1.08	2.5	4.62	6.31	8.63	10.43
		$W_{15\ d}$	2.76	0.95	2.5	6.08	8.03	10.67	12.69
2004 年成果(采用)	洪峰/(m^3/s)								
	洪量/亿 m^3	$W_{24\ h}$	0.82	1	2.5	1.85	2.47	3.32	3.98
		$W_{3\ d}$	1.6	1	2.5	3.6	4.82	6.48	7.75
		$W_{7\ d}$	2.24	1	2.5	5.05	6.76	9.08	10.86
		$W_{15\ d}$	3.03	0.95	2.5	6.66	8.8	11.69	13.91
本次成果与2004 年成果相差/%	洪峰								
	洪量	$W_{24\ h}$	-9.8	0	0	-10.3	-9.7	-9.9	-10.1
		$W_{3\ d}$	-9.4	15.0	0	-4.2	-0.6	2.8	4.8
		$W_{7\ d}$	-11.2	8.0	0	-8.5	-6.7	-5.0	-4.0
		$W_{15\ d}$	-8.9	0	0	-8.7	-8.8	-8.7	-8.8

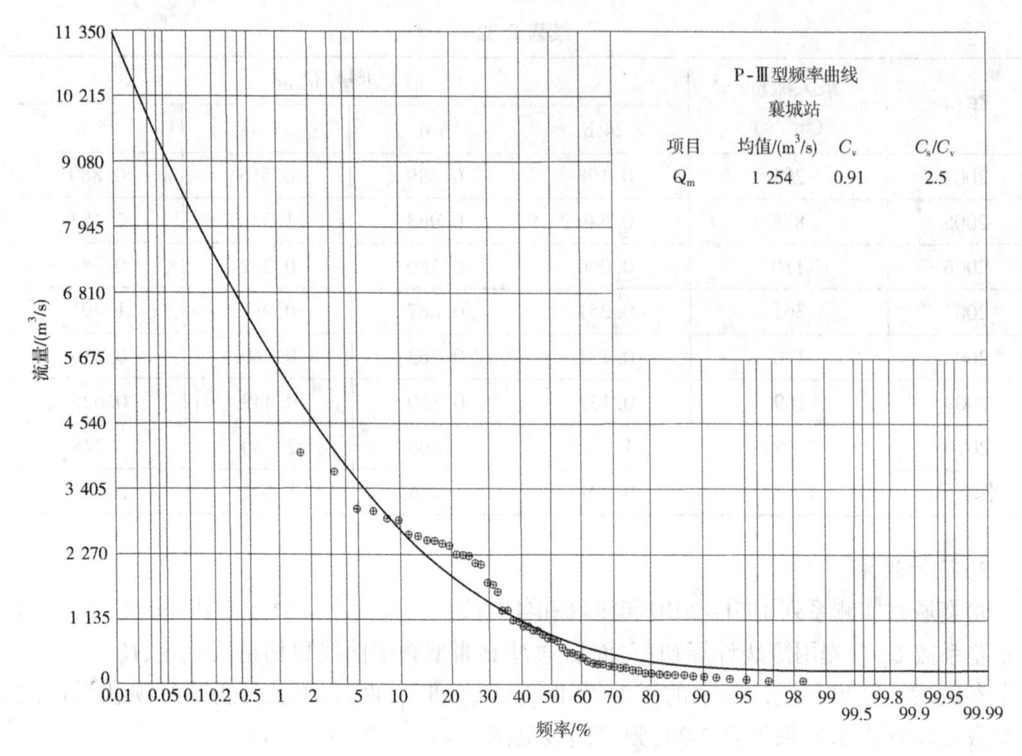

图 2-49 襄城站设计洪峰频率曲线

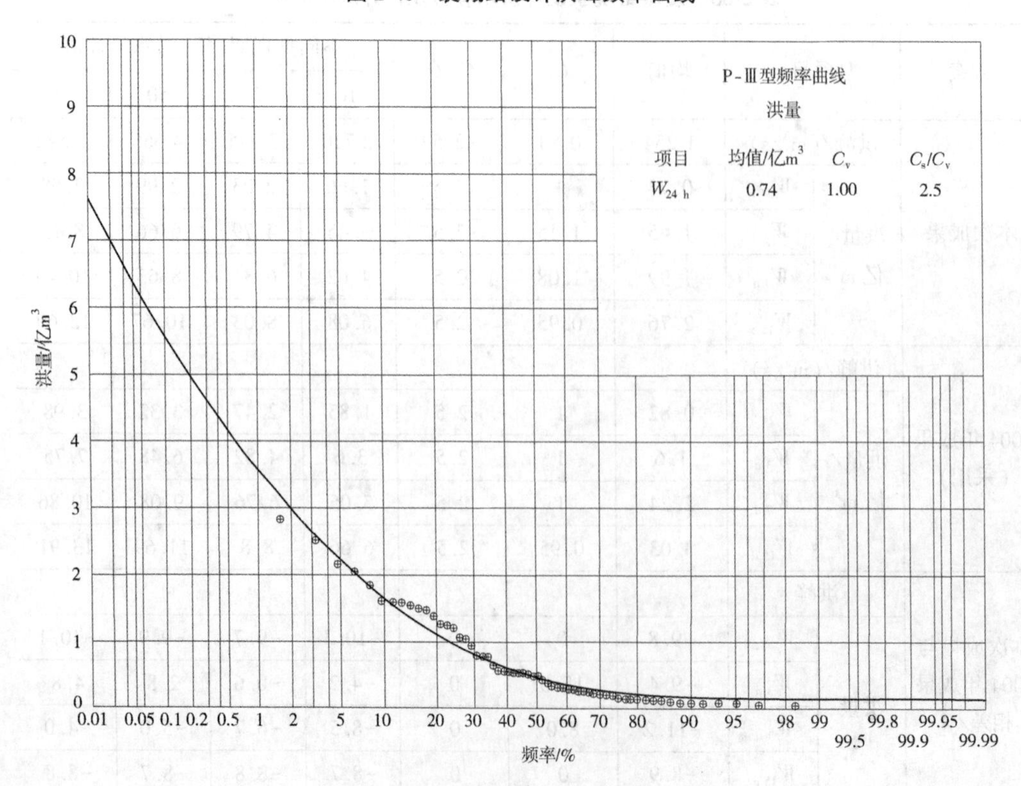

图 2-50 襄城站最大 24 h 洪量频率曲线

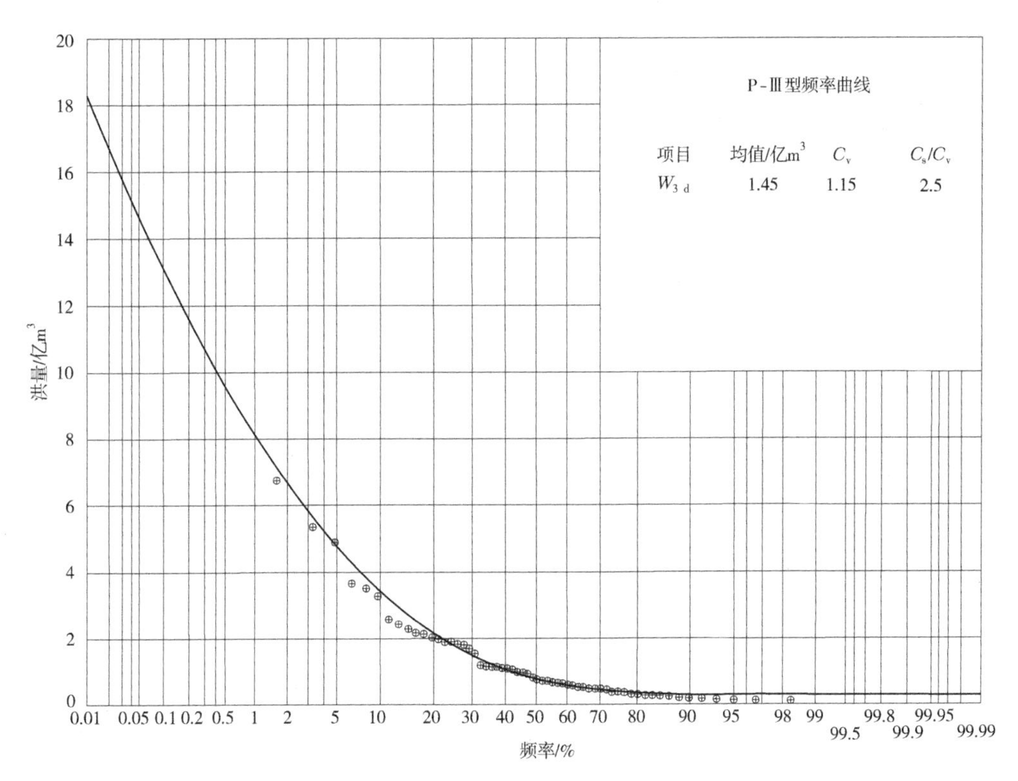

图 2-51 襄城站最大 3 d 洪量频率曲线

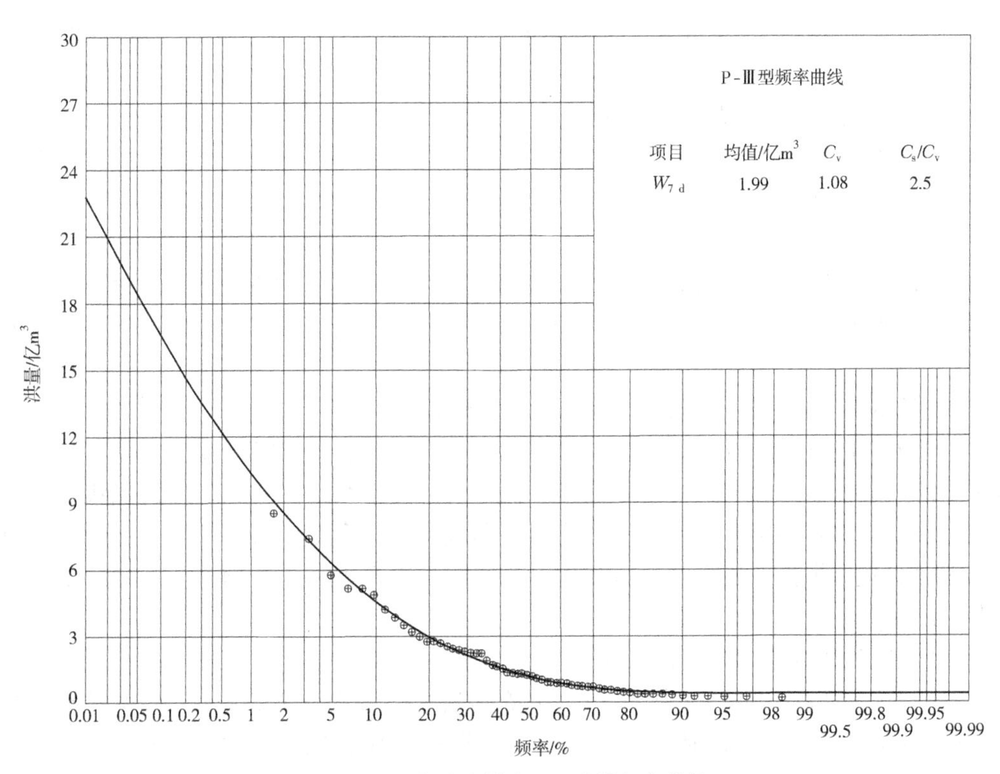

图 2-52 襄城站最大 7 d 洪量频率曲线

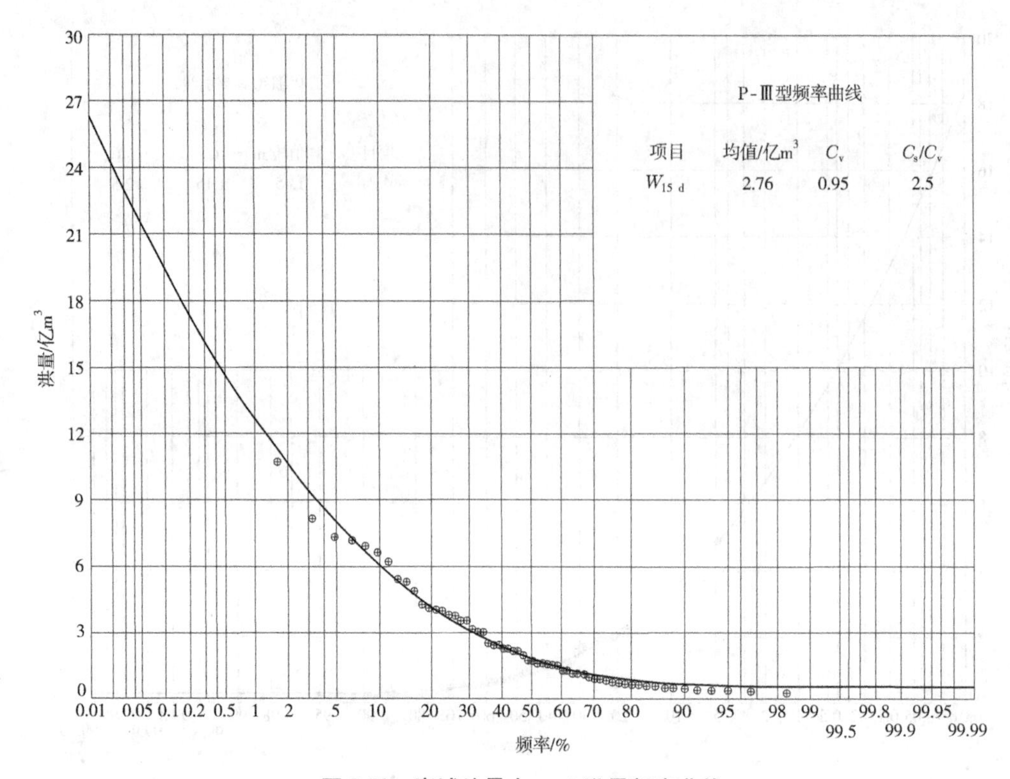

图 2-53 襄城站最大 15 d 洪量频率曲线

对比襄城站本次设计洪水成果与中水淮河工程有限责任公司编制的《沙颍河近期治理工程可行性研究报告》(2004 年 11 月)设计洪水成果,50 年一遇与 100 年一遇最大 3 d 洪量本次计算成果相对较大,增加幅度分别为 2.8%、4.8%;其他各频率洪水最大 24 h、最大 7 d、最大 15 d 洪量均相对较小,减小幅度为 4.0%~10.3%。《沙颍河近期治理工程可行性研究报告》中的襄城站洪水系列为 1951~1997 年共 47 年,本次洪水系列为 1951~2010 年共 60 年,由于系列加长 13 年,且 2000 年之后 9 年本流域未发生较大洪水,故本次襄城站设计洪水与 2004 年成果相比总体有所减小。考虑《沙颍河近期治理工程可行性研究报告》(发改农经〔2006〕1284 号)已经审批实施,因此本次襄城站设计洪水仍采用该报告设计成果。

2. 前坪水库—襄城区间(简称前襄区间)设计洪水

紫罗山站于 1950 年设立为水文站,1956 年至今的年鉴刊布资料齐全。用马斯京根法将紫罗山站的洪水过程分别演算至襄城(大陈闸)站,用襄城(大陈闸)站的现状实测洪水过程线减去紫罗山站演算至该站的洪水过程线,得到现状各年的紫罗山—襄城区间(简称紫襄区间)洪水过程线,由区间洪水过程线统计出各年的最大 24 h、最大 3 d、最大 7 d、最大 15 d 洪量。

紫襄区间洪水演进参数根据水利部淮河水利委员会编制的《淮河流域淮河水系实用水文预报方案》(2002 年 9 月)中“北汝河大陈闸站水文报告方案编制说明”中紫罗山站至襄城站河道流量演进分析成果,本河段马斯京根法河道洪水演算参数见表 2-34。

表 2-34　河道洪水演算参数

计算区段	洪水传播时间/h	每段传播时间/h	蓄量常数 K	流量比重系数 X
紫罗山—襄城	15	3	15	0.35

紫襄区间洪水系列为1956~2010年共55年，为保持其与襄城设计洪水采用成果系列的一致性，本次计算根据1956~1997年紫襄区间洪水的计算成果和襄城实测系列，建立二者各时段洪量的相关关系，依此插补出紫襄区间1951~1955年的最大24 h、最大3 d、最大7 d、最大15 d洪量，系列成果见表2-35。

表 2-35　紫襄区间洪水统计成果

年份	最大洪量/亿 m^3			
	24 h	3 d	7 d	15 d
1951	0.235	0.290	0.426	0.557
1952	0.729	0.898	1.076	1.231
1953	0.547	0.750	1.466	2.059
1954	0.424	0.651	1.292	1.871
1955	0.619	1.010	1.656	2.674
1956	0.866	1.507	2.095	2.819
1957	1.24	1.551	2.895	5.016
1958	0.197	0.33	0.462	0.72
1959	0.4	0.472	0.534	0.59
1960	0.023	0.057	0.09	0.117
1961	0.875	1.029	1.209	1.378
1962	0.213	0.435	0.743	1.099
1963	0.838	1.04	1.343	2.206
1964	0.491	0.918	1.424	2.415
1965	0.274	0.498	0.827	1.092
1966	0.066	0.092	0.172	0.213
1967	0.299	0.433	0.645	0.995
1968	0.489	0.702	0.924	1.098
1969	0.041	0.088	0.138	0.226
1970	0.082	0.124	0.229	0.3
1971	0.907	1.02	1.137	1.394

续表 2-35

年份	最大洪量/亿 m^3			
	24 h	3 d	7 d	15 d
1972	0.016	0.04	0.081	0.125
1973	0.667	0.914	1.227	1.759
1974	0.215	0.392	0.643	0.932
1975	0.487	0.757	1.266	1.698
1976	0.33	0.602	0.878	1.41
1977	0.198	0.296	0.49	0.811
1978	0.311	0.471	0.608	0.765
1979	0.161	0.328	0.606	1.111
1980	0.307	0.347	0.438	0.793
1981	0.045	0.113	0.16	0.188
1982	1.166	1.732	2.555	4.38
1983	1.889	3.057	3.895	4.526
1984	0.201	0.535	1.208	2.142
1985	0.448	0.717	0.866	0.866
1986	0.027	0.056	0.097	0.126
1987	0.078	0.154	0.171	0.281
1988	0.592	0.848	1.541	2.028
1989	0.104	0.218	0.36	0.471
1990	0.111	0.2	0.295	0.393
1991	0.031	0.082	0.155	0.233
1992	0.035	0.086	0.131	0.169
1993	0.023	0.045	0.074	0.085
1994	0.317	0.422	0.557	1.023
1995	0.112	0.234	0.325	0.571
1996	0.253	0.485	0.841	1.122
1997	0.035	0.075	0.103	0.129
均值	0.383	0.577	0.859	1.238

将1951～1997年紫襄区间洪水系列的洪峰和各时段洪量按大小排位计算其经验频率,均值与变差系数 C_v 首先用矩法计算初值,而后通过P-Ⅲ型频率曲线目估适线确定, $C_s=2.5C_v$,确定参数后计算出各设计频率的最大24 h、最大3 d、最大7 d、最大15 d洪量。前襄区间设计洪水成果由紫襄区间设计洪水成果推算,最大24 h、最大3 d、最大7 d、最大15 d洪量按面积比计算。区间现状设计洪水参数及设计洪量成果与可研阶段对比见表2-36,设计洪量频率曲线见图2-54～图2-57。

表2-36　区间现状设计洪水参数及设计洪水成果与可研阶段对比

站址	项目		采用均值	C_v	C_s/C_v	不同重现期(年)洪水设计值		
						20	50	100
本次紫襄区间(3 632 km²)	洪量/亿 m³	$W_{24\,h}$	0.41	1.05	2.5	1.276	1.734	2.088
		$W_{3\,d}$	0.75	0.83	3.0	2.002	2.644	3.139
		$W_{7\,d}$	1.12	0.91	3.0	3.167	4.275	5.136
		$W_{15\,d}$	1.456	1.10	2.5	4.673	6.422	7.781
可研阶段紫襄区间	洪量/亿 m³	$W_{24\,h}$	0.41	1.05	2.5	1.276	1.734	2.088
		$W_{3\,d}$	0.75	0.98	2.5	2.228	2.980	3.558
		$W_{7\,d}$	1.12	1.00	2.5	3.372	4.531	5.424
		$W_{15\,d}$	1.456	1.10	2.5	4.673	6.422	7.781
本次前襄区间(4 107 km²)	洪量/亿 m³	$W_{24\,h}$	0.464	1.05	2.5	1.443	1.961	2.361
		$W_{3\,d}$	0.848	0.83	3.0	2.264	2.990	3.550
		$W_{7\,d}$	1.266	0.91	3.0	3.581	4.834	5.808
		$W_{15\,d}$	1.646	1.10	2.5	5.284	7.262	8.799
可研阶段前襄区间	洪量/亿 m³	$W_{24\,h}$	0.464	1.05	2.5	1.443	1.961	2.361
		$W_{3\,d}$	0.848	0.98	2.5	2.519	3.370	4.023
		$W_{7\,d}$	1.266	1.00	2.5	3.813	5.124	6.133
		$W_{15\,d}$	1.646	1.10	2.5	5.284	7.262	8.799

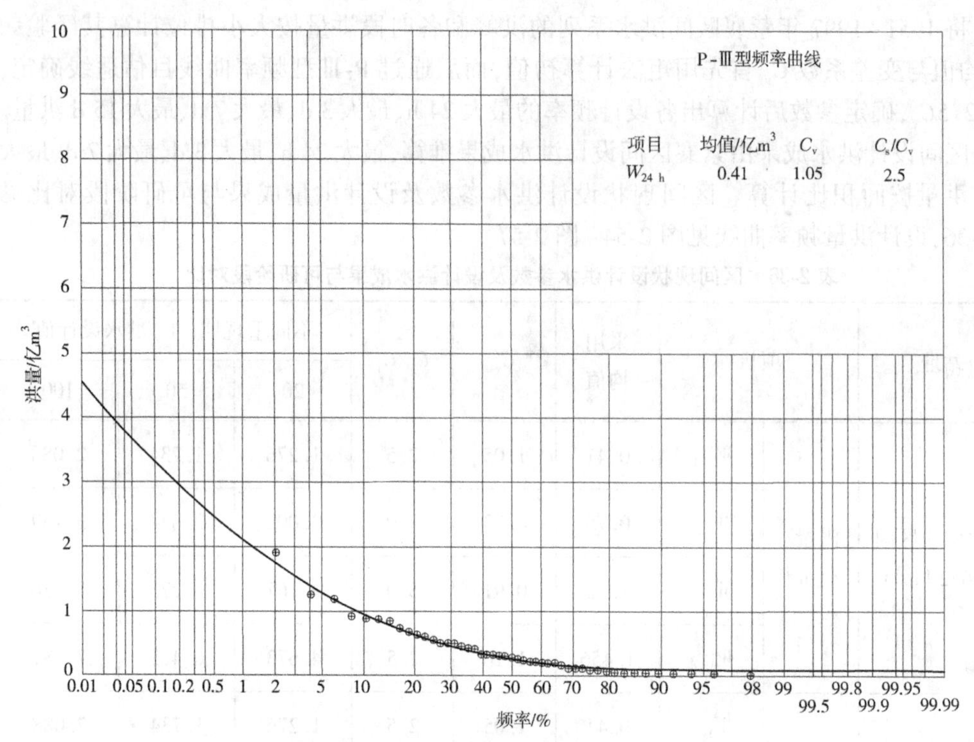

图 2-54　紫襄区间最大 24 h 洪量频率曲线

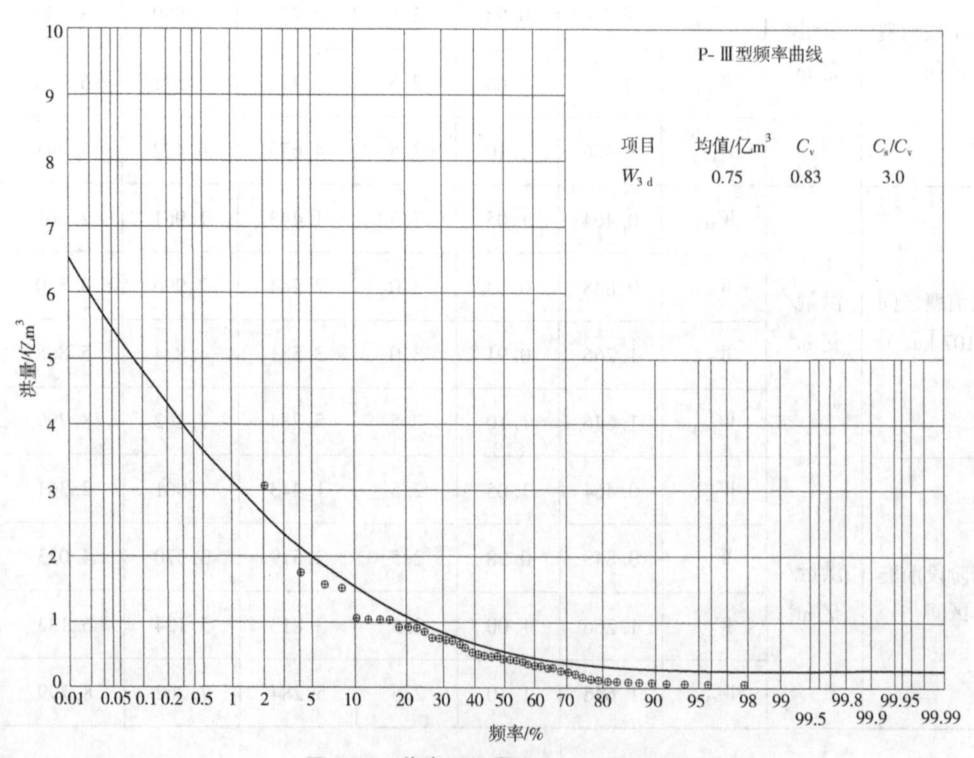

图 2-55　紫襄区间最大 3 d 洪量频率曲线

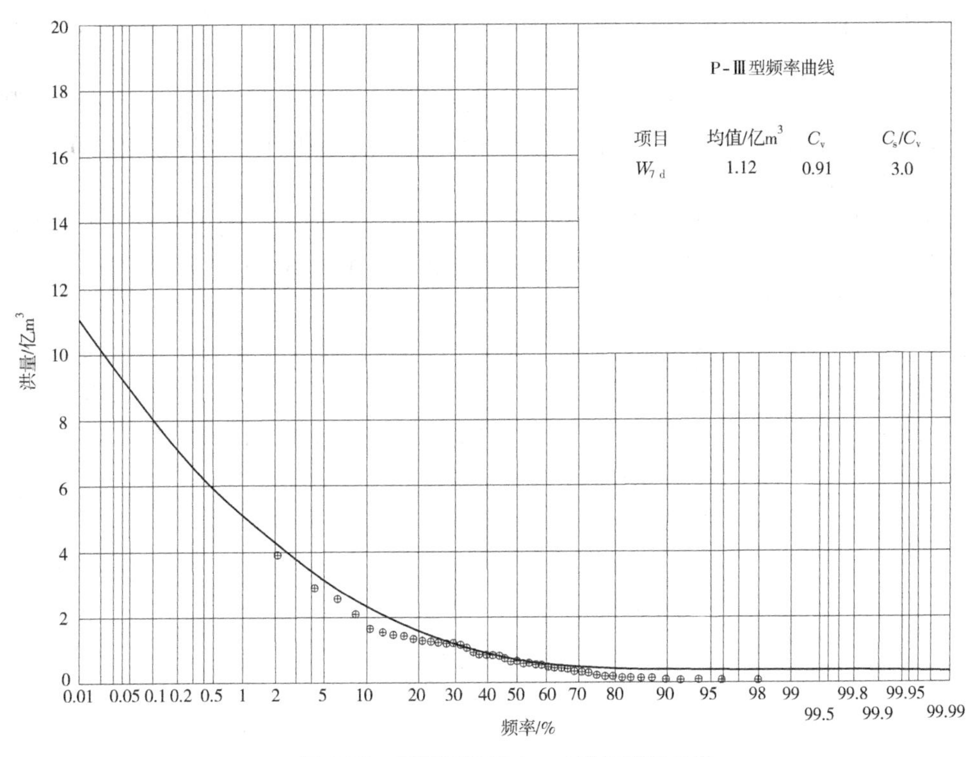

图 2-56 紫襄区间最大 7 d 洪量频率曲线

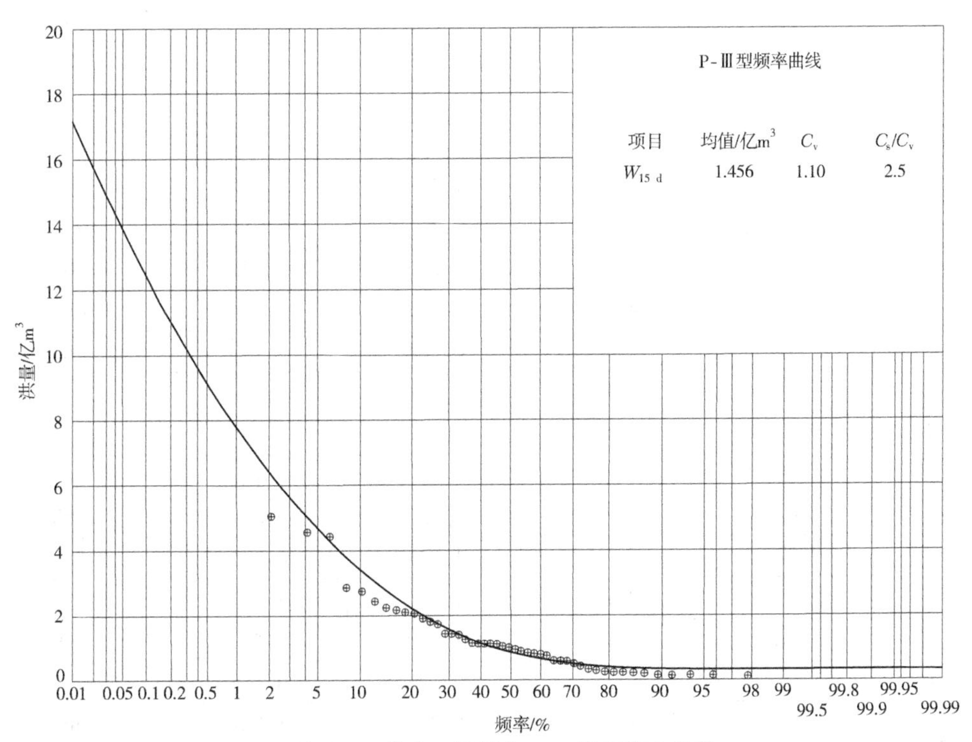

图 2-57 紫襄区间最大 15 d 洪量频率曲线

本次前襄区间设计洪水与可研阶段相比,采用的洪水系列一致,为使频率曲线与各点据更加匹配,本次适线调整了最大 3 d、最大 7 d 洪水参数 C_v 值,最大 3 d、最大 7 d C_v 值分别比可研阶段减小了 15.3%、9.0%。经计算,本次初设最大 3 d 洪量各重现期设计值比可研阶段减小 10.14%~11.78%,最大 7 d 洪量各重现期设计值比可研阶段减小 5.31%~6.08%。

3. 设计洪水地区组成

前坪水库是沙颍河水系防洪系统的骨干工程,也是北汝河唯一的控制性工程。根据水库防洪任务和沙颍河治理工程规划要求,需要分析北汝河襄城站以上洪水地区组成。

1) 大洪水地区组成情况

以襄城站作为控制站,按控制站统计大水年(襄城站洪峰大于或接近 3 000 m^3/s)有 1957 年、1958 年、1961 年、1973 年、1975 年、1982 年、1983 年、2000 年等。各大水年份紫罗山站、襄城站实测洪水和由洪水演进计算的紫襄区间洪水峰量特征值见表 2-37。

表 2-37　襄城站大洪水各区组成

年份	地区	Q_m/(m^3/s)	$W_{24\,h}$/亿 m^3	$W_{3\,d}$/亿 m^3	$W_{7\,d}$/亿 m^3
1957	襄城	3 040	1.470	1.971	3.865
	紫罗山	1 060	0.424	0.764	1.443
	紫襄区间	2 989	1.240	1.441	2.895
1958	襄城	2 880	1.490	3.653	4.882
	紫罗山	5 620	1.507	3.560	4.477
	紫襄区间	459	0.197	0.330	0.462
1961	襄城	2 500	1.614	2.028	2.294
	紫罗山	2 750	0.877	1.023	1.104
	紫襄区间	2 360	0.875	1.029	1.209
1973	襄城	2 840	1.835	2.569	3.212
	紫罗山	2 850	1.271	1.598	2.165
	紫襄区间	1 838	0.667	0.914	1.227
1975	襄城	3 000	2.042	5.355	7.406
	紫罗山	4 020	2.205	4.894	6.482
	紫襄区间	980	0.487	0.757	1.266
1982	襄城	4 022	2.811	6.729	8.579
	紫罗山	7 050	2.527	5.565	6.448
	紫襄区间	1 926	1.166	1.732	2.555
1983	襄城	3 693	2.498	4.868	5.780
	紫罗山	3 420	1.203	1.784	2.091
	紫襄区间	3 013	1.889	3.057	3.895
2000	襄城	2 598	1.060	1.530	2.249
	紫罗山	424	0.226	0.416	0.730
	紫襄区间	1 879	0.798	1.021	1.462

从大洪水的各区洪量关系可以看出,其中有暴雨中心偏上游紫罗山(前坪)以上的,如1958年、1973年、1975年、1982年;也有暴雨中心发生在紫罗山(前坪)—襄城区间的情况,如1957年、2000年,而1961年、1983年各区来水相对比较均匀。

2)地区洪水组成方法

设计洪水地区组成采用典型年法和同频率组成法分别计算,襄城以上分为前坪水库以上和前襄区间,典型年法以防洪控制断面的最大7 d设计洪量作为控制,按典型洪水的各分区洪量组成比例,计算出各分区相应的设计洪量。

同频率组成法考虑两种组合:襄城与前襄区间同频率,前坪水库相应;襄城与前坪水库同频率,前襄区间相应。

3)水库和区间相应洪水

襄城各时段现状设计洪量减去区间设计或水库设计对应的时段洪量得到水库相应或区间相应洪水的各时段洪量值,认为洪峰和最大24 h洪量同频率,由最大24 h相应洪量,通过设计洪峰和最大24 h洪量曲线查得前坪水库或区间相应洪峰。前坪水库或前襄区间相应洪水成果见表2-38。

表2-38 前坪水库或前襄区间相应洪水成果

名称	项目		不同重现期(年)洪水设计值		
			20	50	100
本次前坪水库相应(襄城与前襄区间同频率)	洪量/亿 m^3	$W_{24\,h}$	1.027	1.359	1.619
		$W_{3\,d}$	2.556	3.490	4.200
		$W_{7\,d}$	3.179	4.246	5.052
		$W_{15\,d}$	3.516	4.428	5.111
前襄区间相应(襄城与前坪水库同频率)	洪量/亿 m^3	$W_{24\,h}$	1.058	1.225	1.340
		$W_{3\,d}$	2.250	2.671	2.953
		$W_{7\,d}$	3.573	4.502	5.186
		$W_{15\,d}$	4.867	6.224	7.249

本次前襄区间相应设计洪水与可研成果一致。本次前坪水库相应设计洪水与可研成果比较见表2-39,前坪水库相应设计洪水最大24 h和最大15 d洪量设计值与可研成果一致,最大3 d洪量比可研成果增大11.08%~12.69%;最大7 d洪量比可研成果增大6.88%~7.87%。

表 2-39 本次前坪水库相应设计洪水与可研成果比较

名称	项目		不同重现期(年)洪水设计值		
			20	50	100
本次前坪水库相应(襄城与前襄区间同频率)	洪量/亿 m^3	$W_{24\,h}$	1.027	1.359	1.619
		$W_{3\,d}$	2.556	3.490	4.200
		$W_{7\,d}$	3.179	4.246	5.052
		$W_{15\,d}$	3.516	4.428	5.111
可研前坪水库相应(襄城与前襄区间同频率)	洪量/亿 m^3	$W_{24\,h}$	1.027	1.359	1.619
		$W_{3\,d}$	2.301	3.110	3.727
		$W_{7\,d}$	2.947	3.956	4.727
		$W_{15\,d}$	3.516	4.428	5.111
相差百分比(本次成果-可研成果)/可研成果	%	$W_{24\,h}$	0	0	0
		$W_{3\,d}$	11.08	12.22	12.69
		$W_{7\,d}$	7.87	7.33	6.88
		$W_{15\,d}$	0	0	0

4)典型洪水的选用与放大

考虑北汝河襄城以上洪水组成特点,紫罗山站至襄城站洪水传播时间 15 h,1~7 d 洪量对水库及河道防洪影响较大,故按襄城站选取 1~7 d 洪量较大的洪水做典型。从 1957 年、1958 年、1961 年、1973 年、1975 年、1982 年、1983 年、2000 年大水年中按襄城站最大 15 d 洪量选择对应的各区洪水过程为典型。配合漯河以上地区洪水组成,选取 1957 年、1975 年、1982 年、2000 年为典型,其洪水过程见表 2-40~表 2-43。

表 2-40 漯河以上各分区 1957 年典型洪水过程 单位:m^3/s

日	时	下汤	下昭区间	昭白区间	紫罗山	紫襄区间	孤石滩	官寨	孤官何区间	襄白何漯区间
7	2									
	5	1.05	0.67	1.6	2.14	1.78	0.36	1.66	7.21	149
	8	1.12	19.5	2.6	2.14	2.1	0.43	1.78	29.2	175
	11	52.6	718	3 610	2.14	518	29.6	775	61.7	144
	14	502	550	4 360	2.14	1 988	46.4	2 400	72.6	118
	17	1 070	360	1 520	2.14	1 858	19.8	3 730	59.7	101
	20	1 000	113	334	2.14	1 116	17.2	3 220	48.9	82.5
	23	366	71	227	2.14	497	17.2	1 860	41.7	68.7
8	2	239	48	205	2.14	313	14.3	940	34.2	251

续表 2-40

日	时	下汤	下昭区间	昭白区间	紫罗山	紫襄区间	孤石滩	官寨	孤官何区间	襄白何漯区间
	5	176	42	182	2.17	213	10	542	28.5	268
	8	146	35	150	2.19	165	7.28	283	104	248
	11	116	32	139	2.22	145	5.4	186	111	181
	14	105	27.6	119	2.24	126	4.46	129	103	125
	17	94.4	24.4	108	2.27	111	3.83	108	75	94.3
	20	83.6	22.1	98.6	2.29	95.8	3.36	84.2	52	76.7
	23	72.8	19.1	87.1	2.32	80.6	2.88	68	30.1	69.9
9	2	65.2	15.9	74.1	4.95	65.5	2.57	59.5	31.8	62.5
	5	57.7	15	72.6	9.5	58.9	2.26	52	29	55.2
	8	50.1	13.1	71.1	10.5	52.4	1.95	47.5	25.9	44.6
	11	42.5	12.3	65.8	11.5	46.8	1.64	41	22.9	43.4
	14	40	11.7	62.8	12.5	41.3	1.51	38	18.5	41.5
	17	37.5	10.9	59.1	13.5	35.7	1.39	35	18	39.1
	20	34.9	10.2	57.4	14.5	31.1	1.26	31.9	17.2	34.2
	23	32.4	9.4	56.7	13.9	26.6	1.14	28.8	16.2	28.5
10	2	29.9	9.8	56.4	13.4	22.0	1.1	26.3	14.2	22.4
	5	27.4	8	56.3	12.8	20.5	1.06	24.5	11.8	23.9
	8	24.8	7.2	55.5	12.2	20.0	1.02	32.2	9.82	22.6
	11	22.3	7	53.9	11.6	19.5	0.98	22.3	9.92	22.7
	14	21.7	6.9	51.4	11.1	18.0	0.94	21.6	9.36	18.6
	17	21.1	6.7	48.9	10.5	16.8	0.9	20.9	9.39	37.4
	20	20.5	6.5	47	8.63	14.6	0.85	20.2	7.74	35.7
	23	19.9	6.3	45.3	8.75	13.4	0.98	19.5	15.5	34.2
11	2	19.3	6.2	31.3	8.88	21.5	1.14	18.5	14.8	32.6
	5	18.7	14.7	38	9	141	155	17.9	14.2	62.9
	8	71.7	1 960	4 590	9.13	1 950	70	17.2	13.5	85.4
	11	1 600	3 340	2 030	9.25	3 023	25.5	15.8	26.1	93.6
	14	4 450	750	459	9.38	2 615	14.7	15	35.4	72.8
	17	1 210	315	29	9.5	1 920	10.5	14.7	38.8	51.6
	20	750	191	23.5	10.9	1 199	8.27	14.7	30.2	36.9

续表 2-40

日	时	下汤	下昭区间	昭白区间	紫罗山	紫襄区间	孤石滩	官寨	孤官何区间	襄白何漯区间
	23	459	133	97.4	150	768	6.48	14.7	21.4	24.4
12	2	308	103	124	802	533	5.62	14.7	15.3	7.6
	5	225	82	156	465	416	4.75	16.3	10.1	3.09
	8	175	62	162	314	329	4.18	31.2	3.15	6.25
	11	125	54	150	235	253	3.61	29.5	1.28	17.8
	14	117	47	125	192	179	3.27	24.1	2.59	20.2
	17	109	42	114	149	151	2.93	20.6	7.36	21.9
	20	101	36	102	131	150	2.59	18.1	8.39	21.3
	23	93	34	88.9	113	143	2.25	15.5	9.05	22.4
13	2	85	31	73.8	94.3	131	2.15	14.3	8.82	23.1
	5	77	27.7	69.6	76	130	2.04	13.1	9.25	23
	8	69	24.8	63.5	70.2	126	1.94	11.8	9.56	22
	11	61	23.5	63.8	64.4	120	1.84	10.6	9.54	19.8
	14	57.3	22.1	55.7	58.6	111	1.75	10.1	9.11	19.5
	17	53.5	20.8	50	52.8	101	1.67	9.65	8.21	19.5
	20	49.8	19.3	37.3	48.45	100	3.38	9.17	8.1	19.5
	23	46	33	200	44.1	105	13.5	8.7	8.1	19.5
14	2	124	34	255	39.8	254	9.44	7.5	8.1	19.5
	5	129	40	236	35.4	373	97	40.6	8.1	19.5
	8	153	47	809	33.8	393	61	34.2	8.1	97.2
	11	176	110	1 400	32.1	431	24.2	60	8.1	93.1
	14	550	94	1 030	30.5	385	16.9	55.9	40.3	88.3
	17	385	85	605	28.8	338	12.2	60	38.6	87.7
	20	337	80	319	31.9	288	10.1	46.3	36.6	64.2
	23	290	73	199	34.9	234	8.53	35	31.8	60.8
15	2	254	65	156	38	176	7.59	30	23.6	22.2
	5	218	57	145	61	138	6.64	24.7	25.2	19.3
	8	182	50	129	92.7	100	5.7	21.8	9.2	2 020
	11	146	45	96.9	103	82	4.75	19.2	8	1 840
	14	141	41	71.4	105	78	4.75	18.2	83.5	337

续表 2-40

日	时	下汤	下昭区间	昭白区间	紫罗山	紫襄区间	孤石滩	官寨	孤官何区间	襄白何漯区间
	17	135	54	35.6	101	95.5	1 620	35	765	205
	20	130	46	43.2	96.5	283	379	358	347	200
	23	124	950	3 940	92.1	1 134	228	1 100	85.7	195
16	2	1 140	680	2 520	87.6	1 747	113	657	82.9	190
	5	1 160	356	1 160	83.1	1 562	52.5	303	80.7	184
	8	610	210	804	88.9	1 164	36.7	147	78.6	179
	11	417	157	456	171	669	27	94	76.4	174
	14	346	120	309	188	551	22.1	69.8	74.3	148
	17	274	91	246	864	439	18	57.3	72.1	121
	20	203	75	231	646	302	16.4	50.6	61.3	113
	23	131	68	219	492	212	14.8	43.2	50.2	97.2
17	2	115	60	187	379	145	13.3	39.5	46.7	104
	5	99	54	181	281	149	11.7	35.8	40.3	253
	8	83	46	171	218	151	10.5	33.5	43.1	383
	11	67	41	152	155	141	9.3	31.8	105	299
	14	63.5	46	129	126	156	9.17	58.2	159	193
	17	60	33.8	119	114	160	9.05	79.5	124	150
	20	56.5	32.1	110	98.5	152	8.92	65.1	79.7	104
	23	53	30.6	97.8	117	139	8.8	46.5	62.1	98.4
18	2	51	29.1	84.7	129	123	8.31	39	43	85.6
	5	49	27.6	72.2	126	132	7.82	31.8	40.8	49
	8	47	26.2	83.8	124	126	7.34	28	35.5	115
	11	45	28.7	89.1	121	110	6.85	25	20.3	181
	14	49.1	31.2	92.1	118	88	6.85	25.4	47.6	208
	17	53.3	33.7	101	118	51.5	12.5	158	74.8	238
	20	57.4	36.3	109	118	23	83.1	120	86.3	212
	23	61.5	38.4	112	230	72	36.8	80.5	98.5	162
19	2	56.5	80.2	598	214	538	21.2	72.3	88.1	148
	5	69.8	220	808	192	740	17.4	65.6	67.2	165
	8	78.1	156	628	169	716	23	59.2	61.6	350

续表 2-40

日	时	下汤	下昭区间	昭白区间	紫罗山	紫襄区间	孤石滩	官寨	孤官何区间	襄白何漯区间
	11	95	157	381	170	580	53.5	59.2	68.5	895
	14	106	156	242	183	458	97	783	145	1 250
	17	116	155	199	172	368	273	104	371	1 260
	20	141	155	244	175	312	186	160	520	509
	23	165	152	468	178	362	105	472	479	181
20	2	175	227	728	180	439	75.5	845	211	159
	5	226	282	780	183	504	56	907	75.1	277
	8	321	261	696	186	558	44.4	540	65.7	280
	11	334	226	611	233	595	35.8	257	115	333
	14	270	225	492	303	569	30.7	187	116	540
	17	241	198	420	370	538	47.5	158	138	268
	20	212	179	373	500	487	73	227	224	90.2
	23	191	164	342	549	447	40.5	655	111	187
21	2	171	125	304	597	423	29.6	665	37.4	248
	5	158	110	277	605	358	26.1	323	77.5	234
	8	148	96	243	518	313	22.5	162	103	173
	11	139	89	202	431	276	19	125	96.8	140
	14	134	82	162	373	244	17.9	103	71.5	125
	17	124	74	149	314	213	17.3	84.4	58.2	110
	20	113	65	134	270	203	16.9	73.6	51.8	100
	23	102	58.7	118	226	199	16.5	66.2	45.6	90.9
22	2	94.3	51.5	100	181	189	15.2	62.7	41.6	85.4
	5	86.5	44.2	100	137	198	14	59.3	37.7	78.6

注:1. 以上分区流量采用漯河时间。

2. 下昭区间为下汤—昭平台区间,昭白区间为昭平台—白龟山区间,孤官何区间为孤石滩—官寨—何口区间,襄白何漯区间为襄城—白龟山—何口—漯河区间,下同。

表 2-41 漯河以上各分区 1975 年典型洪水过程 单位:m^3/s

日	时	下汤	下昭区间	昭白区间	紫罗山	紫襄区间	孤石滩	官寨	孤官何区间	襄白何漯区间
5	23	5.3	1.34	14.1	5.96	2	3.8	3.38	7.4	177
6	2	5.3	1.34	14.1	5.71	2.08	4.5	4.31	8.7	530
	5	5.3	1.34	14.1	5.47	3.01	5	4.28	192	972

续表 2-41

日	时	下汤	下昭区间	昭白区间	紫罗山	紫襄区间	孤石滩	官寨	孤官何区间	襄白何漯区间
	8	10	8.9	14.1	5.22	2.94	5.5	4.56	543	1 410
	11	154	52	14.1	4.98	1	5.5	1 800	908	1 640
	14	520	51	14.2	4.73	7	223	4 250	1 200	1 610
	17	444	138	14.2	4.49	8	1 130	6 010	1 240	1 480
	20	654	160	25.4	5.03	7	1 050	6 420	1 040	1 290
	23	825	255	47.4	25.2	14	562	4 090	854	1 280
7	2	1 080	480	99.4	436	20	184	1 720	701	1 420
	5	989	551	352	860	66	124	569	780	1 570
	8	1 280	600	1 000	1 020	165	72.1	415	1 160	1 780
	11	1 590	630	1 100	838	189	235	1 010	919	2 230
	14	3 070	850	802	1 240	280	334	1 250	1 060	2 780
	17	4 360	930	602	990	352	222	817	1 770	3 060
	20	1 420	800	510	886	417	290	1 330	2 190	4 170
	23	1 400	470	550	880	469	522	2 310	2 210	4 080
8	2	1 020	350	835	1 560	624	790	3 000	3 240	3 520
	5	763	317	1 100	3 540	624	769	4 560	2 780	3 080
	8	454	277	1 300	3 880	588	1 040	5 410	1 960	3 850
	11	541	244	1 100	2 830	219	428	4 960	1 620	3 190
	14	379	219	914	1 490	108	300	3 920	2 750	2 530
	17	318	174	1 100	1 070	42	1 000	7 480	1 920	1 840
	20	283	171	1 200	868	27	5 270	11 700	1 210	1 260
	23	354	258	958	860	40	2 760	11 500	708	805
9	2	815	465	813	1 120	59	454	8 300	411	560
	5	2 820	550	1 200	1 413	79	200	5 170	230	383
	8	1 610	600	4 800	1 290	92	170	1 750	200	278
	11	1 350	500	2 400	2 006	157	150	344	150	203
	14	1 190	360	1 500	1 670	231	120	230	120	166
	17	741	309	820	2 750	281	100	165	89	140
	20	618	238	611	3 890	146	80	137	82.9	120
	23	535	190	511	2 990	7	69.6	113	79.5	100

续表 2-41

日	时	下汤	下昭区间	昭白区间	紫罗山	紫襄区间	孤石滩	官寨	孤官何区间	襄白何漯区间
10	2	463	154	429	2 722	7	50	100	71.7	91
	5	376	130	218	2 360	14	40	87.8	62.1	77.4
	8	313	124	180	1 633	14	32.6	81.4	47.3	61.1
	11	279	139	170	1 185	14	29	74.9	39.3	50.2
	14	259	134	160	960	14	26	70.8	32.6	41.2
	17	250	115	140	900	14	25.5	66.6	26.2	35
	20	233	98	125	791	42	25	62.5	21.2	30.6
	23	226	99	110	797	57	25	58.3	19.4	26.9
11	2	296	168	100	751	56	16.3	56.5	18.5	23.1
	5	364	208	80	680	89	16.3	54.7	15.6	22
	8	314	150	70	608	116	16.3	52.8	11.5	19.3
	11	303	120	65	536	136	16.3	51	13	21.2
	14	284	95	60	459	147	14.9	48.6	13.4	21.6
	17	235	73	55	437	151	14.9	46.1	14.3	22.3
	20	219	65	52	412	157	14.9	43.7	14.5	22.4
	23	179	160	50	387	162	14.9	41.2	14.5	22.9
12	2	250	262	48	362	165	7.77	39.4	14.5	23.5
	5	200	173	45	338	167	7.77	37.7	15.2	24.5
	8	180	132	43	313	166	7.77	35.9	15.9	25.6
	11	151	102	41	288	178	7.77	34.1	16.5	26.5
	14	135	84	40	263	217	12.6	32.3	17.2	26.6
	17	98.6	54.4	38	238	235	12.6	30.6	17.7	26.5
	20	87.1	47.9	37	226	217	12.6	28.8	17.2	25.5
	23	79.6	44.4	36	215	195	12.6	27	16.7	24.9
13	2	70.5	40.5	35	228	174	5.22	26.3	15.9	24.2
	5	62.4	37.6	33.5	253	169	5.22	25.5	15.6	24
	8	57.6	35.4	33	195	164	5.22	24.8	15.5	24.1
	11	48	28	32.5	187	160	5.22	24.1	15.5	24.1
	14	43.6	24.9	32.3	180	155	19.4	23.3	15.6	24
	17	40.7	22.9	32.1	173	149	17.7	22.6	15.6	23.7

续表 2-41

日	时	下汤	下昭区间	昭白区间	紫罗山	紫襄区间	孤石滩	官寨	孤官何区间	襄白何漯区间
	20	38.2	21.2	32	166	142	17.7	21.8	15.4	23.7
	23	35.8	19.6	31.5	159	134	15	21.1	15.2	23.4
14	2	33.5	17.8	31	152	126	13	21	15.1	23.3
	5	31	16.3	30.5	145	122	8	20.9	15.1	23.3
	8	29.5	15.4	30.2	137	118	8	20.8	15.1	23.2
	11	28.3	15	30	130	116	8	20.7	15.1	23.2
	14	27.3	14.6	30	123	111	9	20.5	15	23.1
	17	26	14.2	30	116	107	8.69	20.4	15	23
	20	24.9	23.8	29.5	110	103	9.74	20.3	15	23
	23	23.3	13.5	29.3	104	99	9.74	20.2	14.9	22
15	2	22.7	13.1	29	97.4	94	8.38	20.1	14.9	22.9
	5	21.4	12.6	29	91.2	90	8.33	20	14.7	22.6
	8	19.9	11.8	28	85.0	85	8.33	19	14.7	22.6
	11	18.8	11.3	27.5	78.8	82	8.33	19.8	14.6	22.4
	14	18.1	10.8	26.8	72.5	82	6.61	19.6	14.6	22.4
	17	16.8	10	25.5	66.3	82	11.7	19.5	14.5	22
	20	15.9	9.6	23.6	60.1	82	10	19.4	14.5	22
	23	14.7	8.9	22	53.9	81	9	19.3	14.2	21.9
16	2	13.7	8.3	20.4	47.7	80	8	19	14.2	21.9
	5	12.6	7.8	19.1	41.5	77	8	18.7	14.2	21.8
	8	11.9	7.2	18.5	40.4	74	8.5	18.4	14.1	21.6
	11	11.6	6.9	17.9	39.4	71	7	18.2	14	21.5
	14	11.4	6.5	17.6	38.3	70	6	17.9	13.9	21.3
	17	11.3	6.3	17.3	37.2	68	5	17.6	13.9	21.3
	20	11.1	6.2	16.7	36.1	67	5	17.3	13.7	21.1
	23	10.8	5.9	16.5	35.1	65	4.5	17	13.7	21.1
17	2	10.8	5.7	16.2	34.0	62	3	16.8	13.6	21
	5	10.7	5.5	16.1	32.9	60	2.63	16.5	13.6	20.8
	8	10.8	5.3	16	31.8	58	2.63	16.2	13.6	20.8
	11	10.8	5.2	15.8	30.8	56	2.63	15.9	13.4	20.4

续表 2-41

日	时	下汤	下昭区间	昭白区间	紫罗山	紫襄区间	孤石滩	官寨	孤官何区间	襄白何漯区间
	14	10.9	5	15.8	29.7	54	5.22	15.5	13.4	20.1
	17	10.9	4.9	15.8	28.6	53	7.3	15.2	13.4	19.3
	20	11	4.8	15.9	27.5	52	8.35	14.8	12.6	18.6
	23	11.2	4.7	15.9	26.5	53	8.35	14.5	12	17.8
18	2	11.3	4.6	16	25.4	52	3.17	14.1	11.6	17.1
	5	11.5	4.5	15.7	24.3	51	3.17	13.8	11.1	16.4
	8	11.2	4.5	15.1	23.2	50	3.17	13.4	10.6	15.6
	11	10.8	4.3	14.5	22.2	49	3.17	13	10.2	15.7
	14	10.4	4.1	14	21.1	48	3.17	12.7	9.69	15.5
	17	9.9	4.1	12.9	20.0	48	3.17	12.3	10.2	16.2
	20	9.5	3.4	12.3	19.9	48	3.17	12	10.3	16.4
	23	9	3.3	12.3	19.7	47	3.17	11.6	10.7	16.9
19	2	8.6	3.7	11.8	19.6	46	3.17	11.4	11	17.4
	5	8.1	3.7	11.3	19.5	43	3.17	11.1	11.1	17.6
	8	7.7	3.6	10.9	19.3	44	3.17	10.9	11.5	18.2
	11	7.3	3.6	10.4	19.2	44	3.17	10.7	11.6	18.4
	14	6.9	3.5	9.9	19.0	44	3.17	10.4	12	18.8
	17	6.4	3.5	9.4	18.9	44	3.17	10.2	12.3	19.3
	20	6	3.4	8.9	18.8	44	3.17	9.94	12.4	19.5
	23	5.6	3.3	8.4	18.6	44	3.17	9.7	12.6	19.6
20	2	5.2	3.2	7.9	18.5	45	3.17	9.59	12.7	19.8
	5	4.7	3.2	7.7	18.4	38	3.17	9.48	12.9	20.2
	8	4.5	3.2	7.5	18.2	38	3.17	9.37	13	20.3
	11	4.4	3.1	7.4	18.1	38	3.17	9.25	13.2	20.5
	14	4.3	3.1	7.2	17.9	38	3.17	9.14	13.3	20.8
	17	4.2	3	7.1	17.8	38	3.17	9.03	13.4	21
	20	4.1	3	6.9	17.7	38	3.17	8.92	13.6	21.1
	23	3.6	3	6.7	17.5	38	3.17	8.81	13.7	21.1

注：以上分区流量采用漯河时间。

表 2-42 漯河以上各分区 1982 年典型洪水过程 单位:m³/s

日	时	下汤	下昭区间	昭白区间	紫罗山	紫襄区间	孤石滩	官寨	孤官何区间	襄白何漯区间
31	14									
	17	563	228	116	6 010	83	38.6	104	6	20.8
	20	477	267	116	6 374	583	40	131	6.4	21.8
	23	595	759	157	2 930	653	182	245	6.5	25.6
1	2	714	1 390	157	1 890	528	246	370	6.8	28.8
	5	1 040	612	271	1 195	389	222	554	8	38.4
	8	1 820	613	76	859	249	142	472	9	60.8
	11	2 000	705	266	780	145	92.3	386	12	112
	14	1 160	463	239	2 970	87	49.5	255	19	134
	17	845	404	658	2 200	93	31.2	222	35	134
	20	935	628	290	2 080	104	38.4	164	42	144
	23	1 260	1 340	329	2 030	151	38.5	134	42	138
2	2	739	985	316	2 075	191	30.6	127	45	185
	5	572	804	570	2 160	548	33.7	132	43.2	255
	8	575	812	549	3 113	888	31.6	119	57.7	277
	11	436	579	524	4 380	1 447	21.3	108	79.6	259
	14	328	443	520	2 790	1 582	36.8	93.3	86.7	220
	17	321	355	426	1 750	1 652	29.4	81.7	81.1	195
	20	262	241	357	1 099	1 506	25.7	75.9	68.8	179
	23	220	163	246	803	848	25.7	70	61.1	166
3	2	130	101	246	602	876	21.3	62.4	56.1	136
	5	150	124	291	440	762	13.9	58.5	51.9	186
	8	86.3	77.3	310	435	792	280	57.4	42.5	256
	11	124	101	335	340	720	254	67.1	58.1	256
	14	161	120	338	310	702	49.5	167	80	218
	17	244	82.9	166	279	712	48.6	165	80	211
	20	160	51.1	166	268	666	5	157	68	188
	23	153	61.1	68	256	680	35.2	106	66	12
4	2	146	68.7	157	427	560	23.6	87.3	58.7	22.1
	5	139	73.9	172	455	462	23.6	68.5	39.8	21.1

续表 2-42

日	时	下汤	下昭区间	昭白区间	紫罗山	紫襄区间	孤石滩	官寨	孤官何区间	襄白何漯区间
	8	206	73	376	574	434	20	67.1	6.9	20.2
	11	2 540	745	145	464	353	19	65.6	6.6	19.8
	14	1 150	599	125	314	397	18	63.3	6.3	18.2
	17	463	194	105	248	338	17.4	70	6.2	18.9
	20	293	109	85.5	223	321	14	61.4	5.7	19.2
	23	190	65	65.7	185	307	10.3	52.7	5.9	16.3
5	2	144	47.6	45.8	172	331	13.6	47.9	6	18.9
	5	116	35.4	26	158	323	21.5	43.1	5.1	20.5
	8	88.7	26.2	121	155	334	24.3	124	5.9	25.6
	11	130	65.8	465	145	328	21.8	335	6.4	70
	14	260	334	293	132	333	20	258	8	137
	17	345	227	93.8	119	294	21.1	207	21.9	214
	20	198	93.8	82	110	245	18.1	155	42.9	259
	23	162	82	73.9	162	245	16.8	104	66.8	242
6	2	131	73.9	54.3	230	213	14.3	92.9	81	192
	5	111	54.3	56.5	183	274	11.3	81.8	75.5	121
	8	105	56.5	48.3	380	242	16.4	70.3	60	82.9
	11	84.5	48.3	49.6	325	239	14.3	59.5	37.9	60.5
	14	84.4	49.6	49.6	291	248	13.2	54.7	25.9	51.2
	17	84.6	49.6	41.4	250	221	9.6	49.9	18.9	46.4
	20	71.7	41.4	39.7	223	170	7.79	45.1	16	38.1
	23	66.4	39.7	32.2	196	184	7.67	40.3	14.5	37.7
7	2	53.7	32.2	36.5	169	195	7.67	38	11.9	36.8
	5	52.6	33.5	23.4	237	124	7.67	35.9	11.8	36.1
	8	42.9	27.2	31.2	147.5	133	7.67	33.7	11.5	36.5
	11	42.9	27.4	31.6	193	147	7.67	31.5	11.3	36.5
	14	43	27.6	31.1	204	164	7.67	39	11.4	36.8
	17	42.8	27.9	30.6	119	143	7.67	28.4	11.4	34.5
	20	26	23.4	30.1	107	160	7.67	26.9	11.2	32
	23	29.7	19.4	29.6	98	174	7.67	25.3	10.8	30.8

续表 2-42

日	时	下汤	下昭区间	昭白区间	紫罗山	紫襄区间	孤石滩	官寨	孤官何区间	襄白何漯区间
8	2	29.6	19.6	20.3	89	186	6.06	24.7	10	29.8
	5	29.6	20	28.7	80	154	6.06	24.2	9.62	28
	8	22.1	14.9	28.4	75	161	6.06	23.6	9.32	27.3
	11	21.7	15.6	28.3	71	168	6.06	23.1	8.82	27
	14	21.2	16.3	28.1	66	173	6.06	22.5	8.54	28.4
	17	21	16.8	28	61	131	6.06	21.8	8.44	30.5
	20	38	30.1	27.8	56	136	6.06	21	8.89	30.8
	23	28.1	22.8	27.7	52	141	4.71	20.2	9.53	30.9
9	2	28.1	23.2	27.5	47	143	2.68	19.4	9.62	30.5
	5	28.1	23.4	24.8	42	117	2.96	18.7	9.66	29.7
	8	15.5	14.2	24.4	38	110	3.23	17.9	9.55	27.9
	11	15.4	14.6	24.1	37	100	3.5	17.1	9.3	26.7
	14	15.3	14.9	23.7	98	91	3.78	16.8	8.73	25.3
	17	15.3	15.2	23.4	109	64	4.05	16.6	8.36	20.9
	20	14.8	14.8	23	96.4	64	4.33	16.8	7.91	24.2
	23	14.2	14.4	22.7	83.9	68	4.6	16	6.53	23.3
10	2	14.4	14.5	22.3	72.4	73	5.28	16	7.55	23.3
	5	14.6	14.6	22.1	63.1	91	5.26	16	7.3	21.8
	8	21.5	19.7	21.5	57.6	96	5.26	21.6	7.3	21.8
	11	21.9	20	20.9	54.0	100	5.26	187	6.8	39.3
	14	22.2	20.1	20.4	51.2	102	5.26	111	6.81	49.3
	17	22.5	20.3	19.8	48.5	116	5.26	70.8	12.3	44.1
	20	23.3	20.1	19.3	49.9	113	5.26	62.9	15.4	39.3
	23	24.3	19.6	18.8	51.3	107	5.26	48.9	13.8	25.9
11	2	25.3	19.3	18.2	52.7	100	5.26	45.6	12.3	17.9
	5	25.8	19.3	17.6	88.3	76	5.26	42.4	8.11	15.7
	8	19.5	14.9	16.9	101	71	5.26	39.1	5.61	19.5
	11	203	16.4	16.1	93.2	69	5.26	35.9	4.91	23.4
	14	21.3	17.8	15.3	80.7	69	5.26	32.6	6.11	26.9
	17	22.5	19	14.5	85.8	70	5.26	29.3	7.31	29.1

续表 2-42

日	时	下汤	下昭区间	昭白区间	紫罗山	紫襄区间	孤石滩	官寨	孤官何区间	襄白何漯区间
	20	23.7	20.3	13.8	82.7	72	5.26	26.1	8.41	27.5
	23	25	21.3	13	82.7	75	5.26	22.8	9.11	19.5
12	2	20.3	22.4	12.3	76.6	78	5.67	20.5	8.61	19.4
	5	27.6	23.5	37	70.5	56	5.7	21.2	6.11	25.7
	8	45.5	37	35.1	66.8	60	5.72	21.8	6.05	82.2
	11	51.8	35.1	35.9	63.2	64	5.75	29.9	8.04	97.6
	14	50.1	35.9	61.5	64.9	67	4.53	63.3	25.7	74.5
	17	64.2	61.5	56.5	55.8	71	3.5	66.1	30.5	50.2
	20	67.8	56.5	38	52.0	75	3.5	86.6	23.3	192
	23	45.5	38	65.2	48.3	79	3.5	79.7	15.7	374
13	2	82.5	65.2	43.6	44.5	83	10.4	70.5	59.9	336
	5	58.4	43.6	42	40.7	56	18.3	210	117	243
	8	57.4	42	49.8	38.7	56	22.2	216	105	202
	11	90	49.8	38.5	37.1	53	22.2	377	76	918
	14	92.4	38.5	100	35.7	43	16.7	339	63	1 090
	17	108	125	68	46.0	55	20.4	380	287	2 250
	20	141	141	35	88.3	34	66.7	336	654	1 910
	23	152	147	250	88.3	46	161	385	703	1 130
14	2	241	190	238	188	34	196	640	597	701
	5	290	170	335	210	90	121	685	352	502
	8	371	218	317	203	165	85.2	557	219	1 240
	11	345	177	298	260	182	55.6	348	157	3 010
	14	347	200	267	273	129	39.8	238	389	1 660
	17	393	233	178	323	127	106	175	942	1 310
	20	170	79.4	317	444	149	272	2 150	520	1 150
	23	204	113	178	564	240	161	2 110	410	924
15	2	122	63.6	230	606	224	75	1 080	360	1 020
	5	133	81.9	252	562	1 253	41.7	696	289	1 090
	8	112	89.8	126	489	1 770	41.7	400	318	921
	11	74.2	45	108	431	2 046	32.4	251	342	598

续表 2-42

日	时	下汤	下昭区间	昭白区间	紫罗山	紫襄区间	孤石滩	官寨	孤官何区间	襄白何漯区间
	14	64.6	33.5	102	393	1 922	24.3	177	288	448
	17	59.6	36.5	530	350	1 519	25.2	140	187	39

注:以上分区流量采用漯河时间。

表 2-43　漯河以上各分区 2000 年典型洪水过程　单位:m^3/s

日	时	昭平台	昭白区间	紫罗山	紫襄区间	官寨	孤石滩	孤官何区间	襄白马区间	马何漯区间
25	3	37	34			2	8	5		
	6	222	34			2	8	5		
	9	1 958	1 472			2	614	8		
	12	4 272	1 472			2	614	13		
	15	3 611	1 472			5	614	28		
	18	3 183	1 471			11	614	80		
	21	2 196	1 469			34	614	295	445	
26	0	1 268	1 461			484	614	337	606	
	3	1 087	1 451			779	614	80	868	
	6	1 179	1 449			2 790	614	64	613	
	9	727	642			1 950	209	94	583	
	12	532	642			840	200	431	598	
	15	460	644			422	166	1 002	622	
	18	377	641	177	3	331	167	885	619	147
	21	289	641	155	4	257	169	718	599	366
27	0	247	318	144	4	185	86	451	546	200
	3	204	185	133	15	200	79	363	487	35
	6	204	185	122	26	265	78	251	411	46
	9	140	144	110	184	258	79	171	325	89
	12	139	108	105	129	215	24	196	204	127
	15	128	52	100	52	166	44	246	91	165
	18	128	106	95.1	31	123	42	236	40	177
	21	96	25	90.2	35	97	38	198	6	169
28	0	96	24	84.0	50	82	33	166	0	175

续表 2-43

日	时	昭平台	昭白区间	紫罗山	紫襄区间	官寨	孤石滩	孤官何区间	襄白马区间	马何漯区间
	3	96	110	78.3	30	76	35	144	0	178
	6	96	110	74.4	37	69	33	128	0	166
	9	96	58	84.6	23	61	26	117	0	126
	12	96	112	89.6	28	48	26	113	0	69
	15	95	37	91.6	16	44	17	99	0	26
	18	95	37	94.2	18	40	9	94	0	3
	21	75	79	94.2	2	36	9	139	0	0
29	0	75	78	88.1	1	34	9	173	0	0
	3	81	81	81.2	2	32	24	101	0	0
	6	81	81	74.2	3	29	22	10	0	0
	9	120	27	68.3	15	27	19	30	0	0
	12	74	39	64.3	35	25	33	61	0	0
	15	54	53	60.3	41	23	31	57	0	0
	18	54	53	55.7	11	20	37	54	0	0
	21	53	54	50.7	10	18	3	49	0	0
30	0	53	54	47.7	16	18	3	44	0	0
	3	44	72	45.7	22	16	3	44	0	0
	6	44	71	43.3	27	15	3	67	0	0
	9	31	11	40.7	16	14	3	110	0	0
	12	41	27	37.7	19	14	9	110	0	0
	15	41	57	34.7	23	13	12	86	0	0
	18	41	57	31.7	8	13	12	60	0	0
	21	24	4	29.2	21	12	0	43	0	7
1	0	24	3	27.7	22	12	0	41	0	35
	3	24	3	27.0	28	11	0	38	0	43
	6	24	3	26.3	31	10	0	34	0	35
	9	18	3	25.5	21	9	4	32	0	27
	12	18	3	24.5	21	9	4	30	0	18
	15	18	3	23.6	23	9	4	28	0	35
	18	18	3	22.6	8	9	4	26	0	62

续表 2-43

日	时	昭平台	昭白区间	紫罗山	紫襄区间	官寨	孤石滩	孤官何区间	襄白马区间	马何漯区间
	21	18	3	21.6	6	9	4	24	0	78
2	0	18	17	20.2	7	8	4	23	0	81
	3	18	22	19.6	7	8	4	23	0	75
	6	18	26	19.0	10	8	4	22	0	64
	9	18	6	18.4	25	7	6	21	0	55
	12	18	6	17.6	26	7	6	22	0	49
	15	18	6	16.9	27	7	6	21	0	50
	18	18	6	16.1	28	6	6	21	0	64
	21	18	6	15.6	28	6	6	22	0	79
3	0	18	6	15.6	29	7	6	22	0	80
	3	18	24	15.6	29	7	6	21	0	76
	6	18	24	15.6	30	8	6	21	0	70
	9	42	79	15.8	33	25	303	23	0	63
	12	42	79	16.5	34	130	303	18	36	51
	15	42	89	17.2	34	398	303	24	34	31
	18	299	154	17.9	34	660	303	80	33	5
	21	553	197	18.4	28	398	303	154	33	0
4	0	1 269	1 039	18.4	61	230	303	433	33	0
	3	795	3 146	18.9	81	231	2 274	518	28	0
	6	891	5 058	19.5	207	931	644	351	623	0
	9	543	3 605	20.2	252	2 270	859	171	204	103
	12	500	2 135	21.3	218	1 850	409	120	465	202
	15	454	1 198	23.0	245	743	286	137	809	77
	18	392	1 112	28.1	235	636	260	705	678	183
	21	299	967	35.2	125	1 310	122	649	467	394
5	0	300	798	66	123	1 550	92	209	508	280
	3	231	370	181	180	866	76	156	569	0
	6	183	353	186	124	536	67	557	508	0
	9	114	328	158	192	409	48	638	694	0
	12	113	250	140	167	313	153	589	337	0

续表 2-43

日	时	昭平台	昭白区间	紫罗山	紫襄区间	官寨	孤石滩	孤官何区间	襄白马区间	马何漯区间
	15	84	228	129	169	224	440	610	645	0
	18	81	112	115	148	245	130	581	54	0
	21	89	194	99	120	207	139	450	41	0
6	0	88	186	87	59	128	133	400	148	0
	3	41	139	101	81	97	44	349	358	0
	6	84	276	107	89	81	52	286	300	0
	9	516	106	136	15	74	42	226	18	0
	12	307	292	121	21	68	40	226	378	0
	15	263	393	110	117	59	38	218	320	0
	18	166	386	114	115	54	37	200	261	0
	21	1 728	280	216	77	49	87	176	206	0
7	0	1 339	195	191	73	44	31	159	230	0
	3	689	185	181	30	84	19	126	308	0
	6	458	492	198	60	71	6	50	338	0
	9	504	495	198	1 013	57	553	55	321	0
	12	365	715	246	3 073	71	243	135	335	0
	15	364	892	204	1 732	122	102	224	696	0
	18	364	509	181	1 324	123	48	249	1 077	0
	21	269	692	201	836	85	61	256	1 012	0
8	0	222	436	226	700	62	61	258	608	0
	3	174	179	211	609	47	35	240	233	0
	6	173	268	179	454	44	35	198	0	0
	9	52	236	145	220	40	35	160	0	0
	12	16	179	132	297	37	18	144	0	0
	15	72	238	121	145	35	20	134	0	0
	18	117	218	110	137	34	20	149	0	98
	21	91	150	114	157	32	20	139	0	216
9	0	63	82	132	171	31	20	102	0	326
	3	88	14	132	185	29	20	88	0	428
	6	72	183	121	150	27	11	73	0	511

续表 2-43

日	时	昭平台	昭白区间	紫罗山	紫襄区间	官寨	孤石滩	孤官何区间	襄白马区间	马何漯区间
	9	41	150	111	28	26	54	62	0	555
	12	189	298	102	60	25	54	39	0	507
	15	109	18	93.3	45	24	60	34	0	367
	18	106	18	84.1	70	23	2	32	0	222
	21	45	18	75.6	95	22	2	45	0	134
10	0	128	18	68.9	55	21	2	46	0	86
	3	22	18	61.5	67	21	2	54	0	45
	6	77	18	54.1	75	20	2	77	0	13
	9	2	18	50.6	66	20	2	82	0	0
	12	2	18	54.8	53	19	2	74	0	0
	15	2	134	59.0	61	17	2	67	0	0
	18	2	305	63.2	78	16	2	60	0	0
	21	85	183	66.7	66	15	6	54	0	0
11	0	39	184	68.9	68	15	6	49	0	0
	3	8	169	72.2	66	14	6	45	0	0
	6	8	337	75.6	58	14	6	41	0	0
	9	31	180	75.4	101	13	6	38	0	0
	12	31	183	68.3	99	13	2	38	0	0
	15	31	60	61.1	58	12	2	39	128	0
	18	31	60	54.0	8	11	2	39	256	0
	21	31	43	48.6	4	11	2	39	249	0
12	0	31	43	46.7	6	10	2	39	197	0
	3	31	55	45.0	5	10	2	40	147	0
	6	31	55	43.3	19	9	2	39	124	0
	9	31	68	43.8	10	9	4	39	105	0
	12	31	68	49.0	80	9	4	37	95	0
	15	31	69	54.2	42	9	4	34	75	2
	18	31	69	59.4	43	9	4	32	39	14
	21	70	83	63.5	38	8	63	32	20	22
13	0	70	83	65.4	37	8	100	36	40	28

续表 2-43

日	时	昭平台	昭白区间	紫罗山	紫襄区间	官寨	孤石滩	孤官何区间	襄白马区间	马何漯区间
	3	62	45	67.4	35	111	100	35	66	26
	6	62	45	69.5	32	1 780	465	36	0	18
	9	92	272	84.5	28	3 400	135	35	0	75
	12	92	272	129	24	2 410	77	36	0	222
	15	102	220	185	22	592	53	37	0	116
	18	102	220	203	12	196	51	1 050	0	84
	21	92	166	182	18	106	32	851	0	68
14	0	92	166	159	3	79	35	525	0	57
	3	71	128	137	6	63	26	354	0	236
	6	71	129	120	8	55	26	248	0	392
	9	96	9	107	22	50	14	199	0	397
	12	55	104	96.7	41	50	14	149	0	341
	15	61	87	86.0	73	49	26	134	0	302
	18	61	91	86.7	106	126	122	115	84	315
	21	82	396	84.2	86	702	528	80	141	370
15	0	82	396	78.1	98	2 460	344	124	246	439
	3	82	520	71.5	108	5 300	290	500	321	646
	6	82	190	64.8	116	7 160	240	535	185	606
	9	440	336	61.7	105	4 780	77	411	273	405
	12	440	190	68.1	111	1 950	31	98	299	269
	15	440	190	76.4	70	451	31	318	518	343
	18	440	190	78.6	74	135	31	1 128	472	439
	21	440	190	77.6	136	81	31	1 132	565	450
16	0	440	190	71.0	120	73	31	862	591	342
	3	440	190	65.2	52	65	31	627	560	333
	6	1 765	190	101	42	56	31	471	500	444
	9	1 014	180	129	38	49	17	414	458	587
	12	647	488	363	911	46	17	340	434	745
	15	468	56	306	856	43	17	327	453	877
	18	355	3	232	1 237	39	17	263	566	1 003

续表 2-43

日	时	昭平台	昭白区间	紫罗山	紫襄区间	官寨	孤石滩	孤官何区间	襄白马区间	马何漯区间
	21	222	3	183	925	36	17	232	497	1 137
17	0	222	136	142	697	34	17	227	318	1 215
	3	133	135	127	427	32	17	218	136	1 128
	6	177	135	112	424	30	17	204	20	959
	9	87	121	98.4	362	28	10	179	10	777
	12	86	102	88.9	339	27	10	161	64	722
	15	108	104	81.5	309	26	10	147	130	713
	18	86	104	74.1	252	25	10	134	142	684
	21	108	109	67.2	181	24	10	121	139	678
18	0	107	110	61.6	195	23	10	110	164	654
	3	128	68	56.3	163	22	10	99	100	619
	6	196	68	52.7	173	22	10	87	24	587
	9	151	25	49.3	105	21	6	78	30	565
	12	150	25	47.6	112	20	6	71	35	566
	15	105	69	46.9	85	20	6	65	37	596
	18	127	69	46.3	81	20	6	58	43	619
	21	239	10	65.3	73	20	6	52	46	591
19	0	239	10	63.5	75	20	6	49	46	552
	3	262	10	51.0	65	22	6	44	47	508
	6	150	10	45.9	64	21	6	40	40	477
	9	128	10	42.1	45	20	6	38	42	443
	12	239	10	40.9	45	21	6	37	47	410
	15	24	10	39.8	45	22	32	34	46	367
	18	66	10	38.6	48	23	25	4	51	308
	21	63	10	37.1	47	20	15	0	129	250
20	0	60	10	34.8	49	17	21	0	198	199
	3	68	10	33.1	49	15	21	0	73	176
	6	110	10	31.4	51	13	21	16	36	136
	9	108	19	29.8	49	11	21	28	42	74
	12	149	16	28.5	51	9	21	33	57	28

续表 2-43

日	时	昭平台	昭白区间	紫罗山	紫襄区间	官寨	孤石滩	孤官何区间	襄白马区间	马何漯区间
	15	145	158	27.1	59	8	21	40	71	3
	18	100	68	25.7	61	7	21	66	78	0
	21	139	99	24.8	70	6	20	109	83	0
21	0	53	102	24.8	72	5	20	128	92	0
	3	93	81	24.8	74	4		96	137	0
	6	49	83	24.8	76	4		60	250	0
	9	55	74	25.3	73	3		45	297	0
	12	58	76	25.3	74	3		41	212	0
	15	56	112	25.3	65	2		54	124	0
	18	10	54	25.3	65	2		58	89	0
	21	4	55	25.3	47	2		51	61	0
22	0	4	55	25.3	47	1		43	47	12
	3	4	55	25.3	44	1		35	37	53
	6	4	55	25.3	44			27	34	57
	9	4	307	23.1	116			21	33	58
	12	4	128	23.1	124			19	24	56
	15	4	122	23.1	119			18	23	51
	18	4	126	23.1	119			16	46	44
	21	32	172	23.1	91			16	68	35
23	0	32	339	23.1	91			15	178	29
	3	32	107	23.1	91			13	218	10
	6	32	105	23.1	92			12	181	7
	9	0	57	17.3	86			11	99	12

注:襄白马区间为襄城—白龟山—马湾闸区间,马何漯区间为马湾闸—何口—漯河区间。

典型年法根据不同典型年各分区的设计洪量和典型洪水过程,按设计最大 7 d 洪量与典型年最大 7 d 洪量倍比 $W_{7设}/W_{7典}$ 放大出不同频率的各分区最大 15 d 设计洪水过程。同频率法按各分区洪水设计值,用所选典型过程分别进行放大。区间相应洪水采用如下方法计算:先将前坪、襄城设计洪水按典型放大出设计洪水过程,前坪设计洪水过程演进到襄城,用襄城的设计洪水过程减前坪设计洪水演进过程,直接得到区间相应洪水过程。前襄区间相应洪水也采用同样方法计算。

2.4.3.2　漯河以上设计洪水组成

1. 分区组成

漯河以上分为澧河、沙河本干、北汝河和襄（襄城）白（白龟山）何（何口）漯（漯河）区间四个区。漯河以上洪水组合采用典型洪水组成法和同频率洪水组成法。从实测资料中选择4年有代表性的大洪水作为典型洪水，分别代表暴雨中心偏于澧河（1975年、2000年）、沙河本干（1957年）和北汝河（1982年）的情况，不同典型年各分区的洪水过程见表2-40～表2-43，漯河以西四种典型洪水的面分布系数见表2-44。以防洪控制断面漯河的设计洪量作为控制，按典型洪水的各分区洪量组成比例，计算出各分区相应的设计洪量。

表2-44　漯河以西4种典型洪水的面分布系数

分区	控制面积/km^2	1957年典型		1975年典型		1982年典型		2000年典型	
		$W_{15\,d}$/亿 m^3	面分布系数	$W_{15\,d}$/亿 m^3	面分布系数	$W_{15\,d}$/亿 m^3	面分布系数	$W_{15\,d}$/亿 m^3	面分布系数
下汤以上	820	2.987	0.127	4.158	0.104	3.046	0.123		
下昭区间	610	1.889	0.080	1.575	0.039	2.066	0.083		
昭平台以上	1 430	4.876	0.207	5.733	0.143	5.112	0.206	3.16	0.131
昭白区间	1 310	5.191	0.220	3.237	0.081	1.726	0.070	4.31	0.178
白龟山以上	2 740	10.067	0.427	8.97	0.224	6.838	0.276	7.47	0.309
襄城以上	5 432	6.855	0.291	8.118	0.201	10.733	0.434	4.022	0.166
孤石滩以上	286	0.536	0.023	2.11	0.053	0.469	0.019	1.34	0.055
官寨以上	1 124	2.812	0.119	11.13	0.277	2.241	0.090	5.32	0.220
孤官何区间	714	0.959	0.041	3.861	0.096	1.046	0.042	2.69	0.111
何口以上	2 124	4.307	0.183	17.101	0.426	3.756	0.151	9.35	0.386
襄白何漯区间	2 046	2.326	0.099	5.997	0.149	3.441	0.139	3.35	0.138
漯河以上	12 580	23.57	1	40.12	1	24.8	1	24.2	1

2. 漯河以上各站设计洪水复核

通过河南省水利勘测设计研究有限公司编制的《河南省干江河燕山水库初步设计报告》（2005年10月）（资料系列到2000年）与中水淮河工程有限责任公司编制的《沙颍河近期治理工程可行性研究报告》（2004年11月）（资料系列到1997年）成果比较，两种系列襄城、白龟山、漯河三站矩法计算的洪量均值大多相差在±4%以内，中水淮河规划设计研究有限公司频率适线采用均值比计算均值提高了5%～10%，为保持流域防洪规划成果的协调，本次复核后，襄城站、白龟山站、何口站及漯河站的设计洪水参数采用《沙颍河近期治理工程可行性研究报告》设计成果，见表2-45。

表 2-45 漯河以上各站设计洪水成果

站名	项目		$W_{24\ h}$	$W_{3\ d}$	$W_{7\ d}$	$W_{15\ d}$
何口	采用均值/亿 m^3		0.736	1.16	1.4	1.85
	C_v		1.2	1.15	1.1	1
	C_s/C_v		2.5	2.5	2.5	2.5
	各重现期设计洪量/亿 m^3	100 年	4.32	6.51	7.47	8.98
		50 年	3.53	5.34	6.17	7.5
		20 年	2.51	3.84	4.49	5.58
		10 年	1.78	2.76	3.27	4.17
襄城	采用均值/亿 m^3		0.82	1.6	2.24	3.03
	C_v		1	1	1	0.95
	C_s/C_v		2.5	2.5	2.5	2.5
	各重现期设计洪量/亿 m^3	100 年	3.98	7.75	10.86	13.91
		50 年	3.32	6.48	9.08	11.69
		20 年	2.47	4.82	6.76	8.80
		10 年	1.85	3.60	5.05	6.66
白龟山	采用均值/亿 m^3		1.36	2.04	2.76	3.49
	C_v		0.85	0.85	0.8	0.8
	C_s/C_v		2.5	2.5	2.5	2.5
	各重现期设计洪量/亿 m^3	100 年	5.59	8.4	10.75	13.56
		50 年	4.76	7.15	9.22	11.63
		20 年	3.67	5.51	7.19	9.07
		10 年	2.85	4.28	5.65	7.13
漯河	采用均值/亿 m^3		2.36	4.17	6.44	9.25
	C_v		0.9	0.9	0.9	0.85
	C_s/C_v		2.5	2.5	2.5	2.5
	各重现期设计洪量/亿 m^3	100 年	10.31	18.18	28.08	38.11
		50 年	8.72	15.38	23.76	32.45
		20 年	6.64	11.72	18.09	25.01
		10 年	5.09	8.98	13.86	19.41

2.5 坝下水位-流量关系

2.5.1 基本资料

前坪水库坝址处没有水位、流量观测资料，是根据紫罗山站的河床糙率、比降及紫罗山站—前坪坝址河道纵横断面资料推算的。河道断面资料采用河南省水利勘测设计研究有限公司 2012 年 9 月测量的结果。

2.5.2 紫罗山站水位-流量关系线

紫罗山站水位-流量关系线采用 2002 年 9 月淮河水利委员会编制的《淮河流域淮河水系实用水文预报方案》中的成果。

紫罗山站水位-流量关系见表 2-46 和图 2-58。

表 2-46 紫罗山站水位-流量关系

水位/m	流量/(m^3/s)	水位/m	流量/(m^3/s)
290.50	450	292.75	3 380
290.75	620	293.00	3 810
291.00	860	293.25	4 250
291.25	1 130	293.50	4 690
291.50	1 460	293.75	5 150
291.75	1 810	294.00	5 600
292.00	2 180	294.25	6 040
292.25	2 570	294.50	6 480
292.50	2 970	294.75	6 930

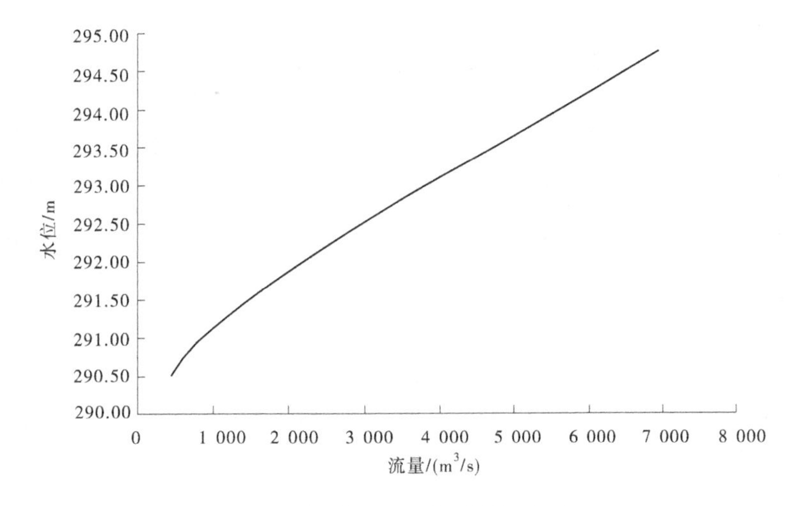

图 2-58 紫罗山站水位-流量关系曲线

2.5.3　坝址水位-流量关系线

2.5.3.1　推算方法

天然河道的过水断面形状、面积、流量、流速等随流程和时间而变化，属非恒定流，将其简化为非均匀恒定流，采用以下能量方程式计算：

$$Z_1 + \frac{\alpha_1 v_1^2}{2g} = Z_2 + \frac{\alpha_2 v_2^2}{2g} + h_w$$

式中　Z_1、Z_2——上下游水位，m；

v_1、v_2——上下游断面平均流速，m/s；

α_1、α_2——上下游断面的动能校正系数，均取 1.0；

h_w——两断面间的水头损失。

其中，h_w 的计算采用以下公式：

$$h_w = \frac{Q^2 \Delta L (K_1^2 + K_2^2)}{2(K_1^2 K_2^2)} + \xi \frac{v_1^2 - v_2^2}{2g}$$

式中　Q——流量，m^3/s；

ΔL——河段长度，m；

K_1、K_2——上下游断面的流量模数；

ξ——局部水头损失系数，在收缩河段取 0.1，在扩散河段取 0.3。

主槽的糙率 $n=0.035$，边滩的糙率 $n=0.045$。

根据紫罗山的实测大断面资料进行分析计算，紫罗山资料推求的主槽糙率为 0.034 8，边滩糙率为 0.045 2。

2.5.3.2　计算成果

水面曲线计算成果见表 2-47 和图 2-59，推算起点为紫罗山站，起点桩号 0+000，前坪水库坝轴线处河道桩号 15+000，使用时可以根据工程断面与坝轴线的距离进行内插。

表 2-47　前坪水库坝址水位-流量关系曲线

水位/m	流量/(m^3/s)	水位/m	流量/(m^3/s)
341.00	387	344.00	2 850
341.25	487	344.25	3 180
341.50	624	344.50	3 550
341.75	770	344.75	3 930
342.00	942	345.00	4 370

续表 2-47

水位/m	流量/(m^3/s)	水位/m	流量/(m^3/s)
342.25	1 130	345.25	4 950
342.50	1 340	345.50	5 620
342.75	1 560	346.00	7 025
343.00	1 790	346.50	8 482
343.25	2 020	347.00	10 008
343.50	2 280	347.50	11 593
343.75	2 560	348.00	13 244

注:高程系统为 1985 国家高程基准。

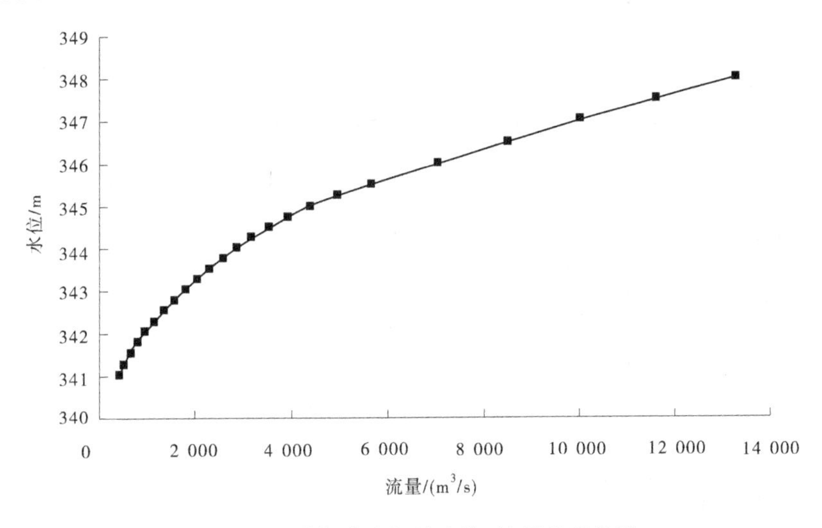

图 2-59　前坪水库坝址水位-流量关系曲线

2.6 泥　沙

2.6.1 悬移质输沙量

紫罗山站控制流域面积 1 800 km^2,自 1957~2010 年共有 54 年的泥沙观测资料。前坪水库坝址的年输沙量采用坝址下游 16.5 km 处的紫罗山站的泥沙观测资料。

1957~2010 年前坪水库的年输沙量,采用紫罗山站的年输沙模数乘以前坪坝址控制面积求得,各年的输沙量及多年平均输沙量见表 2-48。

统计结果表明,前坪水库坝址年最大输沙量为 973.9 万 t,出现在 1982 年;年最小输沙量0.4万t,出现在2009年;多年平均悬移质输沙量为101.11万t。

表2-48 前坪水库年输沙量系列

年份	年输沙量(紫罗山站)/万t	输沙模数(紫罗山站)/(t/km²)	年输沙量(前坪水库)/万t	年份	年输沙量(紫罗山站)/万t	输沙模数(紫罗山站)/(t/km²)	年输沙量(前坪水库)/万t
1957	168.2	934.44	123.8	1985	68.5	380.6	50.4
1958	426.2	2 367.78	313.7	1986	13.4	74.4	9.9
1959	100.8	560.00	74.2	1987	12.1	67.2	8.9
1960	44.6	247.78	32.8	1988	238.9	1 327.2	175.9
1961	195.1	1 083.89	143.6	1989	22.4	124.4	16.5
1962	337.2	1 873.33	248.2	1990	53.6	297.8	39.5
1963	196.4	1 091.11	144.6	1991	13.3	73.9	9.8
1964	292.0	1 622.22	214.9	1992	18.3	101.7	13.5
1965	56.6	314.44	41.7	1993	1.0	5.6	0.7
1966	21.4	118.89	15.8	1994	116.8	648.9	86.0
1967	315.4	1 752.22	232.2	1995	47.6	264.4	35.0
1968	182.6	1 014.44	134.4	1996	91.9	510.6	67.6
1969	154.6	858.89	113.8	1997	1.3	7.2	1.0
1970	134.0	744.44	98.6	1998	12.3	68.3	9.1
1971	66.5	369.44	49.0	1999	6.2	34.4	4.6
1972	10.8	60.00	8.0	2000	36.7	203.9	27.0
1973	413.6	2 297.78	304.5	2001	7.7	42.8	5.7
1974	116.1	645.00	85.5	2002	15.6	86.7	11.5
1975	740.8	4 115.56	545.3	2003	27.7	153.9	20.4
1976	58.1	322.78	42.8	2004	24.6	136.7	18.1
1977	201.7	1 120.56	148.5	2005	50.9	282.8	37.5
1978	190.2	1 056.67	140.0	2006	1.9	10.6	1.4

续表 2-48

年份	年输沙量（紫罗山站）/万 t	输沙模数（紫罗山站）/（t/km²）	年输沙量（前坪水库）/万 t	年份	年输沙量（紫罗山站）/万 t	输沙模数（紫罗山站）/（t/km²）	年输沙量（前坪水库）/万 t
1979	93.8	521.11	69.0	2007	10.1	56.1	7.4
1980	55.4	307.78	40.8	2008	1.3	7.2	1.0
1981	23.7	131.67	17.4	2009	0.6	3.3	0.4
1982	1 323.0	7 350.00	973.9	2010	151.3	840.6	111.4
1983	369.7	2 053.89	272.1	合计	7 417.6		5 460.2
1984	83.1	461.67	61.2	平均	137.4		101.11

2.6.2　推移质输沙量

前坪水库坝址附近无实测推移质资料，所以只能采用经验公式间接估算推移质年输沙量。采用悬移质和推移质的经验关系计算：

$$W_t = \beta W_x$$

式中　W_t——推移质输沙量；

W_x——悬移质输沙量；

β——推移质与悬移质输沙量比值，前坪水库流域属山丘区，选用 $\beta = 0.2$（一般为 0.1～0.3，靠近山区取大值，接近平原取小值）。

由此计算得前坪水库推移质年输沙量为 20.22 万 t。

2.6.3　年输沙量

前坪水库坝址年输沙量为悬移质输沙量与推移质输沙量之和，多年平均悬移质输沙量为 101.11 万 t，推移质输沙量为 20.22 万 t，故年输沙量为 121.33 万 t。

本次初设泥沙计算，采用紫罗山站 1957～2010 年共 54 年的泥沙观测资料，年输沙量为 121.33 万 t，与可研阶段计算成果一致。

2.7　水面蒸发量

前坪水库水面蒸发量，根据紫罗山站和孤石滩站蒸发资料计算求得。紫罗山站有 1973 年 7 月至 1977 年 12 月、1978 年 6 月至 1989 年 12 月、1996 年 1 月至 1997 年 12 月、1999 年 1 月至 2010 年 12 月蒸发资料，与其下游相邻的孤石滩站有自 1952 年至 2010 年的蒸发资料。紫罗山站缺测水面蒸发量采用孤石滩站插补。

将紫罗山站和孤石滩站 80 cm 口径套盆蒸发皿观测的蒸发量换算为 E601 型蒸发皿观测的蒸发量,再将 E601 型蒸发皿蒸发量换算为水面蒸发量。80 cm 蒸发皿换算为 E601 型蒸发皿的折算系数及 E601 型蒸发皿换算水面蒸发量系数,采用"河南省水库站各种蒸发皿换算水面蒸发量系数表"查得。

本次计算采用的两种蒸发皿水面蒸发量换算系数见表 2-49。经过蒸发皿换算系数改正后得到前坪水库水面蒸发量,前坪水库 1973~2010 年水面蒸发量见表 2-50。

经计算,前坪水库多年平均蒸发量为 957 mm,多年平均月最大蒸发量出现在 6 月,为 124.3 mm,月最小蒸发量出现在 1 月,为 38.6 mm。

根据紫罗山站 1973~2010 年蒸发资料计算,求得前坪水库多年平均水面蒸发量 957 mm。由紫罗山站 1973~2010 年降雨量和径流量计算,前坪水库多年平均降雨量 761.7 mm 和多年平均径流量 228.5 mm,求得前坪水库多年平均陆面蒸发量为 533.2 mm。

由多年平均水面蒸发量 957 mm 减去多年平均陆面蒸发量 533.2 mm,求得前坪水库建库后多年平均库面增加的蒸发损失量为 423.8 mm。

本次初设蒸发量计算,采用紫罗山站 1973~2010 年共 38 年的蒸发资料,与可研阶段采用系列一致,计算成果一致。

表 2-49 蒸发皿水面蒸发量换算系数

月份	全省综合 K	
	E601/EΦ80	E3 m^2/E601
1	0.91	0.90
2	0.83	0.92
3	0.79	0.92
4	0.78	0.92
5	0.75	0.94
6	0.77	0.94
7	0.74	0.97
8	0.81	0.94
9	0.90	0.92
10	0.89	0.91
11	0.96	0.83
12	0.98	0.87
年均	0.84	0.92

表 2-50　前坪水库水面蒸发量

单位:mm

年份	1月	2月	3月	4月	5月	6月	7月	8月	9月	10月	11月	12月	全年
1973	20.5	25.3	44.6	57.4	47.9	84.8	112.4	154.1	109.6	86.6	117.8	114.8	975.8
1974	43.6	42.2	95.9	166.8	150.6	156.1	148.9	124.8	103	73	58.9	36.2	1 200
1975	65.2	61.6	112.7	104.1	133.2	148.9	115.8	124.2	74.3	50.1	66.8	51.3	1 108.2
1976	87.6	43.2	87.4	93.5	138.1	148.6	121.1	99.6	97.1	86.4	72.2	89.6	1 164.4
1977	26.7	69.1	123.1	116.1	112.4	172.5	127.5	111.8	121.7	95	69.7	56.4	1 202
1978	36.7	25.4	53.8	108.6	122.7	152.7	97.9	129	119	98.6	42.3	55.2	1 041.9
1979	52.7	58.4	78.1	71	148.2	173.9	109.7	103.5	58.6	121.8	87.2	37.9	1 101
1980	49.1	44.2	43.8	86	129.1	90.8	86.1	91.4	85.3	75.3	65.3	95.6	942
1981	51.3	50.6	101.4	118.8	184	151.2	111.7	84.9	79.7	93.2	52.5	63.3	1 142.6
1982	45	30	51.2	116.4	175.9	151.8	120.4	73.7	73.7	69.1	58.2	78.1	1 043.5
1983	47.1	63.8	84.7	121.2	94.5	106.1	92.2	84.9	70.9	46.5	69.1	62.4	943.4
1984	51.6	45.3	88.7	90	118.6	125.9	119.7	136.2	67	98.1	48.5	33.7	1 023.3
1985	31.5	40.3	68	134	101.9	134.4	137.3	113.4	57.2	54.5	80.2	51.5	1 004.2
1986	47.3	62.6	78.4	121.5	144.3	146	125.9	124.8	99.2	74.4	47.8	33	1 105.2
1987	45.1	46	52.6	95.2	93.4	85.4	120.5	115.1	100.7	60.2	44.1	45.2	903.5
1988	43.7	39.5	63.7	121.5	86.7	137.1	89.6	69.5	74.7	63.6	84.9	45.4	919.9
1989	24.1	38.3	81.6	83.2	94	90.3	68.6	56.1	70.9	74.4	47.3	26.2	755
1990	11.8	16.5	43.7	72.8	89.2	94.1	101.3	88.6	79.4	72.3	40.7	37.1	747.5
1991	23.6	32.3	37.4	83.1	83.4	84.8	121.7	87	74	83	45.1	31.8	787.2
1992	30.2	50.5	33.2	96.4	97.9	117.9	140.5	95.1	62	62.6	49	37.1	872.4

续表 2-50

年份	1月	2月	3月	4月	5月	6月	7月	8月	9月	10月	11月	12月	全年
1993	37.3	36.9	51.5	94.7	85.4	104.2	103.2	73.5	66.2	90.8	70.2	50	863.9
1994	51.9	34.9	78	64.6	116.4	104.1	104.3	81.9	77.4	61.2	55	56.9	886.6
1995	19.3	21.3	46.7	73	111.5	126.1	115.1	73.8	67.2	54.5	53.7	33.4	795.6
1996	32.8	40.8	58.3	79.1	111.6	116	86	91.9	56.5	55	33.6	54.5	816.1
1997	12.4	16.2	46.4	77.3	101.1	119.9	102.5	148.4	95.8	93.3	44	19.7	877
1998	32.4	33.9	42.7	66.3	62.2	100.9	85.4	67.2	81.3	71.1	53.2	21.1	717.7
1999	48.2	57.8	47.3	70.1	92.7	75.7	107.2	115.1	83.7	34.3	50	43.8	825.9
2000	21.7	39.2	95.5	132.2	153.6	116	104.2	93.6	72.7	51.9	39.7	54.9	975.2
2001	26.8	39.4	88.2	85.4	128.6	108.9	110.9	91.9	81.5	61.2	62.5	11.8	897.1
2002	55.4	65.1	100.4	101.3	93.5	130.8	129.9	116.4	113.5	102.6	71.6	25.2	1 105.7
2003	38.3	35.1	50.9	81.7	106.2	125.3	79.8	68.4	65.2	73	45.3	51.9	821.1
2004	44.3	70.9	83.3	117.1	148.4	139.8	130.6	84.7	77.2	76.2	58	31.2	1 061.7
2005	27.8	27.3	83.7	109.1	116.2	132.6	83.8	84.6	71.4	73.2	61.8	49.2	920.7
2006	25	37.7	95.2	84.5	117.7	152.5	88.2	93.2	76.3	80.5	59.3	35.7	945.8
2007	47.7	39.4	65	112.2	173.9	105.8	90.5	98.2	101.8	62	57.5	42.3	996.3
2008	21.9	61.9	97.6	91.7	145.4	135.6	101.4	119.9	79.6	73.5	63.8	57.8	1 050.1
2009	46	30.5	71.4	99.3	121.3	153.1	110.1	90.1	61.1	72.3	36.8	35.4	927.4
2010	43.4	26	61.4	81.9	99.4	122.9	96.3	99.1	58	73.4	68.7	71.1	901.6
合计	1 467	1 599.4	2 687.5	3 679.1	4 431.1	4 723.5	4 098.2	3 759.6	3 064.4	2 798.7	2 232.3	1 827.7	36 368.5
平均	38.6	42.1	70.7	96.8	116.6	124.3	107.8	98.9	80.6	73.7	58.8	48.1	957

2.8　水文自动测报系统

2.8.1　流域水文、气象现状及站网和站点情况

前坪水库位于淮河流域沙颍河支流北汝河上游河南省洛阳市汝阳县县城以西9 km的前坪村附近。本流域处于北温带向亚热带过渡区,属暖温带大陆性季风气候,气候变化受季风及地形特征的影响,光照充足,气候温和,四季分明,年平均气温14 ℃,年均降雨量761.7 mm,全年无霜期220 d。降雨量年际变化大,最大年降雨量为最小年降雨量的4倍,年内分配不均,汛期(6~9月)的降雨量占全年的60%左右,每年汛期洪水峰高量大。水库以上山区是沙颍河洪水主要来源地之一。区域内主要河流为北汝河,为常年流水河流,旱季流量小,雨季流量猛增,紫罗山站实测最大流量7 050 m^3/s,多年平均流量15.1 m^3/s。

前坪水库坝址以上现有10个雨量站和1个水位站,雨量站:孙店、龙王庙、两河口、蝉螳、木植街、黄庄、排路、沙坪、付店、十八盘(见图2-60),水位站:娄子沟。现有的10个雨量站和水位站雨水情全部实现自动测报,报汛站雨量、水位全部采用数据自动采集、长期自记、固态存储、数字化自动传输技术,以提高观测精度和时效性。

图2-60　前坪水库报汛站站网分布

2.8.2　建设前坪水库水文测报系统的必要性

水文工作是水利工作的基础，根据国家计委、财政部和水电部联合下发的《关于加强水文工作意见的函》(〔87〕水电水文字第2号)，水文工作是水利电力及一切与水资源有关联的国民经济建设必须的前期工作的基础工作，是防汛抗旱、水资源规划、开发、管理、运用和保护的"耳目和尖兵"。北汝河流域及其所属沙颍河流域的防洪和水资源问题非常突出，因此水文工作十分重要。同时，水利部在水文〔2000〕336号《关于加强水文工作的若干意见》中强调：各地要从以下几个方面做好工作，切实解决水文设施建设问题：①做好水文行业发展规划，并纳入水利发展总体规划和年度计划。②要继续贯彻落实1987年国家计委、财政部、水电部联合下发的《关于加强水文工作意见的函》的要求，在水利基本建设经费中划出一定比例用于水文基础设施建设。③在编制水利工程建设计划时，必须包含水文项目，新建、改建水利工程必须包括水文站、水文设施、信息网络等建设和改造，其前期工作要同步进行，要抓紧制定水文设施建设标准。

水文测报基础设施是水利枢纽工程项目不可缺少的重要组成部分，前坪水库水文站按国家级重要水文站设置，其测报设施将担负向国家防总、淮河防总、河南省防汛指挥部和洛阳、平顶山等市、县防汛指挥部报汛的重要任务；对水库的安全运行、防汛调度决策、水资源可持续利用和沙颍河流域洪水的调度、蓄滞洪区的运用等都具有重要的作用。

水库承担着向汝阳等城市生产和生活供水及水库灌区供水任务，保证水库供水水质符合目标要求是水库供水安全的重要目标之一。根据河南省人民政府豫政〔2002〕5号《关于加强水文工作的通知》精神，河南省水文水资源局是在省水行政主管部门领导下行使全省水文行业管理的职能机构，负责江河湖库水质和入河排污口监测等水环境评价工作。按照河南省水环境监测规划，水库水质监测工作的建设要求是对入、出库水体的水质进行全面监测和实时动态监测，并在水量水质并重的基础上，提出年度水质评价报告。水质在线监测设备建成以后，运行费由前坪水库管理局解决。

水文是防汛、抗旱的"耳目"，水库建设与水文信息服务密不可分，水文建设将对水库安全运行、防汛调度决策、水资源可持续发展发挥积极的作用。因此，水文建设应与水库建设同步进行。

2.8.3　建设目标与任务

2.8.3.1　建设目标

根据前坪水库工作的需要，建设的总目标是以水利部近十年来制定和颁布的一系列关于水库雨水情信息自动化采集系统建设的规定、规范、通则和规则标准为依据，以实时采集雨水情信息并传输到省中心、分中心进行查询和分析为目的，将数据采集技术、现代通信技术、计算机网络技术、数据库技术、地理信息技术和信息分析技术与水文需求紧密结合，建成一个先进实用、高效可靠、自动化程度高的水文测报系统，达到雨水情信息的采集自动化、传输网络化、处理标准化、分析科学化，有效地提高雨水情信息采集、传输、处理、分析的准确性、时效性及可靠性,更好地为省厅及水库各部门的调度决策和指挥抢险救灾提供科学依据。

2.8.3.2 建设任务

为满足水库正常运行,水文配套建设分为站网建设和遥测自动测报系统建设两部分。水文站网建设包括水库上游入库河道上设入库水文站1处(沙沟水文站),库区设立前坪水文站1处(包括坝上、坝下两个测验断面)。入库沙沟水文站的观测任务包括雨量、水位、流量、泥沙、水温、冰情等。前坪水文站坝上测验断面观测任务包括雨量、水位、蒸发、水质、墒情、水温等,其中水质监测设备与投资计入环境保护投资。前坪水文站坝下测验断面的观测任务包括渠道、河道、溢洪道的水位、流量等。

2.8.4 水情预测方案

前坪水库坝址以上流域面积1 325 km²,为多年调节水库,水情预测需对洪水洪峰流量和洪水过程进行预报,水情预测方案初拟采用以新安江模型为主的洪水预报方案。

2.8.5 流域内站网布设

2.8.5.1 前坪水库坝址以上流域内站网布设

1. 前坪水库坝址以上流域内站网现状

目前,水文部门在前坪水库坝址以上流域内共设有10个雨量站、1个水位站,其中报汛雨量站有5处:孙店、龙王庙、两河口、黄庄、付店,非报汛雨量站有5处:蝉螳、木植街、排路、沙坪、十八盘,水位站1处为娄子沟站,水库建成以后娄子沟站将被淹没。

2. 前坪水库坝址以上流域内站网布设及建设方案

前坪水库控制流域面积1 325 km²,为了满足水库防汛工作的需要,在充分考虑流域地形、暴雨分布、暴雨特性、河网分布等特性的基础上,按以下原则布设站网:①密度大致以80 km²左右布设一个雨量站;②尽量使雨量站网均匀分布;③充分利用水文部门现有雨量站。

经过分析,在水文部门原有站网的基础上,需要再设立栗树街、上铺、麦沟口、虎尾岭、沙沟、前坪6个遥测雨量站。以前建的10个遥测站因已运行多年,遥测设备需要更新。

2.8.5.2 前坪水库自动测报站网总体建设方案

雨量报汛站16个,分别为:孙店、龙王庙、两河口、蝉螳、木植街、排路、沙坪、付店、黄庄、十八盘、栗树街、上铺、麦沟口、虎尾岭、前坪、沙沟。其中,前坪、沙沟为水文站,既有雨量也有水位,其他14个站为单纯的雨量站。2007年国家防汛指挥系统已经建成孙店、龙王庙、两河口、黄庄、付店5个遥测雨量站;蝉螳、木植街、排路、沙坪、十八盘5个为已有的非报汛雨量站,2012年已改为遥测报汛雨量站;另需新设栗树街、上铺、麦沟口、虎尾岭、沙沟、前坪6个遥测雨量站。因新设的遥测雨量站大部分都位于山区,在施工之前要先进行通信信号测试,如果通信信号不好,要迁移到附近信号好的地方。

水位报汛站4处,分别为前坪水库坝上、坝下河道、电站、沙沟站。坝下河道、电站、沙沟站要建自记水位井,高度约8 m。

前坪水库至襄城县区间有19个雨量站、4个水文站、1个水位站。水文站:紫罗山、汝州、许台、大陈闸,水位站:郏县。为了做好前坪水库至大陈闸水文站区间洪水预报任务,需更换前坪水库至大陈闸水文站区间的汝州和大陈闸水文站的遥测设备2套。各站均建有雨水情自动测报系统,所有遥测信息传送至省水情中心后,再发到各地市,各地市的遥测数据可以实现信息共享。北汝河区域报汛站统计见表2-51。

表2-51 北汝河区域报汛站统计

序号	区域	站名	站类	报汛项目	序号	区域	站名	站类	报汛项目
1	前坪水库以上	孙店	雨量站	雨量	22	前坪水库至襄城区间	紫罗山	水文站	雨量、水位
2		龙王庙	雨量站	雨量	23		汝州	水文站	雨量、水位
3		两河口	雨量站	雨量	24		许台	水文站	雨量、水位
4		蝉螳	雨量站	雨量	25		临汝镇	雨量站	雨量
5		木植街	雨量站	雨量	26		夏店	雨量站	雨量
6		黄庄	雨量站	雨量	27		寄料街	雨量站	雨量
7		排路	雨量站	雨量	28		蟒川	雨量站	雨量
8		沙坪	雨量站	雨量	29		棉花窑	雨量站	雨量
9		付店	雨量站	雨量	30		大泉	雨量站	雨量
10		十八盘	雨量站	雨量	31		大峪店	雨量站	雨量
11		栗树街	雨量站	雨量	32		韩店	雨量站	雨量
12		上铺	雨量站	雨量	33		襄城	雨量站	雨量
13		麦沟口	雨量站	雨量	34		小河	雨量站	雨量
14		虎尾岭	雨量站	雨量	35		老虎洞	雨量站	雨量
15		沙沟	水文站	雨量、水位	36		郏县	水位站	雨量、水位
16		前坪	水文站	雨量、水位	37		大陈闸	水文站	雨量、水位
17		前坪(坝下)	水文站	水位	38		龙兴寺	雨量站	雨量
18		前坪(电站)	水文站	水位	39		大营	雨量站	雨量
19	前坪水库至襄城区间	秦亭	雨量站	雨量	40		河陈	雨量站	雨量
20		三屯	雨量站	雨量	41		宝丰	雨量站	雨量
21		玉马	雨量站	雨量	42		刘武店	雨量站	雨量

2.8.6 通信方式与组网方案

根据现有通信状况及可利用的通信资源,结合前坪水库的自然条件和实际情况,经过对多种信道的可靠性、经济性、实用性、投资、运行管理的调查分析和比选,经GPRS(通用无线分组业务)、GSM(全球移动通信系统)短信息、PSTN(公用电话交换网)、北斗卫星等通信方式比较,采用GSM作为信息传输信道,所有新建站安装位置均有公网信号,使用

GPRS 作为数据传输方式,GSM-SMS 作为命令和数据传输的备用方式,在 GSM-GPRS 功能出现故障时,遥测终端自动切换到 GSM-SMS 方式,数据发送采用一报双发。

雨水情自动测报系统由 1 个中心站、16 处报汛站构成,采用公用通信组网方案。所有报汛站的遥测信息通过 GSM-GPRS 同时传向水库中心站、省水情中心,主信道发生故障时自动切换到 GSM-SMS 备用信道,利用 GSM-SMS 信道传向水库中心站,再利用水利信息网发送到省水情中心。

2.8.7　土建工程和设备配置

2.8.7.1　水文站网建设

水文站网建设包括水库上游入库河道上设入库水文站 1 处(沙沟水文站),库区设立前坪水文站 1 处(包括坝上、坝下两个测验断面)。沙沟水文站的观测任务包括雨量、水位、流量、泥沙、水温、冰情等。前坪水文站坝上测验断面观测任务包括雨量、水位、蒸发、水质、墒情、水温等。前坪水文站坝下测验断面的观测任务包括渠道、河道、溢洪道的水位、流量等。前坪水文站、沙沟水文站属国家基本水文站,测验项目较为齐全,按照《水文基础设施建设及技术装备标准》(SL/T 276—2022),前坪水文站人员编制 6 人,沙沟水文站人员编制 3 人。

具体建设内容见表 2-52,具体配置见表 2-53。

表 2-52　前坪水库建设项目

序号	工程名称	数量	说明
1	测验断面基础设施	3 套	沙沟巡测水文站和前坪水库坝上、坝下河道
2	雷达式水位计桩	1 套	前坪水文站坝上
3	水位自记井	3 座	前坪水文站坝下渠道、坝下河道、沙沟水文站各 1 座
4	桥测车及测流设备	1 套	沙沟水文站、前坪水库坝下河道测流
5	无线走航式 ADCP	1 台	用于沙沟水文站、坝下渠道和溢洪道测流
6	标准降水量观测场	2 处	前坪水文站、沙沟水文站
7	水位无线远传接收系统	4 套	接收并入国家水文信息网
8	沙沟水文站站房建设	230 m^2	框架结构
9	前坪水文站站房建设	335 m^2	框架结构
10	供水、供电、通信设施	2 套	前坪水文站、沙沟水文站
11	其他附属设施	2 套	前坪水文站、沙沟水文站
12	水文仪器配置	2 套	前坪水文站、沙沟水文站
13	办公设备	2 套	前坪水文站、沙沟水文站

表 2-53　水文站及水位站配置

序号	设备名称	数量	说明
1	数据采集终端 DH	1 台	强固机箱及附件等,含固态存储器
2	人工置数器	1 台	含 4 行显示
3	卫星终端	1 套	卫星天线,电子单元,电源及附件
4	信号避雷器	1 只	
5	太阳能电池板	1 只	30 W
6	电池及电池箱	1 只	65 Ah
7	充电控制器	1 台	
8	水位计	1 台	
9	翻斗式雨量计	1 只	0.5 mm

2.8.7.2　遥测自动测报系统建设

1. 雨量站

(1)将原人工观测雨量设备全部更新为翻斗式雨量计。

(2)凡有雨量观测项目的站全部配备数据采集终端机(含固态存储功能),同一点位有水位观测的站点与水位采集终端机共享。

(3)建设太阳能电池供电系统。具体配置见表 2-54。

表 2-54　遥测雨量站系统配置

序号	设备名称	数量	说明
1	自动雨量计 JDZ05-1	1 套	
2	数据采集终端 DH	1 台	强固机箱及附件等,含固态存储器
3	报警显示装置	1 套	音响报警
4	人工置数器	1 台	含 4 行显示
5	GSM-GPRS 通信设备	1 套	
6	北斗卫星通信设备	1 套	
7	20 W 太阳能电池及支架	1 套	
8	蓄电池 38 Ah	1 组	
9	充电控制器	1 套	
10	线缆及附件	1 套	

2. 水位站

(1)配备相应的自动式水位计。

(2)凡是有水位观测项目的站全部配备数据采集终端机,与雨量数据采集终端机应尽量共享。

(3)建设太阳能电池供电系统。具体配置见表2-55、表2-56。

表2-55　遥测水位站系统配置

序号	设备名称	数量	说明
1	水位计(雷达式)	1套	80 m量程
2	水位计(浮子式)	1套	80 m量程
3	数据采集终端DH	1台	强固机箱及附件等,含固态存储器
4	报警显示装置	1套	音响报警
5	人工置数器	1台	含4行显示
6	GSM-GPRS通信设备	1套	
7	北斗卫星通信设备	1套	
8	20 W太阳能电池及支架	1套	
9	蓄电池38 Ah	1组	
10	充电控制器	1套	
11	线缆及附件	1套	

表2-56　遥测雨量水位站系统配置

序号	设备名称	数量	说明
1	自动雨量计JDZ05-1	1套	
2	水位计(气泡式)	1套	80 m量程
3	数据采集终端DH	1台	强固机箱及附件等,含固态存储器
4	报警显示装置	1套	音响报警
5	北斗卫星通信设备	1套	
6	30 W太阳能	1套	
7	蓄电池65 Ah	1组	
8	充电控制器	1套	
9	线缆及附件	1套	

3. 中心站

中心站通过卫星通信系统接收水库流域雨量及水位监测的信息,GSM通信线路作为主数据传输信道。系统总体构架拟采用10/100 M快速以太网技术,Windows 2003网络操作平台,以Client\Server方式组建信息化网络系统,为水文测报系统业务软件提供安全、稳定、可靠的平台。水库管理局分中心站系统配置见表2-57。

表 2-57 水库管理局分中心站系统配置

序号	设备名称	数量	说明
1	服务器	2 台	
2	交换机	1 台	S2700
3	卫星终端	1 套	卫星天线,电子单元,电源及附件
4	信号避雷器	1 只	
5	路由器	1 台	USG2205BSR
6	工作台	1 套	含 6 把椅子
7	交流电源防雷箱	1 只	
8	UPS 电源	1 台	5 kVA/4h
9	设备机柜	1 个	2 M 标准
10	水情信息显示屏	1 块	46 in
11	维护用笔记本电脑	1 套	I7-2 640 M

第 3 章　工程地质

3.1　区域地质概况

3.1.1　地形地貌

本区处于豫西山地,山势西高东低,呈扇形向东展开,海拔一般 500~2 000 m,最高峰约 2 500 m。区域内主要河流有洛河、伊河、北汝河,受地质构造的影响,河流走向呈北东向。区内冲沟发育,具有切割深、延伸长的特点。

水库位于淮河流域沙颍河支流北汝河上游,流域内水系呈羽状。北汝河发源于豫西伏牛山区嵩县外方山跑马岭,主河道长 250 km。北汝河大致呈东西走向,西南高、东北低。在汝阳紫罗山以上属于山区河道,河道宽 200~1 000 m,河床质为卵石夹砂,河床比降 1%~0.33%;紫罗山至襄城段为低山丘陵区,河槽骤然变宽,河道最大行洪宽度为 2 000 m,河床质为卵石夹砂,河床比降 0.30%~0.17%;襄城以下为平原区,河道变窄,最窄处仅有 100~200 m,河床内主要为砂,河道比降平缓,河身弯曲。

整个流域地貌按其成因分为构造剥蚀地貌和堆积地貌两大类。其中,剥蚀地貌为中、低山,堆积地貌由冲洪积扇裙、阶地及河漫滩组成。

3.1.2　地层岩性

本区属华北地层区豫西分区,基底地层为太古界太华群深变质岩及混合岩系,出露厚度 5 000 m 以上。过渡层为元古界熊耳群偏基性、中性-酸性火山岩系,最大厚度 5 000 m。本区形成北西西向的二坳一隆构造格局,控制着以后的发展演化。在盖层中,中-晚元古代为海相沉积,北部以陆源碎屑为主,厚 1 748~2 633 m;南部碳酸盐岩比较发育,厚近 6 000 m。寒武系-中奥陶系为海相碳酸盐岩夹泥质岩构造,厚约 2 000 m。中石炭统-三叠系为海陆交替相-陆相含煤碎屑岩系,厚约 5 000 m。中、新生代断凹内为陆相碎屑岩和火山岩。

本区侵入岩发育,计有嵩阳、王屋山、晋宁、燕山四期,其中以燕山期酸性侵入岩最为发育。

嵩阳运动形成结晶基底,王屋山运动结束台缘坳陷发展阶段。晋宁、加里东运动主要表现为升降运动,使本区自南而北逐渐抬升,造成本区南部缺失晚寒武系、奥陶纪地层。

3.1.3　区域地质构造

本区处于中朝准地台和秦岭褶皱系两个一级大地构造单元交界地带的中朝准地台(Ⅰ)上,华熊台缘坳陷($Ⅰ_2$)二级大地构造单元内。以栾川—确山—固始深断裂为界,其北为中朝准地台，南为秦岭褶皱系，构造位置独特。长期以来，历经了多次构造运动演化，褶皱、断裂发育，岩浆活动频繁，区域变质作用强烈。

区域内发育的深断裂系主要为北北东向和北西西向两个方向。

区内构造形态差别较大。基底形态复杂，组成紧闭或倒转线型褶皱。过渡层熊耳群形成中等倾斜背向斜。盖层大部分地区褶皱为开阔背向斜，但南部边缘卢氏—栾川地区，因受秦岭褶皱系和栾川—确山—固始深断裂带活动影响，构造形态相应比较复杂。燕山运动使盖层产生褶皱和断裂，形成台褶断带。燕山运动及其以后，断裂活动强烈，沿规模较大的断裂形成断陷盆地，控制中、新生代沉积。构造线方向，大致以焦作—商丘深断裂带为界，以北地区为北北东向，以南地区主要呈北西西向或近东西向，仅西部洛河、伊河断陷盆地为北东向。

3.1.4　区域构造稳定性评价

根据区域构造稳定性判定标志和区域（1 000 km^2 范围）的新构造特点，将本区划分为三大区，即外方山隆起构造稳定区、嵩县断陷盆地构造较稳定区、伊川断陷盆地较稳定区。本区自新近系以来，长期处于间歇性上升状态，年平均上升速率小于 1 mm，现代区域构造应力场为北东东向水平压应力和北西向水平张应力。遥感影像判读表明，影响本区最近一期构造运动为新近纪晚期。本区位于河淮地震带西部，在以坝址为中心的 40 km 范围内地震十分稀少。

综上所述，场区属构造稳定区。

3.1.5　地震活动特征及地震动参数

本区在历史上没有发生过破坏性地震，外围地区破坏性地震影响到本区的烈度不足Ⅵ度。根据百年地震趋势预报和地震构造条件分析，本区不在危险区之内。

根据《中国地震动参数区划图》（GB 18306—2015），工程区地震动峰值加速度为 0.05g，相应地震基本烈度为Ⅵ度。由于大坝高度为 90.3 m，超过 90 m，属于 1 级建筑物，其抗震设计按Ⅶ级设防，地震动峰值加速度为 0.145g。

3.1.6　水文地质条件

本区地质构造复杂，大部分地区为岩基构成，地下水源不丰富。由于地质构造不同，各区的地下水源也有一定的差异。

北中部为低山丘陵区，岩层为一单斜，倾向南偏东，倾角 15°～50°。此区断层纵横，沟谷交错，地表水缺乏。但在部分碳酸岩地层分布构造部位打深井 50～100 m，不仅解决了人畜用水问题，还可部分用于灌溉。

中部偏北是汝河径流区，区内含水层为第四系全新统砂卵石，含水层水量丰富，水位浅，易成井，一般埋深 5～20 m，底部为砂和卵石层。在Ⅰ级阶地的汇水窝、挡水墙地带打井，均可获得 30～70 m^3/h 的出水量，最大可达 350 m^3/h，是本区的富水区。

南部地区基本上由太古界、元古界火成岩地层组成，分布大多为火成岩裂隙和岩溶裂隙，区域断层稀疏。在火成岩和围岩接触带附近，在断层和各种构造形迹附近，在裂隙发育和地貌位置合适处打大口浅井可获得较大水量。

地下水水质类型属重碳酸型低矿化度淡水。矿化度0.244~0.516 g/L,总硬度3.5~14德国度,水温14.5~24.0 ℃,pH值为5.9~8.3,适合人畜饮用和农业灌溉。内埠、蔡店一带个别水井中Na^{+}、Mg^{2+}的可溶性盐含量高,水质苦涩,硝态氮含量高,不能被饮用。

3.2 泄水建筑物工程地质条件评价

3.2.1 溢洪道

溢洪道布置在左岸。进水渠段渠底为平底,渠底高程为399.0 m,渠底宽度为87.0 m。溢洪道控制段长35.0 m,控制闸共5孔,每孔净宽15.0 m。闸室长40.0 m,闸底高程为399.0 m。泄槽段分为缓坡段和陡坡段,缓坡段坡比采用1∶100,陡坡段坡比采用1∶2.5。山体两侧山坡较陡,进水渠口处地面高程400.0~455.0 m,背水侧底部为杨沟,沟底高程343.5~348.0 m。

进水渠段(0-232.8~0-046)建基面位于弱风化的安山玢岩上。后段左岸边坡高最大达到84 m,为中-高岩质工程边坡,发育三组裂隙,产状190°∠55°一组裂隙对左岸边坡稳定影响较大,其他两组对右岸边坡有一定影响;整体上存在边坡稳定问题,建议边坡比采用1∶0.5~1∶0.75,并采取支护措施;后段右岸位于坡积碎石土上,局部为壤土、粉质黏土,抗冲性能相对较差,建议进行防护。

控制段(0+000~0+035)岩性主要为弱风化安山玢岩上段,桩号0+008后变为强-弱风化辉绿岩。底板建基面下岩体透水率为2.5~7.2 Lu,岩体陡倾角裂隙发育,受构造影响,岩体多呈镶嵌碎裂结构,完整性较差,建议采取固结灌浆处理。左右两岸边坡高分别达到80 m、30 m,为中-高岩质工程悬坡,190°∠55°向裂隙对左岸边坡稳定影响较大,10°∠75°、270°∠60°向裂隙对右岸边坡稳定影响较大,存在边坡稳定问题。建议弱风化岩体坡比采用1∶0.5~1∶0.75,强风化岩体坡比采用1∶0.75~1∶1.0,并采取支护措施。堰基局部存在破碎岩体,呈强风化状,建议采取固结灌浆等加固措施。

泄槽段(0+035~0+134)上部为覆盖层,岩性为碎石和壤土,厚度1~3 m;下伏基岩为辉绿岩,局部裸露,全-强风化厚度7~12 m,建基面大部分位于弱风化上段岩体中,局部位于强风化岩体中。建基面以下岩体透水率为1.6~7.2 Lu,岩体裂隙发育,受构造影响,岩体多呈镶嵌碎裂结构,完整性较差,抗冲刷能力差,存在抗冲刷稳定及右岸边坡稳定问题。建议强风化岩体坡比采用1∶0.75~1∶1.0,并采取防护措施,强风化岩体做建基面时,应采取加固处理措施至弱风化岩体中。

出口消能工段(0+134~0+151)位于弱风化辉绿岩上,局部位于强风化岩体中。岩体完整性较差,抗冲刷能力差,存在抗冲刷稳定问题,建议采取防护措施。消能工下游Ⅱ级阶地覆盖层厚度为7.0~11.1 m,岩性为壤土(钻孔揭露厚度2.7~6.5 m)和卵石(钻孔揭露厚度3.9~6.0 m),下伏基岩为弱风化辉绿岩,岩体透水率0.45~6.92 Lu,弱透水性。上部壤土、卵石抗冲刷能力差,建议挖除,并对底板及岸坡采取防护措施。

3.2.2　泄洪洞

泄洪洞位于左坝头溢洪道左侧，洞身采用无压城门洞形隧洞，控制段采用进水塔有压短管形式。泄洪洞工程包括引渠段、控制段、洞身段、消能工段四个部分。

引渠段(0-079~0-000)建基面高程 359.1 m，基础位于壤土、粉质黏土夹卵石层上。粉质黏土抗冲刷能力差，应做好防冲刷措施。0-028~0-024 段基础位于壤土与卵石互层上，0-024~0+000 段基础位于弱风化安山玢岩上。建基面高程 359.1 m，洞口大部分及洞身处于弱风化的安山玢岩中。壤土属中等压缩性土，与安山玢岩差异较大，存在不均匀滑降问题，建议进行加固处理。

进口洞脸边坡岩体陡倾角裂隙发育，完整性较差，存在洞脸及边坡稳定问题，建议采取防护措施。

控制段(0+000~0+038)建基面高程 356.5 m，为弱风化的安山玢岩，属弱透水性。岩体裂隙发育，主要裂隙产状与进口段和洞身段相似，围岩类别属Ⅲ类。

洞身段(0+038~0+554)建基面高程 359.15~348.79 m，大部分为弱风化安山玢岩，桩号 0+346 后进入弱风化辉绿岩，局部为强风化凝灰岩，岩土透水率 0.41~1.73 Lu，岩体陡倾角裂隙发育，完整性较差，洞体受北东向裂隙构造影响较大。洞身段末端岩体为强风化安山玢岩。根据《水利水电工程地质勘察规范》(GB 50487—2008)附录 N，洞身段围岩类别为Ⅲ~Ⅳ类，末端岩体强度较低，稳定性差，围岩类别为Ⅳ类。

安山玢岩饱和单轴抗压强度平均 64.7 MPa，普氏坚固系数 f=6~8；辉绿岩饱和单轴抗压强度平均 21.1 MPa，普氏坚固系数 f=1~2。根据围岩详细分类中五项因素的评分内容，对安山玢岩和辉绿岩进行分项评分，安山玢岩的围岩总评分为 52.2，围岩类别属Ⅲ类；辉绿岩的围岩总评分为 25.03，围岩类别属Ⅳ类。断层通过洞身处及不同岩体交界过渡段岩体破碎，建议采取喷混凝土、系统锚杆加钢筋网等措施。

消能工段(0+554~0+614)覆盖层厚度 0.5~3.0 m，岩性为壤土及碎石，下伏安山玢岩，其中上部 1.6~7.3 m 为强风化，下部为弱风化安山玢岩，岩体透水率 0.33~0.81 Lu，属于弱透水性，受构造影响，裂隙发育，抗冲刷能力差，建议采取防护措施。

出口洞脸边坡岩体陡倾角裂隙发育，裂隙走向以北西向、北东向为主，受北西向裂隙构造影响，岩体多呈镶嵌碎裂结构，完整性较差。290°∠60°一组对进口洞脸稳定影响较大，10°∠75°一组对出口洞脸稳定影响较大，两组裂隙对进口左岸边坡稳定影响不大，对进口右岸边坡稳定影响较大；进出口洞脸均存在洞脸及边坡稳定问题，建议采取防护措施。

3.3　发电引水建筑物工程地质条件评价

3.3.1　输水洞

输水洞布置在大坝右岸，工程包括引渠段、进水塔段、洞身段、明埋钢管段、电站段、尾水建筑物等六大部分。

输水洞洞身为有压圆形隧洞,采用塔式进水口,进水塔底板高程 361.0 m。洞身尺寸为直径 4.0 m 的圆形断面,洞底高程 361.0~352.37 m。

引渠底板高程 361.0 m,主要位于弱风化的安山玢岩中,进口段有人工堆积的碎石,土质疏松,抗冲刷能力差,建议清除。

进水塔段位于弱风化的岩体中,岩体裂隙较发育,完整性差,f_{43}、f_{121} 断层破碎带结构疏松,隧洞开挖过程中在断层带出现塌方冒顶现象,围岩稳定性差或不稳定,建议开挖边坡采取支护措施,对地基采取加固措施。

洞身段大部分位于弱风化安山玢岩中,岩石饱和抗压强度 64.7 MPa,岩体完整性系数 0.28。岩体裂隙发育,裂隙以微张为主,延伸不远,为半-全充填,充填物为钙质、泥质及铁锰质薄膜。根据 GB 50487—2008 附录 N,围岩类别为Ⅲ类,普氏坚固系数 $f=6\sim8$。根据围岩详细分类中五项因素的评分内容,对安山玢岩进行分项评分,安山玢岩的围岩总评分为 45.37,围岩类别属Ⅲ类。输水洞洞身段首段、尾部(弱风化砾岩)及 f_{40} 断层、f_{43} 断层破碎带位置岩体强度较低,稳定性差,围岩类别为Ⅳ类,以上部位可能产生塑性变形,不支护可能产生塌方变形破坏。支护类型建议采用喷混凝土、系统锚杆加钢筋网。

明埋钢管段地貌单元位于北汝河Ⅱ级阶地上,地面高程 356.0~368.0 m。上部岩性为壤土(Q_3^{alp}),硬塑,厚度 5.0~7.0 m,中部为卵石层(Q_3^{alp}),厚度 5.0~6.6 m,呈中密-密实状;下伏为强-弱风化砾岩,泥质胶结,强风化带胶结差,弱风化带胶结相对较好。基础底板高程 349.13 m,明埋钢管建基面大部分位于强-弱风化的安山玢岩上,后段位于砾岩上。

消能池和尾水池位于北汝河Ⅱ级阶地上,地面高程 352.6~354.8 m。建基面 346.1~351.8 m,位于古近系砾岩或卵石层中,密实状态,强度较高,工程地质条件较好。池壁岩性主要为壤土、卵石和砾岩,存在边坡稳定问题,建议分级开挖,壤土边坡坡比为 1:1.5、卵石 1:1.75、砾岩 1:1.5。场区地下水位 350.56 m,存在基坑排水问题。

退水闸位于北汝河Ⅱ级阶地上,地面高程 351.4 m 左右。建基面高程 350.9 m,位于壤土层中,属硬土,其下为卵石和砾岩。

尾水渠段位于北汝河Ⅰ级阶地上,地面高程 346.0~351.0 m,建基面位于壤土上,其下为卵石。壤土强度低,抗冲刷能力差,存在边坡稳定问题,建议开挖坡比 1:1.5。

3.3.2　电站厂房

电站厂房位于大坝右岸,地貌单元属Ⅱ级阶地。基础底板高程 346.8 m,基础大部分位于砾岩上,局部位于卵石层上,地基土承载力较高。该处最大边坡高约 13.0 m,建议开挖坡比 1:1.5~1:2.0,并采取防护措施。场区地下水位高于建基面,卵石层为强透水性,存在基坑排水问题。

3.4 结 论

3.4.1 区域构造稳定性与地震动参数

(1)本区处于中朝准地台和秦岭褶皱系两个一级大地构造单元交界地带的中朝准地台(Ⅰ)上,华熊台缘坳陷($Ⅰ_2$)二级大地构造单元内。坝址区位于大青山隆起区与上店断陷盆地的交接部位,区内的上店断陷盆地和大青山隆起区均属构造稳定区。第四纪以来构造较稳定,无活动断层,历史上没有发生过大于3级的地震。根据《河南省前坪水库工程场地地震安全性评价报告》,工程区地震动峰值加速度为0.05g,相应地震基本烈度为Ⅵ度。鉴于大坝属于1级建筑物,建议其抗震设计按Ⅶ级设防,地震动峰值加速度为0.145g,其他建筑物根据工程规模,选用0.05g。

(2)库区不存在断层活动和强震活动诱发地震的可能。但水库蓄水后应力场调整和局部重力失衡存在诱发地震的可能,震级上限预测为3.0级,其影响烈度不超过Ⅴ度。根据构造和岩体破碎条件,预测可能发生水库诱发地震的地段在王建庄与圪陡村之间。

3.4.2 水库工程地质

(1)水库区库岸主要由安山玢岩等基岩组成,整体稳定性较好,局部存在库岸再造问题,北汝河左岸古庄坡和圪陡之间、右岸孙家村—鸭兰沟—古路坡段、西竹园—铁匠庄—瑶厂—西沟段以及八里滩—上庄段属土质岸坡,但塌岸范围较小、规模小。另外,库区现状有庙岭、刘坡等多处小型滑坡,水库蓄水后,滑坡体部分淹没,稳定性变差,但滑坡体方量较小,对库区影响小。在前坪水库正常蓄水的情况下,可能加剧或影响原有坡体的稳定性。

(2)水库区山体雄厚,库区岩体透水性微弱,无低矮单薄分水岭,地形构造封闭条件较好,基本不存在永久渗透问题。水库库区基本不存在浸没问题。

(3)溢洪道:控制段上游主要位于弱风化安山玢岩中,下游位于强风化的辉绿岩中,岩体陡倾角裂隙发育,多呈镶嵌碎裂结构,完整性较差。堰基、泄槽段局部存在破碎岩体,建议采取固结灌浆等处理措施。左右两岸边坡高分别达到80 m、30 m,为中-高岩质边坡,存在边坡稳定问题,建议弱风化岩质边坡比采用1:0.5~1:0.75,强风化岩质边坡比采用1:0.75~1:1.0,并采取支护等措施改善边坡整体稳定性。

(4)泄洪洞:引渠段主要位于上更新统坡洪积卵石、粉质黏土中,局部位于弱风化安山玢岩中,建议进行衬砌;进口段、进口洞脸、出口消能工段上部为卵石、壤土,下部为弱风化安山玢岩,基岩节理裂隙较发育,存在边坡稳定问题,建议采取防护措施;洞身段主要处于弱风化安山玢岩中,局部位于凝灰岩、辉绿岩中,桩号0+000~0+343段及0+519~0+558段围岩为Ⅲ类,稳定性较好,其余段为Ⅳ类。建议及时采取必要的支护措施。

(5)输水洞:引渠段、进出口段洞脸主要位于弱风化安山玢岩中,局部分布人工堆积碎石,存在边坡稳定问题,建议采取衬砌措施;洞身段位于弱风化安山玢岩中,桩号0+019~0+130受构造影响,岩体较破碎,属Ⅳ类围岩,建议及时采取支护措施,其余属Ⅲ

类围岩;明埋钢管段大部分位于弱、强风化安山玢岩中,部分位于砾岩中,上覆壤土、卵石,存在边坡稳定问题,建议分级开挖,并做好支护措施;消能池、尾水池、退水闸建基面位于砾岩、卵石、壤土之中,存在不均匀沉降、抗冲刷稳定、边坡稳定及基坑降排水等问题。电站厂房地基主要位于砾岩中,开挖边坡涉及壤土、卵石,存在边坡稳定问题和基坑降排水问题。

(6)工程区地下、地表水类型主要为 HCO_3—Ca 型,地表水及地下水对混凝土和钢筋混凝土结构中钢筋均无腐蚀性;环境水对钢结构具弱腐蚀性。

3.4.3 天然建材

坝址上、下游右岸阶地上土料储量丰富,土质为壤土或粉质黏土,作为防渗体土料质量基本合格,位置满足设计要求;砂石料场分布在坝址上、下游,质量指标、储量基本满足要求;土料及砂砾料宜采用立面混合开采。砂砾料具有潜在碱-硅酸反应活性,不能作为混凝土骨料使用,建议对混凝土骨料进行外购。宝丰县大营灰岩料场可作为混凝土人工骨料以及沥青心墙料源,其储量与质量能满足规范及设计要求,运距约为 95 km;块石料场位于坝址上游,库区左岸,岩性为石英斑岩,质量指标、储量满足要求。

第 4 章 工程总体布置与设计标准

4.1 工程总体布置

前坪水库工程的主要任务为以防洪为主,结合供水、灌溉,兼顾发电等综合利用。水库灌区灌溉面积 50.8 万亩,年供水 6 300 万 m^3。主要建筑物有挡水及泄水建筑物、主坝、副坝、溢洪道、泄洪洞、输水洞、电站等,临时建筑物有导流洞和围堰等,以及水库管理局、交通道路等。其中,泄水建筑物及电站布置如下。

4.1.1 溢洪道

溢洪道建筑物中心轴线总长 383.8 m,分上游进水渠段、进口翼墙段、控制段、泄槽段及消能防冲设施段五部分。中心桩号 0+000 为控制闸底板前沿。

4.1.1.1 进水渠段

桩号 0-232.8~0-046 为进水渠段,长 186.8 m。渠底高程为 399.00 m,渠底宽度为 87.0 m,转弯半径为 350 m。

进水渠左右岸边坡岩石采用 1:0.5 放坡,左岸在高程 415 m、423.5 m、438.5 m、453.5 m 及 468.5 m 共设 5 级马道,马道宽自第一级起依次为 3 m、10 m、3 m、3 m 和 3 m,第二级马道宽 10 m,兼作泄洪洞控制段通往大坝的交通道路。

4.1.1.2 进口翼墙段

桩号 0-046~0+000 为进口翼墙段。采用衡重式 C25 素混凝土结构,墙顶高程 423.50 m,在两岸翼墙前部采用变截面衡重式圆弧翼墙与进水渠开挖边坡连接。进口翼墙段渠底设 50 cm 厚 C25 钢筋混凝土铺盖。

4.1.1.3 控制段

桩号 0+000~0+035 为溢洪道控制段。控制闸闸室共 5 孔,单孔净宽 15 m,闸室为开敞式实用堰结构。闸室底板顺水流向长 35 m,堰前闸底板高程 399.0 m,闸墩顶高程 423.50 m。

为连接控制闸两岸交通,在闸室下游闸墩顶部设交通桥,结构形式采用预应力空心板;在闸室上游设检修桥,桥面高程为 423.50 m,桥面宽 6.0 m,结构形式采用预应力空心板。

闸室设 5 扇弧形钢闸门,采用弧门卷扬式启闭机启闭。闸墩上部设排架启闭机房,左岸平台上设桥头堡管理房。

闸室段基岩进行固结灌浆,灌浆孔孔距及排距均为 1.5 m、孔深 5 m,梅花形布置。

4.1.1.4 泄槽段

桩号 0+035~0+134 为泄槽段,泄槽缓坡段坡度采用 1:100、陡坡段坡度采用 1:2.5,

两段之间采用 $i=x/100+x^2/166$ 的弧线连接。泄槽采用矩形断面，净宽 87.0 m。泄槽两侧边墙采用 C25 混凝土衡重式挡土墙，墙后回填石渣。

4.1.1.5 消能工段

桩号 0+134～0+151 为消能工段。消能工采用挑流消能，挑流鼻坎水平投影长 17.0 m，挑坎挑角 26°10′，反弧半径 20.0 m，下游端设深 7.0 m 齿墙。

4.1.2 泄洪洞

泄洪洞工程包括引渠段、控制段、洞身段、消能工段等四部分，洞身采用无压城门洞形隧洞，控制段采用进水塔有压短管形式。

4.1.2.1 引渠段

桩号 0-079～0-028 为进口引渠段，断面形式为梯形。渠底顶高程 360.0 m，宽 6.50 m，采用钢筋混凝土护砌。桩号 0-028～0+000 为进口扭坡段，渠底顶高程 360.0 m，采用 C25 钢筋混凝土进行护砌，厚 0.6 m。引渠段开挖边坡共设 5 级马道，除 400 m、423.5 m 高程处马道结合施工道路和上坝道路设计宽度为 8 m 外，其余马道宽度均为 3 m。

4.1.2.2 进口控制段

桩号 0+000～0+038 为控制段。竖井平面尺寸 32 m×11.5 m（长×宽），采用进水塔有压短管形式。工作闸门采用弧形钢闸门，孔口尺寸为 6.5 m×7.5 m，配 1 台液压启闭机。事故检修门采用平板钢闸门，孔口尺寸为 6.5 m×8.7 m，配 1 台卷扬式启闭机。

进水塔下部：上游为压力短管，压力短管长 12.25 m；下游腔体为弧门室，长 17.75 m。进水塔底板顶高程 360.00 m，长 30.00 m、厚 2.5 m，流道宽 6.5 m、高 8.70 m，流道两边侧墙厚 2.5 m。压板段压板长 6.0 m。压板后缘孔口宽度为 6.5 m，孔口高度为 7.5 m；压板前缘孔口宽度为 6.5 m，孔口高度为 8.7 m。

压力短管及弧门室上接检修门井与工作门井，检修竖井顶部设检修平台，检修平台顶高程 405.00 m；工作门井顶部设启闭平台，启闭平台顶高程 386.00 m。竖井两侧边墙检修平台以下厚度为 2.50 m，以上厚度为 1.5 m；进水塔主体结构均采用 C25 钢筋混凝土。

4.1.2.3 洞身段

桩号 0+038～0+554 为洞身段，其中桩号 0+032～0+042 为渐变段。泄洪洞采用无压城门洞形断面形式，洞身段长 518 m，上游底高程 360.00 m，出口底高程 349.64 m，洞身比降 2.0%。洞身内净宽 7.5 m，净高 10.50 m，其中直墙高 8.40 m，拱矢高 2.10 m，拱顶中心角 117°，洞身采用 0.9 m 厚 C40 抗冲耐磨钢筋混凝土衬砌。

4.1.2.4 消能工段

桩号 0+554～0+614 为消能工段，采用挑流鼻坎消能。挑流鼻坎水平投影长度 35.5 m，平面呈矩形，底板宽度 7.5 m。前段为斜坡段，设计纵坡 2%，后段为反弧段，半径 16 m，圆心角 34.42°，末端顶点高度为 351.75 m，挑坎挑角 33.27°。挑流鼻坎底板最小厚度 0.8 m，下游端设深 4.055 m 齿墙。

4.1.3 输水洞与电站

输水洞与电站工程包括引渠段、进水塔段、洞身段、明埋钢管段、尾水建筑物、电站等部分。

4.1.3.1 引渠段

桩号0-080~0+000为引渠段,其中0-080~0-010段采用梯形断面,底宽4.0 m,边坡坡比1:0.75,采用0.4 m厚C25混凝土护砌;0-010~0+000段为变坡段,底宽由4.0 m变为6.0 m,采用0.5 m厚C20钢筋混凝土防护。引渠段底部高程均为361.00 m。引渠右岸山体陡峭,边坡岩石采用1:0.75放坡,共设2级马道,马道宽均为2 m。

4.1.3.2 进水塔段

桩号0+000~0+020为进水塔段,分四层取水,取水口高程分别为361.00 m、372.00 m、382.00 m和392.00 m,最底部取水口孔口尺寸为4.0 m×5.0 m(宽×高),其余三个取水口孔口尺寸均为4.0 m×4.0 m。该段底板和侧墙壁均为2.5 m厚C25钢筋混凝土。在高程404.00 m处设检修平台,结构为板梁式。上设排架,排架顶部设板梁式工作平台,平台高程为423.50 m,工作平台上设操纵室。

4.1.3.3 洞身段

桩号0+020~0+278为洞身段,总长275 m。其中,桩号0+020~0+032洞身尺寸由4.0 m×5.0 m方形断面渐变至直径为4.0 m的圆形断面,洞底高程361.0 m;桩号0+032~0+295为直径为4.0 m的圆形断面,洞底高程361.00~348.58 m,比降4.95%。隧洞采用0.5 m厚C25钢筋混凝土衬砌,桩号0+268~0+278段采用24 mm厚Q345C钢板衬砌,钢板衬砌外为C25混凝土衬砌。

4.1.3.4 明埋钢管段

桩号0+278后采用压力钢管接电站和锥阀消力池,其中桩号0+278~0+337.73段压力钢管管径4 m,钢管中心线高程为350.58 m,钢管外设0.4 m厚C25混凝土,此段设进人孔和伸缩节以便检查和维修洞身。

桩号0+337.73~0+342.23段为压力钢管渐变段,管径由4 m渐变成2.4 m,钢管中心线高程为350.58 m。桩号0+342.23后设锥阀操纵室,长20.5 m、宽6.5 m,室内地面高程358.20 m,锥形阀后钢管直接向下弯折进入锥阀消力池,消力池与电站尾水池相连接。

从桩号0+283.83钢管处接岔管通往电站,岔管与主输水钢管分岔角为60°,岔管中心线高程为350.58 m,长46.0 m,直径为3.2 m。

4.1.3.5 尾水建筑物

电站尾水池垂直水流向净宽48.07 m。尾水池底板采用C25钢筋混凝土结构,池两侧和出水侧采用C25钢筋混凝土扶壁式挡土墙和悬臂式挡土墙,墙顶高程为358.00 m。

在尾水池出口分别设灌溉闸和退水闸。在尾水池后设灌溉闸。灌溉闸为箱形结构,两孔,每孔净宽为3.0 m,顺水流向长13.0 m,底板顶高程353.00 m,闸墩顶高程358.20 m。闸室内设铸铁工作门,采用手电两用螺杆式启闭机操作。闸下游接灌溉、供水渠道。

在尾水池后设退水闸。退水闸为箱形结构,单孔,孔净宽为3.5 m,顺水流向长13.0 m,底板顶高程为353.00 m,闸墩顶高程为358.20 m。闸室内设铸铁工作门,采用手电两用螺杆式启闭机操作。

4.1.3.6　**生态基流放水设施**

为维持坝址下游河道的基本功能,保证最小生态需水,应不间断下泄河道基流1.05 m^3/s(4~7月为2.1 m^3/s)。

4.1.3.7　**电站**

电站总装机容量为6 000 kW,安装3台机组。电站厂房位于输水洞出口下游高程358.00 m平台上,电站厂房由主厂房、副厂房和开关站组成,电站尾水管与尾水池相接,尾水池末端设灌溉闸和退水闸。

主厂房底板总长为20.5 m,共分2层,分别为室内地面层和主机组层。室内地面高程为358.20 m,主机组层地面高程为353.40 m,底板底面高程为344.5~345.80 m,底板厚2.0 m。主机组层布置有水轮机组、调速器柜及机旁盘柜。厂房内设桥式起重机一台。

安装间位于主机间右侧,顺水流向长20.5 m,分三层布置,底层为技术供排水泵层,中层布置透平油库和油处理室,上层为安装场。

副厂房位于主机间上游,共分三层,低层为电站支管层,中层布置供水设备间、空压机室、绝缘油库,上层布置柴油发电机房、高低压配电室、控制室等。

4.2　工程等级和标准

4.2.1　工程等级与建筑物级别

前坪水库位于淮河流域沙颍河支流北汝河上游河南省洛阳市汝阳县县城以西9 km的前坪村附近,水库是以防洪为主,结合灌溉、供水,兼顾发电的大(2)型水库,水库总库容5.84亿 m^3,最大坝高90.3 m,控制流域面积1 325 km^2。水库可灌溉农田50.8万亩,每年可向下游城镇提供生活及工业用水约6 300万 m^3,水电站装机容量6 000 kW,多年平均发电量约1 881万kW·h。

水库主要建筑物有主坝、副坝、溢洪道、泄洪洞和输水洞,根据《防洪标准》(GB 50201—2014)及《水利水电工程等级划分及洪水标准》(SL 252—2017)相关规定,水库工程规模为大(2)型,工程等别为Ⅱ等。

主坝为黏土心墙砂砾(卵)石坝,坝基处河床覆盖层以砂砾(卵)石层为主,厚度较大,存在压缩变形和不均匀沉降变形较大等问题,坝基建基面下挖至砂砾(卵)石层中密-密实分界线上。主坝最大坝高90.3 m,按《水利水电工程等级划分及洪水标准》(SL 252—2017)相关规定,主坝坝高超过90 m,其级别可提高一级,但洪水标准可不提高。前坪水库工程等别为Ⅱ等,其主要建筑物级别为2级,主坝级别提高一级,建筑物级别为1级。副坝、溢洪道、泄洪洞等主要建筑物级别仍为2级。

输水洞担负着农业灌溉、工业及城市供水、生态放水、发电四项任务。根据水库规划,水库灌区面积达到50万亩以上,达到大型灌区规模;水库为汝州市区、汝阳县城区、郏县县城等城镇提供工业及生活用水,年供水量约6 300万 m^3,且输水洞为水库主要建筑物,建筑物级别定为2级。

灌区通过输水洞后灌溉闸引水,最大流量34.5 m^3/s,按照《灌溉与排水渠系建筑物设计规范》(SL 482—2011)规定,灌溉闸过水流量在 20~100 m^3/s 内,灌溉闸建筑物级别为 3 级。

电站装机容量 6 000 kW,多年平均发电量约 1 881 万 kW·h,按《水利水电工程等级划分及洪水标准》(SL 252—2017)相关规定,装机容量小于 10 000 kW,小(2)型电站,电站厂房建筑物级别可定为 5 级,但考虑到电站厂房位于输水洞与灌溉闸之间,电站厂房消力池为灌溉闸进水前池,建筑物级别应与上、下游建筑物相匹配,因此将电站厂房建筑物级别定为 3 级。

水库主要建筑物均存在永久边坡及临时边坡,根据《水利水电工程边坡设计规范》(SL 386—2007)相关规定,泄洪洞进出口、溢洪道两侧开挖边坡高度较高,边坡破坏后会对闸室等建筑物造成较大破坏,会影响水库正常泄洪,故泄洪洞进出口、溢洪道两侧边坡级别为 2 级;输水洞不参与水库防洪调度,进出口边坡级别为 3 级。

前坪水库主要建筑物级别见表 4-1。

表 4-1　前坪水库主要建筑物级别

项目		级别
建筑物	主坝	1
	副坝、溢洪道、泄洪洞、输水洞	2
	灌溉闸、电站厂房、退水闸	3
边坡	泄洪洞进出口、溢洪道两侧	2
	输水洞进出口	3

水库修建左右岸防汛路和交通桥,利用下游围堰改造成为坝下防汛路,根据《公路工程技术标准》(JTG B01—2014)、《公路桥涵设计通用规范》(JTG D60—2015)和《水库工程管理设计规范》(SL 106—2017)规定,水库对外交通道路、交通桥荷载标准按公路Ⅱ级设计。

根据《水利水电工程合理使用年限及耐久性设计规范》(SL 654—2014),前坪水库工程规模为大(2)型,工程等别为Ⅱ等,其主要建筑物合理使用年限按各建筑物级别相应确定:主坝合理使用年限为 150 年;溢洪道、泄洪洞、输水洞等泄水建筑物合理使用年限均为 100 年,其闸门合理使用年限均为 50 年;灌溉闸、退水闸等泄水建筑物合理使用年限均为 30 年,其闸门合理使用年限均为 30 年。电站厂房等发电建筑物合理使用年限为 30 年。

4.2.2　洪水标准

前坪水库防洪保护范围为:北汝河流域的汝阳县、汝州市、郏县、宝丰县、襄城县等市县,沙颍河流域的漯河市、周口市等城市,北汝河、沙颍河堤防保护区,京广、京九、焦枝等铁路和京珠、南洛、大广、二广等高速公路,103 国道、107 国道、207 国道、310 国道、315 国道等交通干线。

前坪水库保护区内涉及汝阳、汝州、郏县、宝丰、襄城五个县(市),总人口约 353 万,耕地约 300 万亩,沙颍河漯河以下右堤防洪保护区面积约 959 万亩、人口约 938 万,漯河至周口左堤保护区面积约 31 万亩、人口约 30.5 万,周口至茨河铺左堤保护区面积约 326 万亩、人口约 277 万。区内有丰富的土地资源和煤、铝、铁等矿藏资源,是我国重要的商品粮基地和煤炭能源基地,同时是我国贯通南北、东西交通大动脉的交汇中心,国民经济地位十分重要。

前坪水库建成后可将北汝河防洪标准由 10 年一遇提高到 20 年一遇,同时配合沙颍河流域沙河水系已建的昭平台、白龟山、燕山、孤石滩等水库和泥河洼等滞洪区,以及规划兴建的下汤水库共同运用,可控制漯河下泄流量不超过 3 000 m^3/s,结合漯河以下河道治理工程可将沙颍河干流的防洪标准远期提高到 50 年一遇。

综上所述,前坪水库地理位置十分重要、防洪效益巨大,因此水库主要建筑物防洪标准根据《水利水电工程等级划分及洪水标准》(SL 252—2017)表 3.2.1 采用 2 级建筑物防洪标准的上限值,结合主坝坝高超过 90 m,主坝建筑物等级为 1 级考虑,水库设计洪水标准采用 500 年一遇,校核洪水标准土石坝采用 5 000 年一遇。

副坝采用重力坝,建筑物级别为 2 级,设计洪水标准采用 500 年一遇,校核洪水标准按重力坝采用 2 000 年一遇。

溢洪道、泄洪洞、输水洞等主要建筑物消能防冲设计洪水标准采用 50 年一遇。

电站厂房设计洪水标准根据《水利水电工程等级划分及洪水标准》(SL 252—2017),采用 30 年一遇,校核洪水标准采用 50 年一遇。

灌溉闸洪水标准依据《灌溉与排水渠系建筑物设计规范》(SL 482—2011)采用 30 年一遇。电站、灌溉闸、退水闸高程同时满足灌区设计要求。

前坪水库主要建筑物洪水标准见表 4-2。

表 4-2　前坪水库主要建筑物洪水标准

项目		设计洪水标准	校核洪水标准	消能防冲设计洪水标准
建筑物	主坝	500 年	5 000 年	—
	副坝	500 年	2 000 年	—
	溢洪道、泄洪洞、输水洞	500 年	5 000 年	50 年
	电站厂房、退水闸	30 年	50 年	—
	灌溉闸	30 年	—	—

4.2.3　抗震设防烈度

根据《中国地震动参数区划图》(GB 18306—2015),前坪水库区地震动峰值加速度为 0.05g,地震动反应谱特征周期为 0.35 s,相应地震基本烈度为Ⅵ度,根据《水工建筑物抗震设计规范》(SL 203—97),前坪水库工程抗震设防烈度取Ⅵ度,地震动峰值加速度为 0.05g,抗震设防类别为乙类。

考虑到大坝为 1 级建筑物,其抗震设防烈度取Ⅶ度,地震动峰值加速度根据《河南省前坪水库工程场地地震安全性评价报告》(河南省地震局地震工程勘察研究院,2014 年 7 月)成果,采用 0.145g,抗震设防类别为甲类。

4.2.4 技术标准规定的主要设计允许值

土石坝坝坡抗滑稳定最小安全系数根据《碾压式土石坝设计规范》(SL 274—2020),按1级建筑物要求确定。正常运用条件时为1.5,非常运用条件Ⅰ时为1.3,非常运用条件Ⅱ时为1.2。

大坝竣工后的坝顶沉降量控制在坝高的1%以下。

重力坝坝基抗滑稳定最小安全系数根据《混凝土重力坝设计规范》(SL 319—2018),正常运用条件时为3.0,非常运用条件(1)时为2.5,非常运用条件(2)时为2.3。

溢洪道、泄洪洞、输水洞等主要建筑物闸室均坐落在岩基上,闸基抗滑稳定最小安全系数参照《溢洪道设计规范》(SL 253—2018),基本组合时为3.0,特殊组合(1)时为2.5。

灌溉闸、退水闸等建筑物闸室均坐落在土基上,抗滑稳定最小安全系数根据《水闸设计规范》(SL 265—2016),按3级建筑物要求确定。基本组合时为1.25,特殊组合(1)时为1.10。

第5章　泄洪洞

根据工程总体布置,泄洪洞位于河道左岸、溢洪道左侧。进水渠、控制段及洞身段轴线走向为北偏东45°00′。控制段闸室前沿和洞轴线交点坐标为 X=3 776 979.650 9,Y=350 426.802 8;挑流鼻坎末端与轴线交点坐标为 X=3 777 393.633 1,Y= 350 840.842 7。根据水库规划要求,50年一遇以下洪水的泄洪任务主要由泄洪洞承担。

5.1　基本资料

5.1.1　地质情况

泄洪洞沿线最高处高程479.50 m左右,引渠进口段地面高程350.00~390.00 m,出口位于杨沟,沟底高程343.60~353.80 m。

引渠段位于桩号0-079~0+000,该段地质结构上部为上更新统壤土、粉质黏土(Q_3^{alp})和卵砾石层,呈互层状,卵砾石层单层厚度1.7~3.0 m,壤土和粉质黏土的单层厚度2.8~6.0 m,自上而下逐渐加厚,下部卵石层厚度超过6.0 m。下伏基岩为安山玢岩,弱风化。

引渠段底板高程360.0 m,基础位于壤土、粉质黏土上,在桩号0-006处过渡为安山玢岩。粉质黏土抗冲刷能力差。

进口控制段位于桩号0+000~0+032,该段地质结构上部是壤土与卵石互层,下伏基岩为安山玢岩。底板高程为360.00 m,处于弱风化的安山玢岩中。

洞身段高程349.64~360.00 m,大部分为微弱风化安山玢岩,桩号0+344后进入辉绿岩,局部为强风化流纹岩,岩土透水率0.41~1.73 Lu,岩体陡倾角裂隙发育,裂隙走向以北西向、北东向为主,岩体多呈镶嵌碎裂结构,完整性较差,洞体受北东向裂隙构造影响较大。洞身段末端岩体为强风化安山玢岩。根据《水利水电工程地质勘察规范》(GB 50487—2008)附录N,洞身段围岩类别为Ⅲ类,末端岩体强度较低,稳定性差,围岩类别为Ⅳ类。安山玢岩饱和单轴抗压强度平均64.7 MPa,普氏坚固系数 f=6~8;辉绿岩饱和单轴抗压强度平均21.1 MPa,普氏坚固系数 f=1~2。安山玢岩的围岩类别属Ⅲ类,辉绿岩围岩类别属Ⅳ类。

消能防冲段覆盖层厚度0.5~3.0 m,岩性为壤土,其他处基岩出露,岩性为安山玢岩,其中上部1.6~7.3 m为强风化安山玢岩,下部为弱风化安山玢岩,岩体透水率0.33~0.81 Lu,属于弱透水性,受构造影响,裂隙发育。

进出口洞脸边坡岩体陡倾角裂隙发育,裂隙走向以北西向、北东向为主,受北西向裂隙构造影响,岩体多呈镶嵌碎裂结构,完整性较差,其中主要裂隙产状10°∠75°、290°∠60°。与进口洞脸边坡呈35°、25°相交,夹角38°(逆坡向)、57°(顺坡向),290°∠60°一组对洞脸稳定影响较大；与出口洞脸边坡呈 35°、25°相交，夹角 60°（顺坡向）、45°（逆坡向），10°∠75°一组对洞脸稳定影响较大。两组裂隙对进口左岸边坡稳定影响不大，对进口右岸边坡稳定影响较大。

5.1.2 调度运行方式

5.1.2.1 主汛期

库水位 400.5~417.2 m 时，由泄洪洞宣泄洪水。

(1)库水位 400.5~411.0 m(20 年一遇)，根据襄城流量，泄洪洞控泄 500 m^3/s、800 m^3/s、1 000 m^3/s。

(2)库水位 411.0~417.2 m(50 年一遇)，泄洪洞控泄 1 000 m^3/s。

(3)库水位超过 417.2 m 时，由泄洪洞和溢洪道同时参与泄洪，当入库流量小于库水位相应泄洪能力时，控制泄洪洞或溢洪道泄洪流量，按最大泄流不大于当前最大入库流量宣泄洪水，若洪水继续加大，后一个时段泄量不小于前一时段，直至溢洪道泄洪闸完全开启敞泄。

5.1.2.2 非主汛期

库水位超过兴利水位 403.0 m 时，由溢洪道泄流，泄洪洞一般不参与泄流。

5.2 方案比选

5.2.1 泄洪洞选线

5.2.1.1 可研阶段方案比选内容

1. 基本情况

对泄洪洞轴线位置进行方案比较，共布置如下两个方案：

方案一：洞身轴线布置在溢洪道轴线左侧 90 m，该处山体坡度较陡，引渠进口覆盖层岩性为壤土、粉质黏土和砂砾石层，控制段位于弱风化安山玢岩上，洞身段以安山玢岩为主，后端存在凝灰岩、辉绿岩岩体完整性较差区域。该方案泄洪洞轴线总长度约 674.5 m，其中引渠段长度 81 m、闸前洞身段长 47.5 m、闸室段长 30 m、闸后洞身段长 480.5 m、挑流段长 35.5 m。进口段底板高程 360.0 m，控制段闸室采用有压短管形式，闸孔尺寸为 6.5 m×7.5 m(宽×高)，洞身采用无压城门洞形隧洞，断面尺寸为 7.5 m×8.4 m+2.1 m(宽×直墙高+拱高)。进口段边坡开挖高度约 64 m，出口段边坡开挖高度约 16 m，进出口段支护面积约 12 510 m^2。

方案二：洞身轴线布置在溢洪道轴线右侧 130 m，山体坡度较缓，引渠进口覆盖层岩性为壤土、粉质黏土和砂砾石层，长度约 170 m，控制段位于弱风化安山玢岩上，洞身段前端为安山玢岩，后端为流纹岩强风化和辉绿岩岩体完整性较差区域。该方案泄洪洞轴线总长 440 m，其中引渠段长度 160 m、闸室段长度 30 m、洞身段长度 225 m、出口挑流段长度 25 m。闸室结构布置及尺寸均与方案一相同，消能方式亦采用挑流消能。进口段边坡开挖高度约 64 m，出口段边坡开挖高度约 26 m，进出口段支护面积约 16 530 m^2。

2. 方案比选

方案一轴线总长度较方案二长 234. 5 m,其中引渠段方案一较方案二短 79 m,洞身段方案一较方案二长 255. 5 m,进出口段支护面积方案一较方案二少 4 020 m^2。

两方案洞身段均存在安山玢岩、凝灰岩、辉绿岩岩体完整性较差区域,其中方案一洞身段辉绿岩等岩体完整性较差区域占洞身长度的 40%,方案二洞身段流纹岩强风化区域、辉绿岩岩体完整性较差区域占洞身长度的 72%,方案二需增加较多的洞身支护及工程量。

方案一轴线位于溢洪道左侧,两泄水建筑物进口段位置较远,泄洪时流态较好,互不影响。方案二轴线位于溢洪道与大坝之间,溢洪道与泄洪洞进口引渠布置均采用弯道过流,距离较近,泄洪时会对泄洪洞进口流态有影响;且方案二进口段及闸室段范围与溢洪道断面有重叠部分,施工中存在一定交叉。

综合考虑本阶段推荐方案一,洞身轴线布置在溢洪道左侧 90 m。

5.2.1.2 可研阶段审查意见及本阶段轴线方案

可研阶段水利部水规总院及发改委评估中心审查中对泄洪洞轴线位置均认可。初步设计阶段溢洪道轴线向主坝左坝头偏移 10 m,对泄洪洞轴线布置影响不大,因此初步设计阶段维持可研阶段泄洪洞轴线确定位置。

5.2.2 进口底高程比较

根据前坪水库调度运行要求,50 年一遇以下洪水的泄洪任务主要由泄洪洞承担,规划 20 年一遇设计洪水控泄 500~800/1 000 m^3/s,20~50 年一遇设计洪水控泄 1 000 m^3/s。

根据施工组织设计,工程施工采用分期导流:一期利用原河道导流,在左岸建泄洪洞,右岸建导流洞、输水洞;二期利用泄洪洞和导流洞导流,在主坝上、下游筑围堰挡水,施工主坝、副坝、溢洪道。施工二期采用泄洪洞和导流洞共同导流,因此施工期主围堰布置与泄洪洞和导流洞结构布置有关,考虑到主围堰为主坝坝体的一部分,且施工期对主围堰高程、施工强度有一定要求,故本次在主围堰结构布置相同的前提下,对不同泄洪洞和导流洞结构布置进行比较。

前坪水库死水位 369. 00 m,考虑水库泄洪、放空作用,泄洪洞进口控制段底板高程宜在 369. 00 m 以下;此外,泄洪洞出口下游为杨沟,沟底高程 343. 60~353. 80 m,泄洪洞出口消能考虑为挑流消能,因此出口底板高程应高于下游沟底高程,相应确定进口高程。经初步估算,泄洪洞进口底板高程定在 358. 00~368. 00 m,控制段孔口尺寸均定为 6. 5 m×7. 5 m,据此,做如下两个比较方案:

(1)方案一:泄洪洞进口底板高程 360. 00 m,孔口尺寸为 6. 5 m×7. 5 m(宽×高);导流洞进口底板高程 343. 00 m,孔口尺寸为 7. 0 m×9. 8 m(宽×高)。

(2)方案二:泄洪洞进口底板高程 367. 00 m,孔口尺寸为 6. 5 m×7. 5 m(宽×高);导流洞进口底板高程 343. 00 m,孔口尺寸为 7. 5 m×10. 6 m(宽×高)。

对两方案进行比较。

5.2.2.1 方案一

泄洪洞进口控制段底高程为 360. 00 m,闸孔尺寸 6. 5 m×7. 5 m(宽×高),洞身为底宽

7.5 m、直墙高 8.4 m、拱高 2.1 m 的城门洞形,出口洞底高程 355.00 m。

导流洞进口洞底高程基本平河床,为 343.00 m,闸孔尺寸 7.0 m×9.8 m(宽×高),洞身为底宽 7.0 m、直墙高 7.2 m、拱高 2.6 m 的城门洞形;出口洞底高程 342.00 m,出口采用底流消能方式。

5.2.2.2 方案二

泄洪洞进口控制段底高程为 367.0 m,闸孔尺寸 6.5 m×7.5 m(宽×高),洞身为底宽 7.5 m、直墙高 8.4 m、拱高 2.1 m 的城门洞形,出口洞底高程 362.00 m。

导流洞进口洞底高程基本平河床,为 343.00 m,闸孔尺寸 7.5 m×9.8 m(宽×高),洞身为底宽 7.5 m、直墙高 8.0 m、拱高 2.6 m 的城门洞形;出口洞底高程 342.00 m,出口采用底流消能方式。

大坝主体施工期间上游围堰挡洪标准选用 20 年一遇洪水标准,两方案施工期导流计算成果见表 5-1。

表 5-1 两方案施工期导流计算成果

方案	导流建筑物布置							围堰	
	泄洪洞			导流洞			投资合计/万元	堰顶高程/m	投资/万元
	底板高程/m	孔口尺寸(宽×高)/(m×m)	投资/万元	底板高程/m	孔口尺寸(宽×高)/(m×m)	投资/万元			
方案一	360.00	6.5×7.5	8 645	343.00	7.0×9.8	6 448	15 093	374.40	10 022
方案二	367.00	6.5×7.5	8 523	343.00	7.5×10.6	6 947	15 470	374.40	10 022

由表 5-1 可知,泄洪洞和导流洞投资合计方案二比方案一大 377 万元,其中两方案中,泄洪洞孔口尺寸不变,洞底高程从 360.00 m 变化到 367.00 m,投资减少 122 万元,投资变化较小,说明泄洪洞投资因洞底高程变化影响不大;相反,由于导流洞洞底高程不变,孔口尺寸从 7.0 m×9.8 m(宽×高)变化到 7.5 m×10.6 m(宽×高),投资增加 499 万元,投资变化较大,说明导流洞投资因孔口尺寸变化影响较大。此外,考虑如下因素:

(1)泄洪洞最大泄量为 1 410 m^3/s,相对水库最大泄量 13 690 m^3/s 所占比值较小,且泄洪洞洞底高程从 360.00 m 变化到 367.00 m,最大泄量由 1 410 m^3/s 变化到 1 330 m^3/s,说明泄洪洞泄量因洞底高程变化影响不大,对水库总规模影响不大。

(2)泄洪洞洞底高程越低,对水库放空作用越明显。

综上所述,确定泄洪洞洞底高程为 360.00 m。

5.2.3 进口方案比选

根据泄洪洞进口处的地形、地质条件、施工难度、运行检修、工程投资等方面因素初拟岸坡式(方案一)和竖井式(方案二)两种进水口方案进行比选。

方案一:根据进水口处的地质条件,将控制段布置在土岩分界线后端基岩上,底板总长 32 m。控制段前端与进水引渠相接,有压短管顶板采用椭圆曲线进水,控制段后接无压洞。封闭进水塔独立于水库中,在高程435 m处设置一座交通桥与岸边通往大坝的交通相连。该方案优点是形式简单,进口流态较好,可在任何水位下进行检修,方便管理,施工难度较小;缺点是所受风浪、水流荷载较大,对结构安全性要求高,另由于该处山体较高,工程投资相对较大。

方案二:将控制段布置在土岩分界线后端约47.5 m基岩上,底板总长30 m。控制段前端设置压力隧洞与进水渠相接,后端接无压洞。

竖井位于山体中,在高程435 m处开挖平台与通往大坝的交通相连。该方案优点是几乎不受外荷载作用,结构安全性、抗震性、稳定性高;缺点是由于竖井布置在山体中,施工时开挖难度较大,另外由于检修门前存在一段压力隧洞,常水位下基本无法进行检修,运行管理不便。

泄洪洞进水口主要工程量及投资计算成果见表5-2。

表5-2　泄洪洞进水口主要工程量及投资计算成果

项目	岸坡式(方案一)		竖井式(方案二)	
	工程量	投资/万元	工程量	投资/万元
土方开挖/m^3	52 116	66.71	52 116	66.71
石方开挖/m^3	261 210	1 480.54	158 034	895.74
石方洞挖/m^3	0	0	17 179	392.95
石渣回填/m^3	2 822	6.23	2 135	4.72
C25现浇混凝土/m^3	13 837	761.04	13 655	751.03
C25锚喷混凝土/m^3	1 696	140.77	1 363	113.13
C40衬砌混凝土/m^3	0	0	1 454	150.49
钢筋制安/t	1 037	584.45	1 018	573.74
钢丝网/t	67.8	35.70	62.9	33.12
锚杆/根	3 890	83.25	3 588	76.78
合计		3 159		3 058

由表5-2可知,进水口方案一比方案二主要工程投资多101万元,相对泄洪洞整体投资所占比例不大,综合考虑施工难度和工程完工后的运行管理、检修维护,本次设计推荐岸坡式(方案一)进水口方案。

5.3　工程布置

泄洪洞工程包括引渠段、控制段、洞身段、消能工段等四部分,洞身采用无压城门洞形隧洞,控制段采用进水塔有压短管形式。

5.3.1　引渠段

桩号0-079~0-028为进口引渠段,断面形式为梯形。渠底顶高程360.00 m,宽6.50 m,采用C25钢筋混凝土护砌,厚0.4 m;两侧土质边坡设计坡比1:2,采用C25钢筋混凝土护砌,厚0.3 m,下设0.1 m厚碎石垫层。桩号0-028~0+000为进口扭坡段,渠底顶高程 360.00 m,采用 C25 钢筋混凝土进行护砌,厚 0.6 m。扭坡顶高程 373.00 m,采用 C25 混凝土重力式挡墙结构进行渐变,与上游进口引渠边坡相接,墙后回填石渣,顶面以 0.1 m 厚 C25 混凝土抹平。墙顶以上边坡坡比采用 1:0.5,在高程 423.5 m 以下喷 0.1 m 厚 C25 挂网混凝土护面。高程 423.5 m 以上采用植被混凝土喷护。进口段边坡开挖至 423.50 m。引渠段开挖边坡在高程 373.00 m、386.50 m、400.00 m、423.50 m、438.50 m 共设 5 级马道,除 400.00 m、423.50 m 高程处马道结合施工道路和通往大坝的交通道路设计宽度为 8 m 外,其余马道宽度均为 3 m。

5.3.2 控制段

桩号 0+000~0+038 为控制段。竖井平面尺寸 32 m×11.5 m(长×宽),采用进水塔有压短管形式。工作闸门采用弧形钢闸门,孔口尺寸为 6.5 m×7.5 m,配 1 台液压启闭机。事故检修门采用平板钢闸门,孔口尺寸为 6.5 m×8.7 m,配 1 台卷扬式启闭机。竖井下部与进口引渠相接,进口洞顶板渐变曲线为 $x^2/7.5^2+y^2/2.5^2=1$,在竖井高程 423.50 m 处设置一座长 45 m 的交通桥与通往大坝的交通连接,423.50 m 平台以上开挖边坡坡比 1:0.5,在高程 438.50 m 设 1 级马道,马道宽度为 3 m。

进水塔下部:上游为压力短管,压力短管长 12.25 m;下游腔体为弧门室,长度 17.75 m。进水塔底板顶高程 360.00 m,长 30.00 m,厚 2.5 m,流道宽 6.5 m,高 8.70 m,流道两边侧墙厚 2.5 m。压板段压板长度 6.0 m。压板后缘孔口宽度为 6.5 m,孔口高度为 7.5 m;压板前缘孔口宽度为 6.5 m,孔口高度为 8.7 m。

压力短管及弧门室上接检修门井与工作门井,检修竖井顶部设检修平台,检修平台顶高程为 405.00 m;工作门井顶部设启闭平台,启闭平台顶高程 386.00 m。竖井平面形式为闭合框架结构,顶面设启闭机房,分为 2 层,平面尺寸为 21.2 m×9.5 m(长×宽):一层室底板顶高程为 423.50 m,层高 4.5 m,布置卷扬式启闭机和电气设备;二层室底板顶高程为 428.00 m,层高 4.0 m,布置电气设备和中控室。垂直水流方向边墙在检修平台以下厚 2.0 m,以上厚 1.5 m。两井之间设隔墙分开,墙体内设置 4 个直径 500 mm 事故门通气孔。工作门竖井内设置楼梯及钢爬梯,方便运行管理和检修。靠工作门竖井后边墙设置通风道,风道平面尺寸为 0.8 m×6.5 m。竖井两侧边墙检修平台以下厚度为 2.50 m,以上厚度为 1.5 m;进水塔主体结构均采用 C25 钢筋混凝土。

5.3.3 洞身段

桩号 0+038~0+554 为洞身段,其中桩号 0+032~0+042 为渐变段。泄洪洞采用无压城门洞形断面形式,洞身大部分处于安山玢岩中,局部处于辉绿岩岩体中,岩体陡倾角裂隙发育,完整性较差。洞身段长度 518 m,上游底高程 360.00 m,出口底高程 349.64 m,洞身比降 2.0%。洞身内净宽 7.5 m,净高 10.50 m,其中直墙高 8.40 m,拱矢高 2.10 m,拱顶中心角 117°。洞身采用 0.9 m 厚 C40 抗冲耐磨钢筋混凝土衬砌,洞壁采用 0.12 m 厚 C25 喷锚混凝土支护,锚杆直径 25 mm,间排距 3.0 m,单根长 3.0 m,断层带增加钢筋网。为提高洞身周围岩石的完整性,对洞身周围 3.0 m 范围内岩体进行固结灌浆,拟布置灌浆孔间排距 3.0 m,灌浆孔深 3.0 m。对洞顶 110°范围内岩体进行回填灌浆,拟布置灌浆孔间排距 2.0 m,孔径 50 mm。为减小外水压力作用,在洞顶设置排水管,排水管直径 100

mm,长 3.0 m,间排距 3.0 m。

5.3.4　消能工段

桩号 0+554~0+614 为消能工段,采用挑流鼻坎消能。挑流鼻坎水平投影长度 35.5 m,平面呈矩形,底板宽度 7.5 m。前段为斜坡段,纵坡 2%,后段为反弧段,半径 16 m,圆心角 34.42°,末端顶点高度为 351.75 m,略高于下游河道水位,挑流鼻坎挑角 33.27°。挑流鼻坎底板最小厚度 0.8 m,下游端设深 4.055 m 齿墙,增加其稳定性。底板下设直径 25 mm 钢筋锚杆,间排距 2.0 m,长 5.0 m,并设置碎石暗排排水体系。两侧为衡重式挡墙,墙顶高程 360.99 m,墙后回填石渣。由于设计流量下出口为高速水流,为防止冲刷破坏,底板及两侧边墙表面浇筑 0.5 m 厚 C40 防冲耐磨混凝土。为防止泄洪洞小流量下泄时发生冲刷破坏,齿墙下游设置 24.5 m 长 C25 钢筋混凝土防冲段,坐落在弱风化基岩上,底板厚 0.5 m,设计纵坡 9%,起点防护顶高程 349.29 m。防冲段下游开挖宽 7.5 m 出水渠道与杨沟相接,总长约 40 m。挑流鼻坎及其下游渠道两侧边坡设计坡比 1∶0.75,在高程 360.99 m 以下采用 C25 挂网混凝土护面。高程 360.99 m 以上采用植被混凝土喷护。

5.4　水力计算

5.4.1　泄流能力计算

泄洪洞工程规模由两个条件决定:20~50 年一遇设计洪水控泄 1 000 m^3/s、汛限水位至 20 年一遇设计洪水控泄 500~800/1 000 m^3/s。

泄洪洞进口底板顶高程为 360.00 m,出口底板顶高程为 355.00 m。泄洪洞控制段采用闸室有压短管形式,控制闸以下为洞身,洞身断面采用城门洞形,出口采用挑流消能,下游河道尾水位较低,远低于出口洞底高程,不会影响闸孔出流,闸门从开启至全开,泄洪洞始终为无压流。泄流能力由有压短管尺寸控制,采用公式如下:

$$Q = \mu Be\sqrt{2g(H - \varepsilon e)} \tag{5-1}$$

式中　Q——流量;

ε——闸墩侧收缩系数;

e——闸孔开启高度;

B——水流收缩断面处底宽;

H——有压短洞出口底板高程起算上游库水深。

μ——流量系数,根据式(5-2)计算。

$$\mu = \frac{\varepsilon}{\sqrt{(1 + \sum \xi_i(\omega_0/\omega_i)^2 + 2gl_a(\omega_0/\omega_a)^2/C_a^2R_a}} \tag{5-2}$$

式中　ω_0——收缩断面面积;

ξ_i——自进口上游渐变流断面至有压短洞出流后的收缩断面之间的任一局部能量损失系数;

ω_i——与ξ_i 相应的过水断面面积;

l_a——有压短洞的长度；

ω_a ——有压短洞的平均过水断面面积；

R_a——有压短洞相应的水力半径；

C_a——有压短洞相应的谢才系数。

泄洪洞泄流能力计算成果见表 5-3,从计算结果可知,满足水库调度运行泄流量要求。因此,50 年一遇洪水位以下不需要其他泄洪建筑物参与泄洪。

表 5-3 泄洪洞泄流能力计算成果

工况	汛期限制水位	20 年一遇洪水位	防洪高水位($P=2\%$)	设计洪水位($P=0.2\%$)	校核洪水位($P=0.02\%$)
水位/m	400.50	411.00	417.20	418.36	422.41
流量/(m^3/s)	1 076	1 247	1 334	1 350	1 410

根据模型试验,图 5-1 为泄洪洞实测特征水位-流量关系曲线,表 5-4 给出了试验工况下具体的试验数据,表 5-5 给出了泄洪洞全开时实测水位-流量关系。从表 5-5 可以看出,在施放 50 年一遇洪水时,试验实测泄量为 1 391 m^3/s,试验值较设计值大 4.27%;在施放 500 年一遇(设计)洪水时,试验实测泄量为 1 399 m^3/s,试验值较设计值大 3.63%;在施放 5 000 年一遇(校核)洪水时,试验实测泄量为 1 451 m^3/s,试验值较设计值大 3.50%,由此可见泄洪洞的泄流能力能够满足设计要求。

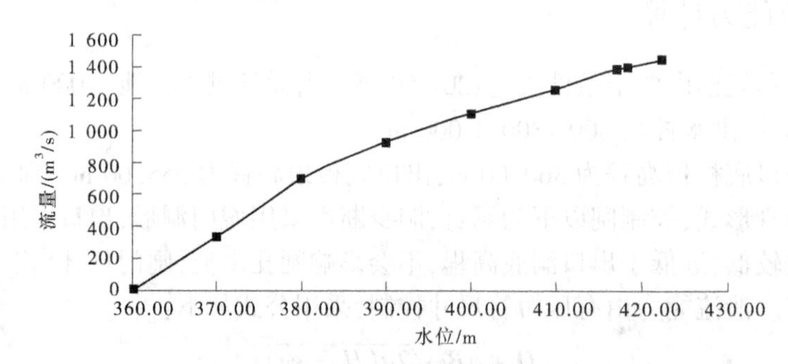

图 5-1 泄洪洞实测特征水位-流量关系曲线

表 5-4 泄洪洞实测特征水位-流量关系

水位/m	流量/(m^3/s)
360.00	0
370.00	332
380.00	696
390.00	931
400.00	1 110
410.00	1 267
417.20(50 年一遇)	1 391
418.36[500 年一遇(设计)]	1 399
422.41[5 000 年一遇(校核)]	1 451

表 5-5　泄洪洞全开时实测水位-流量关系

设计洪水标准	库水位/m	设计下泄流量/(m^3/s)	实测下泄流量/(m^3/s)	超泄流量/(m^3/s)	超泄/%
50 年一遇	417.20	1 334	1 391	57	4.27
500 年一遇(设计)	418.36	1 350	1 399	49	3.63
5 000 年一遇(校核)	422.41	1 410	1 451	49	3.50

5.4.2　水面线计算

根据能量方程用分段求和法计算洞身段水面曲线,公式如下:

$$\Delta l_{1-2} = \frac{(h_2 + \frac{\alpha_2 v_2^2}{2g}) - (h_1 + \frac{\alpha_1 v_1^2}{2g})}{i - J} \tag{5-3}$$

$$J = [n^2(v_1 + v_2)^2/4]/\mathrm{R} \tag{5-4}$$

式中　Δl_{1-2}——分段长度;

h_1、h_2——分段始、末断面水深;

v_1、v_2——分段始、末断面平均流速;

α_1、α_2——流速分布不均匀系数;

i——洞身底坡;

J——分段内平均摩阻坡降;

n——洞身槽身糙率系数;

R——分段平均水力半径,$R=(R_1+R_2)/2$。

收缩断面水深按下式计算:

$$h_c = H_0 - \frac{q^2}{2g\varphi^2 h^2} \tag{5-5}$$

式中　h_c——收缩断面水深;

q——收缩断面单宽流量;

H_0——起始计算断面洞底以上总水头;

φ——起始计算断面流速系数;

h——洞身计算断面未掺气水深;

g——重力加速度。

洞身段水流掺气水深按下式计算:

$$Lg\left(\frac{h_a - h}{\Delta}\right) = 1.77 + 0.008\ 1\frac{v^2}{gR} \tag{5-6}$$

式中　h_a——洞身计算断面的掺气水深;

v——不掺气情况下洞身计算断面的流速;

Δ——表面绝对粗糙度。

各计算工况下泄洪洞洞内水面线计算成果见表 5-6~表 5-8。

表 5-6 防洪高水工况下泄洪洞洞内水面线计算成果

断面位置	h	B_1	A	χ	R	n	C	Q	v	J	E_s	$\bar{J}$	i	$i-\bar{J}$	ΔE_s	ΔS	$\sum S$	h_b	h_a
起始断面	6.17	7.5	46.29	19.84	2.33	0.014	82.26	1 000	21.60	0.04	29.96						0	6.17	6.34
	6.27	7.5	47.04	20.04	2.35	0.014	82.34	1 000	21.26	0.04	29.31	0.04	0.02	-0.018	-0.65	35.31	35.3	6.27	6.44
	6.37	7.5	47.79	20.24	2.36	0.014	82.42	1 000	20.92	0.04	28.69	0.04	0.02	-0.017	-0.62	36.20	71.5	6.37	6.54
	6.47	7.5	48.54	20.44	2.37	0.014	82.50	1 000	20.60	0.04	28.10	0.04	0.02	-0.016	-0.58	37.23	108.7	6.47	6.64
	6.57	7.5	49.29	20.64	2.39	0.014	82.58	1 000	20.29	0.03	27.55	0.03	0.02	-0.014	-0.55	38.39	147.1	6.57	6.74
	6.67	7.5	50.04	20.84	2.40	0.014	82.65	1 000	19.98	0.03	27.03	0.03	0.02	-0.013	-0.52	39.72	186.8	6.67	6.83
	6.77	7.5	50.79	21.04	2.41	0.014	82.73	1 000	19.69	0.03	26.53	0.03	0.02	-0.012	-0.50	41.25	228.1	6.77	6.93
	6.87	7.5	51.54	21.24	2.43	0.014	82.80	1 000	19.40	0.03	26.06	0.03	0.02	-0.011	-0.47	43.01	271.1	6.87	7.03
	6.97	7.5	52.29	21.44	2.44	0.014	82.87	1 000	19.12	0.03	25.61	0.03	0.02	-0.010	-0.45	45.08	316.2	6.97	7.13
	7.07	7.5	53.04	21.64	2.45	0.014	82.94	1 000	18.85	0.03	25.19	0.03	0.02	-0.009	-0.42	47.50	363.7	7.07	7.23
	7.17	7.5	53.79	21.84	2.46	0.014	83.00	1000	18.59	0.03	24.79	0.03	0.02	-0.008	-0.40	50.40	414.1	7.17	7.33
	7.27	7.5	54.54	22.04	2.47	0.014	83.07	1 000	18.34	0.03	24.41	0.03	0.02	-0.007	-0.38	53.90	468.0	7.27	7.42
	7.37	7.5	55.29	22.24	2.49	0.014	83.13	1 000	18.09	0.03	24.04	0.03	0.02	-0.006	-0.36	58.20	526.2	7.37	7.52

注：h—断面未掺气水深，m；B_1—洞身宽度；A—水面面积，m^2；χ—湿周，m；R—水力半径，m；n—洞身槽身糙率系数；C—谢才系数，$m^{1/2}/s$；Q—流量，m^3/s；v—平均流速，m/s；J—摩阻坡降；E_s—比能；$\bar{J}$—平均摩阻坡降；i—洞身底坡；$i-\bar{J}$—断面比降差值；ΔE_s—相邻断面比能差，m；ΔS—分段长度，m；$\sum S$—累计长度，m；h_b—断面水深，m；h_a—断面掺气后水深，m。

表 5-7 设计洪水工况下泄洪洞洞内水面线计算成果

断面位置	h	B_1	A	χ	R	n	C	Q	v	J	E_s	$\bar{J}$	i	$i-\bar{J}$	ΔE_s	ΔS	$\sum S$	h_b	h_a
起始断面	6. 21	7. 5	46. 59	19. 92	2. 34	0. 014	82. 29	1 364	29. 28	0. 07	49. 90						0	6. 21	6. 45
	6. 31	7. 5	47. 34	20. 12	2. 35	0. 014	82. 37	1 364	28. 81	0. 07	48. 62	0. 07	0. 02	-0. 051	-1. 27	25. 22	25. 2	6. 31	6. 54
	6. 41	7. 5	48. 09	20. 32	2. 37	0. 014	82. 45	1 364	28. 36	0. 07	47. 42	0. 07	0. 02	-0. 048	-1. 21	25. 24	50. 5	6. 41	6. 64
	6. 51	7. 5	48. 84	20. 52	2. 38	0. 014	82. 53	1 364	27. 93	0. 06	46. 27	0. 07	0. 02	-0. 045	-1. 15	25. 30	75. 8	6. 51	6. 73
	6. 61	7. 5	49. 59	20. 72	2. 39	0. 014	82. 61	1 364	27. 51	0. 06	45. 17	0. 06	0. 02	-0. 043	-1. 09	25. 37	101. 1	6. 61	6. 83
	6. 71	7. 5	50. 34	20. 92	2. 41	0. 014	82. 68	1 364	27. 10	0. 06	44. 13	0. 06	0. 02	-0. 041	-1. 04	25. 45	126. 6	6. 71	6. 92
	6. 81	7. 5	51. 09	21. 12	2. 42	0. 014	82. 76	1 364	26. 70	0. 06	43. 14	0. 06	0. 02	-0. 039	-0. 99	25. 53	152. 1	6. 81	7. 02
	6. 91	7. 5	51. 84	21. 32	2. 43	0. 014	82. 83	1 364	26. 31	0. 06	42. 20	0. 06	0. 02	-0. 037	-0. 94	25. 65	177. 8	6. 91	7. 11
	7. 01	7. 5	52. 59	21. 52	2. 44	0. 014	82. 90	1 364	25. 94	0. 05	41. 30	0. 05	0. 02	-0. 035	-0. 90	25. 77	203. 5	7. 01	7. 21
	7. 11	7. 5	53. 34	21. 72	2. 46	0. 014	82. 96	1 364	25. 57	0. 05	40. 44	0. 05	0. 02	-0. 033	-0. 86	25. 92	229. 5	7. 11	7. 31
	7. 21	7. 5	54. 09	21. 92	2. 47	0. 014	83. 03	1 364	25. 22	0. 05	39. 62	0. 05	0. 02	-0. 031	-0. 82	26. 08	255. 5	7. 21	7. 40
	7. 31	7. 5	54. 84	22. 12	2. 48	0. 014	83. 10	1 364	24. 87	0. 05	38. 84	0. 05	0. 02	-0. 030	-0. 78	26. 26	281. 8	7. 31	7. 50
	7. 41	7. 5	55. 59	22. 32	2. 49	0. 014	83. 16	1 364	24. 54	0. 05	38. 10	0. 05	0. 02	-0. 028	-0. 75	26. 47	308. 3	7. 41	7. 60
	7. 51	7. 5	56. 34	22. 52	2. 50	0. 014	83. 22	1 364	24. 21	0. 05	37. 39	0. 05	0. 02	-0. 027	-0. 71	26. 69	334. 9	7. 51	7. 70
	7. 61	7. 5	57. 09	22. 72	2. 51	0. 014	83. 28	1 364	23. 89	0. 04	36. 71	0. 05	0. 02	-0. 025	-0. 68	26. 95	361. 9	7. 61	7. 79
	7. 71	7. 5	57. 84	22. 92	2. 52	0. 014	83. 34	1 364	23. 58	0. 04	36. 06	0. 04	0. 02	-0. 024	-0. 65	27. 22	389. 1	7. 71	7. 89
	7. 81	7. 5	58. 59	23. 12	2. 53	0. 014	83. 40	1 364	23. 28	0. 04	35. 44	0. 04	0. 02	-0. 023	-0. 62	27. 53	416. 6	7. 81	7. 99
	7. 91	7. 5	59. 34	23. 32	2. 54	0. 014	83. 46	1 364	22. 99	0. 04	34. 84	0. 04	0. 02	-0. 021	-0. 59	27. 86	444. 5	7. 91	8. 09
	8. 01	7. 5	60. 09	23. 52	2. 55	0. 014	83. 51	1 364	22. 70	0. 04	34. 27	0. 04	0. 02	-0. 020	-0. 57	28. 23	472. 7	8. 01	8. 18
	8. 11	7. 5	60. 84	23. 72	2. 56	0. 014	83. 57	1 364	22. 42	0. 04	33. 73	0. 04	0. 02	-0. 019	-0. 54	28. 64	501. 4	8. 11	8. 28
	8. 21	7. 5	61. 59	23. 92	2. 57	0. 014	83. 62	1 364	22. 15	0. 04	33. 21	0. 04	0. 02	-0. 018	-0. 52	29. 09	530. 5	8. 21	8. 38

表 5-8　校核洪水工况下泄洪洞洞内水面线计算成果

断面位置	h	B_1	A	χ	R	n	C	Q	v	J	E_s	$\bar{J}$	i	$i-\bar{J}$	ΔE_s	ΔS	$\sum S$	h_b	h_a
起始断面	6.22	7.5	46.62	19.93	2.34	0.014	82.29	1 410	30.25	0.08	52.85						0	6.22	6.46
	6.32	7.5	47.37	20.13	2.35	0.014	82.38	1 410	29.77	0.07	51.48	0.08	0.02	-0.055	-1.36	24.71	24.7	6.32	6.56
	6.42	7.5	48.12	20.33	2.37	0.014	82.46	1 410	29.30	0.07	50.18	0.07	0.02	-0.052	-1.30	24.72	49.4	6.42	6.65
	6.52	7.5	48.87	20.53	2.38	0.014	82.54	1 410	28.85	0.07	48.95	0.07	0.02	-0.050	-1.23	24.75	74.2	6.52	6.74
	6.62	7.5	49.62	20.73	2.39	0.014	82.61	1 410	28.42	0.07	47.78	0.07	0.02	-0.047	-1.17	24.77	98.9	6.62	6.84
	6.72	7.5	50.37	20.93	2.41	0.014	82.69	1 410	28.00	0.06	46.66	0.06	0.02	-0.045	-1.12	24.83	123.8	6.72	6.93
	6.82	7.5	51.12	21.13	2.42	0.014	82.76	1 410	27.58	0.06	45.60	0.06	0.02	-0.043	-1.06	24.89	148.7	6.82	7.03
	6.92	7.5	51.87	21.33	2.43	0.014	82.83	1 410	27.19	0.06	44.58	0.06	0.02	-0.041	-1.01	24.96	173.6	6.92	7.13
	7.02	7.5	52.62	21.53	2.44	0.014	82.90	1 410	26.80	0.06	43.62	0.06	0.02	-0.039	-0.97	25.04	198.7	7.02	7.22
	7.12	7.5	53.37	21.73	2.46	0.014	82.97	1 410	26.42	0.06	42.70	0.06	0.02	-0.037	-0.92	25.14	223.8	7.12	7.32
	7.22	7.5	54.12	21.93	2.47	0.014	83.03	1 410	26.06	0.05	41.82	0.05	0.02	-0.035	-0.88	25.26	249.1	7.22	7.41
	7.32	7.5	54.87	22.13	2.48	0.014	83.10	1 410	25.70	0.05	40.98	0.05	0.02	-0.033	-0.84	25.38	274.4	7.32	7.51
	7.42	7.5	55.62	22.33	2.49	0.014	83.16	1 410	25.35	0.05	40.18	0.05	0.02	-0.031	-0.80	25.54	300.0	7.42	7.61
	7.52	7.5	56.37	22.53	2.50	0.014	83.22	1 410	25.02	0.05	39.41	0.05	0.02	-0.030	-0.77	25.70	325.7	7.52	7.70
	7.62	7.5	57.12	22.73	2.51	0.014	83.28	1 410	24.69	0.05	38.68	0.05	0.02	-0.028	-0.73	25.89	351.6	7.62	7.80
	7.72	7.5	57.87	22.93	2.52	0.014	83.34	1 410	24.37	0.05	37.98	0.05	0.02	-0.027	-0.70	26.10	377.7	7.72	7.90
	7.82	7.5	58.62	23.13	2.53	0.014	83.40	1 410	24.05	0.04	37.31	0.05	0.02	-0.025	-0.67	26.31	404.0	7.82	8.00
	7.92	7.5	59.37	23.33	2.54	0.014	83.46	1 410	23.75	0.04	36.67	0.04	0.02	-0.024	-0.64	26.57	430.5	7.92	8.10
	8.02	7.5	60.12	23.53	2.55	0.014	83.51	1 410	23.45	0.04	36.05	0.04	0.02	-0.023	-0.61	26.85	457.4	8.02	8.19
	8.12	7.5	60.87	23.73	2.56	0.014	83.57	1 410	23.17	0.04	35.47	0.04	0.02	-0.022	-0.59	27.17	484.6	8.12	8.29
	8.22	7.5	61.62	23.93	2.57	0.014	83.62	1 410	22.88	0.04	34.91	0.04	0.02	-0.020	-0.56	27.48	512.0	8.22	8.39
	8.32	7.5	62.37	24.13	2.58	0.014	83.68	1 410	22.61	0.04	34.37	0.04	0.02	-0.019	-0.54	27.86	539.9	8.32	8.49

泄洪洞为无压城门洞形隧洞，无压洞洞身长 518 m，内插洞身最大水深、掺气后最大水深计算成果见表 5-9。

表 5-9　泄洪洞水面线计算成果

工况	防洪高水位 （P=2%）	设计洪水位 （P=0.2%）	校核洪水位 （P=0.02%）
水位/m	417.20	418.36	422.41
洞身最大水深/m	7.36	8.17	8.24
掺气后最大水深/m	7.51	8.34	8.41
掺气水面以上面积占总面积百分比/%	20.88	15.59	15.03

从表 5-9 可以看出，泄洪洞洞身掺气后水面以上面积占总面积均超过 15%，校核情况下最大水深未超过洞身直墙高度，洞身断面满足要求。

5.4.3　消能防冲计算

泄洪洞位于溢洪道左侧，泄洪洞也采用挑流消能，库水位超 50 年一遇时溢洪道和泄洪洞同时泄洪。经计算，消能设计各工况冲坑到鼻坎间的坡比满足规范要求，工程安全。

泄洪洞挑流消能计算成果见表 5-10。

表 5-10　泄洪洞挑流消能计算成果

工况	防洪高水位 （P=2%）	设计洪水位 （P=0.2%）	校核洪水位 （P=0.02%）
总挑距/m	146.22	153.26	162.23
冲坑深度/m	26.92	31.42	32.51
冲坑到鼻坎间坡度	1/5.43	1/4.88	1/4.99
冲坑到鼻坎间允许坡度	1/3~1/6	1/3~1/6	1/3~1/6

5.5　稳定计算

5.5.1　闸室稳定计算

5.5.1.1　计算参数

根据地质报告成果，闸室地基为安山玢岩，岩体抗剪断强度：f'=0.9，c'=0.7 MPa，变形模量 5.0 GPa，承载力 18 MPa；建议混凝土与岩体抗剪断强度：f'=0.9，c'=0.7 MPa。

5.5.1.2　计算工况

泄洪洞进口闸室位于安山玢岩的弱风化区内，竖井垂直进流方向结构基本对称，但竖井出露地面较高，风荷载影响较大，故闸室稳定计算按较不利荷载组合对进流方向和垂直进流向分别进行计算，根据泄洪洞实际运用条件及《水利水电工程进水口设计规范》(SL 285—2020)，各计算工况的荷载组合如表 5-11 所示。

表 5-11　闸室稳定计算荷载组合

工况		结构自重	水重	静水压力	门推力	扬压力	土压力	地震力	风荷载
基本荷载组合	完建期								
	正常蓄水位关门								
	设计水位开门								
特殊荷载组合	校核水位开门								

5.5.1.3　**闸室抗滑稳定及基底应力计算**

闸室抗滑稳定计算、抗倾稳定计算、地基应力计算公式均取自《水闸设计规范》(SL 265—2016)。

抗滑稳定安全系数采用如下抗剪断强度公式计算：

$$K = \frac{f' \sum W + c'A}{\sum P} \geqslant [K] \tag{5-7}$$

式中　K——抗滑稳定安全系数；

f'——混凝土与基岩接触面的抗剪断摩擦系数；

c'——混凝土与基岩接触面的抗剪断黏聚力；

$\sum W$——全部荷载对计算滑动面的法向分量；

$\sum P$——全部荷载对计算滑动面的切向分量；

$[K]$——容许抗滑稳定安全系数；

A——基础底面的面积。

地基应力计算公式：

$$P_{\min}^{\max} = \frac{\sum G}{A}\left(1 \pm \frac{6e}{B}\right) \tag{5-8}$$

式中　$P_{\max}$、$P_{\min}$——基础底面应力的最大值和最小值，t/m^2；

$\sum G$——竖向力之和，t；

A——基础底面的面积，m^2；

B——底板顺水流方向的宽度，m；

e——合力距底板中心点的偏心距，m。

5.5.1.4　**计算成果**

根据上述荷载组合和计算公式进行计算，闸室稳定计算成果见表 5-12。由表 5-12 可知,基底压力最大值均小于地基承载力 2 000 kPa 且无拉应力,抗滑、抗浮和抗倾计算均满足相关规范要求。

表 5-12　闸室稳定计算成果

计算方向	计算工况	抗滑稳定安全系数	抗浮稳定安全系数	抗倾稳定安全系数	应力/kPa	
					P_{max}	P_{min}
顺水流方向	完建期	—	—	—	1 020.64	598.46
	正常蓄水位关门	5.60	3.28	1.71	617.93	554.64
	设计水位开门	3.97	2.89	1.74	762.10	538.97
	校核水位开门	3.49	2.72	1.61	780.41	493.20

5.5.2　挡土墙稳定计算

5.5.2.1　计算断面

下游挑流鼻坎两侧挡土墙为衡重式结构,本工程选取桩号 0+558 断面进行计算。

5.5.2.2　计算参数

岩基部分:混凝土与岩石综合摩擦系数 $f=0.55$,地基允许承载力 18 MPa,回填石渣取干密度 1.90 t/m³,湿密度 2.0 t/m³,饱和密度 2.1 t/m³,回填料可用强、弱风化石渣,采用综合摩擦角:水上 $\varphi=35°$,水下 $\varphi=33°$。

5.5.2.3　计算工况

各断面均按基本荷载组合和特殊荷载组合进行计算。计算工况荷载组合见表 5-13。

表 5-13　下游挡土墙荷载组合

荷载组合		计算工况	荷载							允许安全系数
			自重	土重	水重	静水压力	扬压力	土压力	其他	
基本组合	1	完建期								1.05
	2	500 年设计洪水泄洪情况								
特殊组合	3	5 000 年校核洪水泄洪情况								1.0

基本组合 1:完建期,自重+土压力+土重+其他;

基本组合 2:设计洪水工况,自重+水重+静水压力+土重+土压力+扬压力+其他;

特殊组合:校核洪水工况,自重+水重+静水压力+土重+土压力+扬压力。

5.5.2.4　计算方法

基底压力计算时,衡重式挡土墙的底板宽度按水平底板宽计算。墙后回填石渣的水平压力按主动土压力计算。

抗滑稳定计算按抗剪强度公式：

$$K_c = \frac{f\sum W}{\sum P} \tag{5-9}$$

式中 K_c——按抗剪强度计算的抗滑稳定安全系数；

f——基础底面与地基之间的抗剪摩擦系数；

$\sum W$——作用在挡土墙上的全部荷载对计算滑动面的法向分量；

$\sum P$——作用在挡土墙上的全部荷载对计算滑动面的切向分量。

基底应力按单向偏心受压公式计算：

$$\sigma_{\min}^{\max} = \frac{\sum G}{B}\left(1 \pm 6\frac{e}{B}\right) \tag{5-10}$$

式中 $\sigma_{\min}^{\max}$——基底应力的最大值、最小值；

$\sum G$——作用在挡土墙上的全部竖向荷载；

B——挡土墙基础底面的长度；

e——全部外荷载对于挡土墙基础底面形心的偏心距。

抗倾稳定，计算公式为

$$K_0 = \frac{\sum M_y}{\sum M_0} \tag{5-11}$$

式中 $\sum M_y$——作用于墙体的荷载对墙前趾产生的稳定力矩；

$\sum M_0$——作用于墙体的荷载对墙前趾产生的倾覆力矩；

K_0——抗倾稳定安全系数。

抗滑稳定安全系数，按《水工挡土墙设计规范》(SL 379—2007)规定，2 级建筑物基本组合 $K_c = 1.05$，特殊组合 $K_c = 1.0$；基底应力各种工况下均应大于 0，并应小于基岩的容许承载力。抗倾稳定安全系数，对于特殊荷载组合 $K_0 \geq 1.3$，基本荷载组合 $K_0 \geq 1.5$。

5.5.2.5 计算成果

断面计算时采用的工作条件、水位及计算成果见表 5-14。

表 5-14 挡土墙稳定计算成果汇总

工况		完建期	500 年设计洪水位	5 000 年校核洪水位
计算条件		墙前后无水	墙前后 500 年设计水位	墙前后 5 000 年校核水位
安全系数	抗滑	1.924	1.792	1.795
	抗倾	2.284	1.609	1.611
平均应力/kPa		462.07	335.16	332.11
σ_1/kPa		374.21	445.50	439.95
σ_2/kPa		549.94	224.81	224.27

注：σ_1 为前趾地基反力；σ_2 为后踵地基反力。

通过计算结果可知，下游挡土墙各种工况下的稳定计算结果均满足规范要求。

5.6　洞身结构计算

5.6.1　衬砌计算说明

本阶段对泄洪洞主要部位洞身衬砌结构进行初步计算,以确定衬砌尺寸。采用大型商业软件 ABAQUS 进行计算分析,有限元计算前处理采用专业网格剖分软件 HYPERMESH 进行网格剖分。由于隧洞结构及受力近似对称,因此仅取一半进行有限元网格剖分。

计算范围:隧洞两侧及下部取 5 倍洞径以上,隧洞以上取至山顶。本构模型用于描述材料应力应变关系。

5.6.2　本构模型、材料参数及边界条件

本构模型用于描述材料应力应变关系。计算中,围岩采用弹塑性 Drucker-Prager 本构模型,衬砌采用弹性模型,主要材料参数取值如表 5-15 所示。计算时,以隧洞线所在的铅直面为对称面,取隧洞的一半开展计算分析。约束条件为:对称面、模型侧面、模型底面及两端施加法向连杆约束。

表 5-15　材料物理力学参数取值

坝址	密度/(kg/m^3)	岩体抗剪断强度		变形模量/MPa	泊松比
		f'	c'/MPa		
围岩	2 640	0.80	0.70	5 000	0.25
断层带	2 600	0.50	0.10	1 000	0.25
混凝土	2 500	—	—	2 500	0.17

注:f'为抗剪断摩擦系数;c'为抗剪断黏聚力。

泄洪洞计算模型见图 5-2。

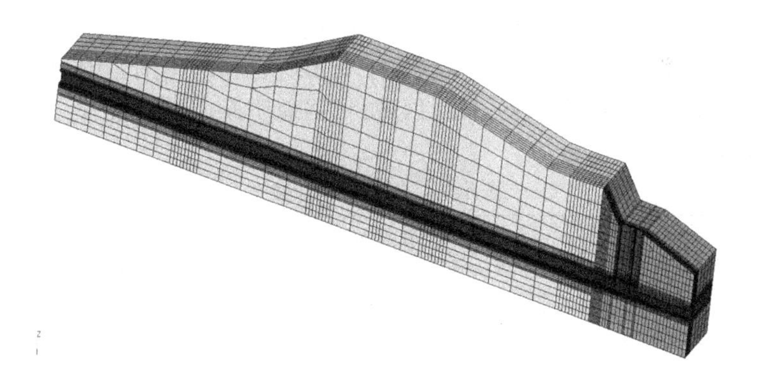

图 5-2　泄洪洞计算模型

5.6.3 计算断面选取

对洞身的不同位置取典型断面进行结构计算，并且初步拟定了各个断面的控制范围。后期可根据开挖后的地质状况，对设计的洞身断面尺寸及其控制范围做相应的调整。计算断面及其控制范围见表5-16。

表5-16 计算断面及其控制范围

名称	断面位置	控制范围
洞身前段	0+125	0+030~0+190
洞身中段	0+260	0+190~0+325
洞身后段	0+420	0+325~0+588

5.6.4 计算工况及荷载组合

每个断面的计算工况有三种：运行期工况、完建期工况与施工期工况，工况及荷载组合如表5-17所示。

表5-17 计算工况及荷载组合

计算工况	荷载组合						组合类别
	自重	内水压力	外水压力	山岩压力	弹性抗力	灌浆压力	
完建期	√			√	√		基本组合
运行期	√	√	√	√	√		基本组合
施工期	√			√	√	√	特殊组合

5.6.5 主要计算参数及荷载分析

洞身尺寸：洞身断面为城门洞形，具体尺寸见有关图纸。

岩石力学参数：泄洪洞进口、洞身中部位于安山玢岩弱风化围岩中，洞身出口位于辉绿岩弱风化围岩中，洞身中部出现强风化区域，根据地质勘探成果报告，选取各层岩体力学参数见表5-18。

表5-18 岩体力学参数

岩层及部位	围岩级别	单位弹性抗力系数 k_0/(kg/cm³)	坚固系数 f_k	弹性模量 E/GPa
安山玢岩(进口)	3	300	6	12
辉绿岩(出口段)	4	80	2	3.0
强风化带	4	30	1.5	1.5

外水压力:对于无压隧洞的衬砌计算,外水压力是主要的设计荷载,由于水库校核洪水位、设计洪水位历时较短,对洞身形不成稳定的渗压水头,因此取正常蓄水位403.00 m为上游水位,计算每个断面的外水压力。外水压力受围岩构造裂隙、完整程度及排水措施等多方因素的影响,依据《水工隧洞设计规范》(SL 279—2016)应予以折减,本次洞身衬砌计算时的外水折减系数取:进口段1.0、洞中段0.7、出口段0.4。

校核工况和设计工况内水压力为有利荷载,具体数值在泄洪洞水面线推算过程中已推求。外水压力计算时,从上游库水位到出口洞顶拉一直线,截取计算断面的水头再乘以相应的折减系数。

内水压力:运行情况下,洞室过水,考虑内水压力,由洞身水面线可以得出各断面的内水水头。

围岩压力:本设计中竖向应力计算采用公式: $\delta_z = \rho g h$,其中岩石密度 ρ 取2 640 kg/m^3,重力加速度 g 取9.8 N/kg,h 为计算点的埋深。得到垂直方向地应力后,根据 $\delta_z = k\delta_x = \delta_y$,此处计算 k 值暂取为1.0,即假设水平向地应力与竖向地应力相同,以此作为确定隧洞围岩荷载的依据。

灌浆压力:灌浆压力按0.3 MPa计。

5.6.6 计算成果整理与分析

5.6.6.1 坐标方向

沿洞轴线向下游方向为 x 向;高程向上方向为 z 向;y 向与 x 向和 z 向正交且 x、y、z 满足右手螺旋法则。

5.6.6.2 应力符号

(1)所有轴力图、弯矩图中,箭头指向洞内表示正值、箭头指向围岩表示负值。

(2)应力以拉为正、压为负,内边缘应力指与水接触的衬砌侧壁位置的正应力,外边缘应力指与围岩接触的正应力。

(3)弯矩以使衬砌内壁处(与水接触的壁面)发生压应力为负。

(4)轴力以拉为正、压为负。

5.6.6.3 荷载步

为了模拟隧洞开挖过程及围岩与衬砌的相互作用,采用分级加载的方式开展有限元计算,各荷载步所代表的荷载见表5-19。

表5-19 各荷载步含义

荷载步	表示含义
1	施加初始地应力(用于形成隧洞围岩压力)
2	围岩压力释放25%
3	对围岩进行喷锚支护
4	围岩压力共释放75%(施工期,衬砌施工前)
5	衬砌浇筑并释放剩余25%围岩压力(完建期)
6	施加动水压力(蓄水期或洪水期)

5.6.6.4　计算结果

数据统计时,在隧洞衬砌断面(典型桩号)上选取截面,洞室衬砌截面编号如图 5-3 所示,内力计算成果见表 5-20~表 5-28。

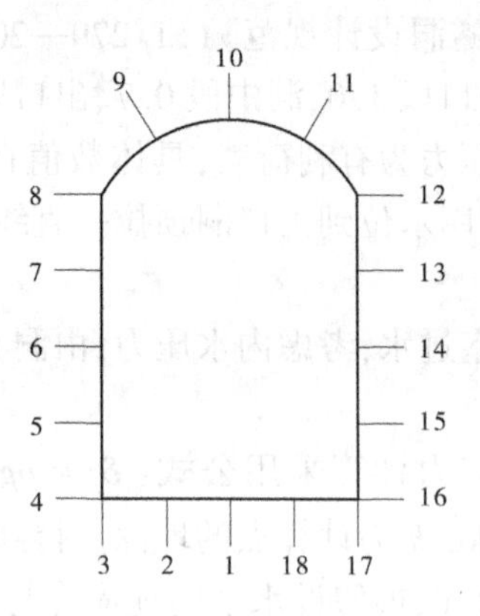

图 5-3　泄洪洞结构计算简图

表 5-20　0+125 断面完建期应力计算成果

截面编号	弯矩/(MN·m)	轴力/MN	剪力/MN	外边缘应力/MPa	内边缘应力/MPa
1	0.327	-5.504	-0.027	-3.064	-1.253
2	0.165	-6.116	-0.447	-2.856	-1.941
3	-1.912	-8.7	-3.344	1.882	-8.706
4	-1.97	-8.268	3.203	2.212	-8.696
5	0.358	-5.348	0.252	-3.089	-1.106
6	0.214	-4.764	-0.016	-2.461	-1.275
7	0.158	-5.044	-0.188	-2.415	-1.541
8	-0.89	-6.823	-1.692	-0.213	-5.139
9	-0.12	-8.129	-0.897	-2.862	-3.526
10	-0.165	-8.358	0.52	-2.821	-3.734

表 5-21　0+260 断面完建期应力计算成果

截面编号	弯矩/(MN·m)	轴力/MN	剪力/MN	外边缘应力/MPa	内边缘应力/MPa
1	0.404	-6.811	-0.034	-3.791	-1.551
2	0.204	-7.57	-0.554	-3.533	-2.404
3	-2.373	-10.776	-4.148	2.344	-10.796
4	-2.445	-10.256	3.975	2.748	-10.792
5	0.445	-6.655	0.316	-3.841	-1.379

续表 5-21

截面编号	弯矩/(MN·m)	轴力/MN	剪力/MN	外边缘应力/MPa	内边缘应力/MPa
6	0.268	-5.949	-0.017	-3.074	-1.592
7	0.199	-6.327	-0.233	-3.033	-1.93
8	-1.117	-8.583	-2.124	-0.273	-6.459
9	-0.148	-10.24	-1.127	-3.611	-4.435
10	-0.206	-10.533	0.655	-3.561	-4.7

表 5-22　0+420 断面完建期应力计算成果

截面编号	弯矩/(MN·m)	轴力/MN	剪力/MN	外边缘应力/MPa	内边缘应力/MPa
1	0.204	-3.452	-0.017	-1.919	-0.789
2	0.104	-3.831	-0.277	-1.79	-1.215
3	-1.184	-5.431	-2.071	1.148	-5.407
4	-1.219	-5.123	1.989	1.367	-5.384
5	0.222	-3.279	0.152	-1.9	-0.672
6	0.13	-2.888	-0.015	-1.493	-0.773
7	0.092	-3.016	-0.118	-1.439	-0.927
8	-0.531	-4.047	-1.009	-0.116	-3.058
9	-0.075	-4.802	-0.534	-1.679	-2.094
10	-0.101	-4.929	0.306	-1.654	-2.212

表 5-23　0+125 断面施工期应力计算成果

截面编号	弯矩/(MN·m)	轴力/MN	剪力/MN	外边缘应力/MPa	内边缘应力/MPa
1	0.346	-5.365	-0.028	-3.062	-1.146
2	0.181	-6.005	-0.464	-2.855	-1.855
3	-1.985	-8.73	-3.504	2.072	-8.919
4	-2.024	-8.85	3.257	2.135	-9.076
5	0.355	-5.957	0.243	-3.318	-1.354
6	0.207	-5.443	-0.036	-2.708	-1.561
7	0.134	-5.883	-0.233	-2.678	-1.936
8	-0.996	-7.886	-1.817	-0.336	-5.849
9	-0.108	-9.072	-1.014	-3.264	-3.864
10	-0.167	-9.367	0.58	-3.211	-4.136

表 5-24 0+260 断面施工期应力计算成果

截面编号	弯矩/(MN·m)	轴力/MN	剪力/MN	外边缘应力/MPa	内边缘应力/MPa
1	0.424	-6.671	-0.035	-3.789	-1.443
2	0.219	-7.459	-0.572	-3.532	-2.318
3	-2.447	-10.808	-4.309	2.536	-11.012
4	-2.5	-10.84	4.03	2.672	-11.174
5	0.441	-7.266	0.307	-4.071	-1.628
6	0.26	-6.63	-0.037	-3.321	-1.879
7	0.175	-7.167	-0.278	-3.296	-2.325
8	-1.223	-9.649	-2.25	-0.397	-7.17
9	-0.137	-11.183	-1.244	-4.014	-4.774
10	-0.208	-11.543	0.716	-3.951	-5.102

表 5-25 0+420 断面施工期应力计算成果

截面编号	弯矩/(MN·m)	轴力/MN	剪力/MN	外边缘应力/MPa	内边缘应力/MPa
1	0.223	-3.311	-0.018	-1.917	-0.68
2	0.12	-3.718	-0.295	-1.789	-1.127
3	-1.257	-5.46	-2.234	1.34	-5.622
4	-1.274	-5.709	2.042	1.289	-5.767
5	0.218	-3.892	0.142	-2.131	-0.922
6	0.123	-3.571	-0.035	-1.741	-1.06
7	0.069	-3.859	-0.163	-1.703	-1.323
8	-0.638	-5.113	-1.136	-0.24	-3.771
9	-0.063	-5.744	-0.65	-2.082	-2.431
10	-0.103	-5.936	0.366	-2.044	-2.612

表 5-26　0+125 断面运行期应力计算成果

截面编号	弯矩/(MN·m)	轴力/MN	剪力/MN	外边缘应力/MPa	内边缘应力/MPa
1	0.417	-6.428	-0.037	-3.675	-1.367
2	0.202	-7.242	-0.588	-3.399	-2.281
3	-2.428	-10.613	-4.254	2.56	-10.884
4	-2.509	-9.912	4.104	3.06	-10.834
5	0.465	-6.084	0.343	-3.672	-1.1
6	0.275	-5.312	-0.015	-2.845	-1.322
7	0.192	-5.7	-0.244	-2.767	-1.704
8	-1.079	-7.984	-2.069	-0.143	-6.119
9	-0.152	-9.708	-1.075	-3.392	-4.237
10	-0.206	-10	0.622	-3.352	-4.491

表 5-27　0+260 断面运行期应力计算成果

截面编号	弯矩/(MN·m)	轴力/MN	剪力/MN	外边缘应力/MPa	内边缘应力/MPa
1	0.446	-7.236	-0.038	-4.073	-1.603
2	0.221	-8.089	-0.619	-3.784	-2.561
3	-2.606	-11.656	-4.558	2.644	-11.786
4	-2.689	-10.971	4.39	3.144	-11.749
5	0.494	-6.95	0.357	-4.092	-1.358
6	0.294	-6.157	-0.017	-3.228	-1.601
7	0.212	-6.575	-0.255	-3.165	-1.992
8	-1.188	-9.018	-2.263	-0.247	-6.826
9	-0.162	-10.816	-1.19	-3.801	-4.699
10	-0.223	-11.128	0.693	-3.748	-4.98

表 5-28　0+420 断面运行期应力计算成果

截面编号	弯矩/(MN · m)	轴力/MN	剪力/MN	外边缘应力/MPa	内边缘应力/MPa
1	0. 209	-3. 502	-0. 017	-1. 952	-0. 795
2	0. 106	-3. 891	-0. 283	-1. 82	-1. 232
3	-1. 202	-5. 526	-2. 106	1. 162	-5. 496
4	-1. 24	-5. 136	2. 034	1. 42	-5. 449
5	0. 228	-3. 24	0. 154	-1. 901	-0. 64
6	0. 13	-2. 84	-0. 016	-1. 475	-0. 753
7	0. 089	-2. 958	-0. 115	-1. 406	-0. 913
8	-0. 514	-3. 937	-0. 971	-0. 121	-2. 968
9	-0. 074	-4. 632	-0. 513	-1. 615	-2. 025
10	-0. 1	-4. 747	0. 295	-1. 585	-2. 138

根据规范规定,洞身衬砌结构除应满足承载能力要求外,还应满足正常使用极限状态下最大裂缝开展宽度的要求。本工程洞身衬砌环境类别为二类,最大裂缝允许值取 0. 3 mm。由应力计算成果可知:各断面底板与侧墙相交的角部外侧所受应力最大,且与其他部位应力相差较多,故配筋时采取角部加强配筋。实际配筋除边墙与底板交接处外侧选用受力配筋为Φ 22@ 100 外,其余部位结构受力配筋均为Φ 22@ 200,分布钢筋为Φ 18@ 200。经验算,各工况下结构计算满足规范要求,洞身结构尺寸合理。

第 6 章　溢洪道

溢洪道布置于水库大坝左岸山体上，考虑坝址左岸山体地形、地质及运用条件，溢洪道进水渠设置为转弯渠道，控制段、泄槽及消能防冲设施轴线布置为直线。控制段闸室前沿和溢洪道轴线交点坐标为 X=3 777 166.360，Y=350 753.834，挑流鼻坎末端与轴线交点坐标为 X=3 777 273.133，Y=350 860.607。

6.1　基本资料

6.1.1　地质情况

溢洪道处左侧边坡最高处地面高程 480.00 m 左右，山体两侧山坡较陡，进水渠口地面高程 400.00~455.00 m，背水侧底部为杨沟，沟底高程 343.50~348.00 m。

6.1.1.1　进水渠及控制段

进水渠段建基面高程为 399.00 m，位于弱风化安山玢岩上。

控制段基岩裸露，岩性主要为弱风化上段安山玢岩，钻孔 ZK1 揭露厚度 1.9 m。钻孔 ZK1 上部岩体透水率为 10~13 Lu（高程 397.26 m 以上），属于中等透水；其余岩体透水率为 0.48~7.7 Lu，属于弱透水。控制段底板建基面下岩体透水率为 0.48~7.2 Lu，岩体陡倾角裂隙发育，裂隙走向以北西向、北东向为主，北东向裂隙中与溢洪道轴线小角度相交，受构造影响，岩体多呈镶嵌碎裂结构，完整性较差。左右两岸边坡最高分别达到 80 m、30 m，为中-高岩质工程悬坡。

6.1.1.2　泄槽及消能工段

泄槽前段基岩裸露，岩性为弱风化安山玢岩，后段上部为覆盖层，下伏弱风化辉绿岩，建基面下岩体透水率为 1.6~7.2 Lu，岩体裂隙发育，裂隙走向以北西向为主，与溢洪道轴线角度较大，受构造影响，岩体多呈镶嵌碎裂结构，完整性较差，抗冲刷能力差。

出口消能工段位于弱风化辉绿岩上，受构造影响，岩体多呈镶嵌碎裂结构，完整性较差，抗冲刷能力差。消能工下游二级阶地覆盖层厚度为 7.0~11.1 m，岩性为壤土（钻孔揭露厚度 2.7~6.5 m）和卵石（钻孔揭露厚度 3.9~6.0 m），下伏基岩为弱风化安山玢岩，岩体透水率 0.45~6.92 Lu，弱透水性。

6.1.1.3　地质参数

溢洪道控制闸建基面位于弱风化安山玢岩上，根据地质资料，闸室稳定计算采用力学参数如下：控制闸基础均位于弱风化上段安山玢岩上，混凝土与岩体抗剪断强度 f'=0.9，c'=0.7 MPa，f=0.55；岩体抗剪断强度 f'=0.9，c'=0.7 MPa，变形模量 5.0 GPa，承载力标准值 18 MPa。

6.1.2 调度运行方式

6.1.2.1 主汛期

库水位417.2 m以下时,溢洪道一般情况下不参与泄洪;库水位超过417.2 m时,由溢洪道和泄洪洞同时参与泄洪,当入库流量小于库水位相应泄洪能力时,控制泄洪洞或溢洪道泄洪流量,按最大泄流不大于当前最大入库流量宣泄洪水,若洪水继续加大,后一个时段泄量不小于前一个时段,直至溢洪道泄洪闸完全开启敞泄。

6.1.2.2 非主汛期

库水位超过兴利水位403.0 m时,由溢洪道泄流。

6.2 方案比选

6.2.1 规模方案比选

本工程正常蓄水位403.0 m,汛期限制水位400.5 m。根据水库规划要求,溢洪道承担超过50年一遇洪水泄洪任务,库水位高于50年洪水位时一般敞泄,根据流域雨情、水情可控泄;闸门最高挡水位417.2 m,水库水位达到设计标准时,溢洪道敞泄,水库总出流不大于来流。

根据工程地形、地质条件及初拟的水库控制运用方式要求,拟定不同的堰顶高程及堰顶过流宽度,分别同泄洪洞方案组合进行洪水调节计算及风浪爬高计算,确定大坝坝顶高程及大坝断面,通过工程量、投资及调度运用等多方面比较,综合选择最优方案。

工程布置方面,结合本工程具体情况,溢洪道方案的选择综合考虑以下原则:

(1)前坪坝址溢洪道适宜布置范围为大坝左坝头至左岸较大的冲沟之间,溢洪道应与泄洪洞协调布置,两者进口及出口建筑物不能相互影响,并考虑大坝坝肩稳定与坝肩间保持适当距离。

(2)溢洪道出流不能对基础及大坝稳定造成影响。

(3)溢洪道最大过流单宽流量不宜过大。

6.2.1.1 溢洪道布置方案

通过初步筛选,溢洪道考虑了五种堰顶高程进行布置,五种方案堰顶高程(净宽)分别为:

(1)方案A:堰顶高程403.00 m,闸室分4孔、5孔和6孔三个方案,每孔净宽15 m。方案为:A1-403.00 m(4×15 m)、A2-403.00 m(5×15 m)、A3-403.00 m(6×15 m)。

(2)方案B:堰顶高程404.00 m,闸室分4孔、5孔和6孔三个方案,每孔净宽15 m。方案为:B1-404.00 m(4×15 m)、B2-404.00 m(5×15 m)、B3-404.00 m(6×15 m)。

(3)方案C:堰顶高程405.00 m,闸室分5孔和6孔两个方案,每孔净宽15 m。方案为:C1-405.00 m(5×15 m)、C2-405.00 m(6×15 m)。

(4)方案D:堰顶高程400.50 m,闸室分3孔、4孔、5孔和6孔四个方案。方案为:D0-400.50 m(3×18 m)、D1-400.50 m(4×15 m)、D2-400.50 m(5×15 m)、D3-400.50 m

(6×15 m)。

(5)方案 E:堰顶高程 402.00 m,闸室 5 孔,每孔净宽 15 m。方案为:E-402.00 m (5×15 m)。

6.2.1.2　溢洪道方案比较

1. 各方案对水库泄洪及对大坝的影响

根据各方案的布置,计算出各方案的库水位-泄量关系曲线进行调洪演算,计算成果见表 6-1。

表 6-1　溢洪道各方案调洪演算成果

方案	堰顶高程/(净宽)/m	重现期/年	典型年	最大入流/(m^3/s)	最大出流/(m^3/s)	最高水位/m	最大库容/万 m^3	主体工程投资/万元
D0	400.50/(54)	500	1982 年	10 700	7 038	418.36	51 989	8.75
		5 000	1982 年	17 800	12 349	423.14	59 591	
D1	400.50/(60)	500	1982 年	10 700	7 038	418.36	51 989	8.73
		5 000	1982 年	17 800	13 229	422.63	58 752	
D2	400.50/(75)	500	1982 年	10 700	7 038	418.36	51 989	8.88
		5 000	1982 年	17 800	15 443	421.74	57 294	
D3	400.50/(90)	500	1982 年	10 700	7 038	418.36	51 989	9.03
		5 000	1982 年	17 800	17 035	421.34	56 621	
E	402.00/(75)	500	1975 年	10 700	10 154	418.60	52 338	8.84
		5 000	1982 年	17 800	14 386	422.15	57 955	
A1	403.00/(60)	500	1982 年	10 700	7 038	418.36	51 989	8.61
		5 000	1982 年	17 800	11 758	423.50	60 176	
A2	403.00/(75)	500	1982 年	10 700	7 038	418.36	51 989	8.61
		5 000	1982 年	17 800	13 686	422.41	58 389	
A3	403.00/(90)	500	1982 年	10 700	7 038	418.36	51 989	9.05
		5000	1982 年	17 800	15 407	421.77	57 330	
B1	404.00/(60)	500	1982 年	10 700	7 038	418.36	51 989	8.62
		5 000	1982 年	17 800	11 530	423.80	60 680	
B2	404.00/(75)	500	1982 年	10 700	7 038	418.36	51 989	8.58
		5 000	1982 年	17 800	12 993	422.80	59 033	
B3	404.00/(90)	500	1975 年	10 700	9 968	418.73	52 532	8.65
		5 000	1982 年	17 800	14 633	422.07	57 823	

续表 6-1

方案	堰顶高程/(净宽)/m	重现期/年	典型年	最大入流/(m^3/s)	最大出流/(m^3/s)	最高水位/m	最大库容/万 m^3	主体工程投资/万元
C1	405.00/(75)	500	1982 年	10 700	7 038	418.36	51 989	8.62
		5 000	1982 年	17 800	12 307	423.21	59 698	
C2	405.00/(90)	500	1975 年	10 700	9 127	418.42	52 077	8.69
		5 000	1982 年	17 800	13 869	422.36	58 305	

从表 6-1 中可知,各方案设计、校核洪水位 1975 年典型洪水与 1982 年典型洪水调算成果中多以 1982 年典型洪水位为高,仅 E、B3 和 C2 方案的 500 年一遇设计洪水是 1975 年典型洪水位较高。

在溢洪道堰顶高程相同情况下,随过流净宽加大,设计洪水位和校核洪水位相应降低,其中溢洪道净宽由 60 m 增至净宽 75 m 时校核洪水位降幅为 0.89~1.09 m,溢洪道净宽由 75 m 增至净宽 90 m 时校核洪水位降幅为 0.40~0.73 m,即表明溢洪道净宽 60 m 增至净宽 75 m 对降低坝高及工程投资作用更明显。在过流净宽相同情况下,随堰顶高程升高,设计和校核洪水位相应增高,堰顶高程从 400.50 m(平汛限水位)升高至 403.00 m(平正常蓄水位)时,校核洪水位仅增高 0.67 m,即每升高 1 m 校核洪水位平均增高 0.27 m,而堰顶高程从 403.00 m 升高 1 m 至 404.00 m、从 404.00 m 升高 1 m 至 405.00 m 时,校核洪水位分别增高 0.39 m、0.41 m,即堰顶高程在 403.00 m 时,随堰顶高程升高,校核洪水位增高相对较小,相对坝高增加较小。5 000 年一遇校核洪水是坝顶高程的控制工况,各方案校核洪水位中最高水位为方案 B1(堰顶高程 404.00 m,堰顶净宽 60.0 m)423.80 m,最低水位为方案 D3(堰顶高程 400.50 m,堰顶净宽 90.0 m)421.34 m,相差 2.46 m。

2. 水力条件比较

各方案溢洪道流道布置基本相同,除闸墩影响外,流态无本质区别,各方案控制闸过流最大单宽流量为 139~202 $m^3/(s \cdot m)$,各方案泄槽段均存在高速水流,各方案泄槽段底板及边墙均需采取防水流空蚀措施。其中,方案 D0 单宽流量最大,泄槽末端水流平均流速达到 35 m/s,采取防水流空蚀措施费用较高。

溢洪道采用挑流消能。经计算,校核水位工况下各方案冲坑为 30~40 m,到冲坑底部的最大挑距为 110~130 m,各方案冲坑均不会危及挑流鼻坎安全。

3. 闸室结构布置比较

各方案溢洪道布置基本相同,均采用开敞式实用堰,弧形闸门液压启闭,各方案根据水闸挡水高度不同,确定不同的闸室结构尺寸。

方案 C 挡水高度最小,为 12.2 m,单孔闸门门推力达到 1 200 t,单侧支铰启门力达到 860 t,闸室长度取 35 m,闸墩厚度取 2.5 m,闸墩需配普通钢筋。

方案 D 挡水高度最大,为 16.7 m,单孔闸门门推力达到 2 600 t,单侧支铰启门力达到 1 870 t,闸室长度取 40.0 m,闸墩厚度取 4.0 m,闸墩需配预应力钢铰线,且闸墩结构及钢筋布置复杂。

因此,方案 D 闸室结构布置难度最大,其余方案属常规布置。

4. 运行方式比较

方案 A1、B1、D1 溢洪道控制闸布置为 4 孔，方案 A3、B3、C2、D3 为 6 孔，方案 A2、B2、C1、D2、E 为 5 孔，D0 为 3 孔。从调度运行方式来看，方案 A2、B2、C1、D2、E 为奇数孔，运用调度更灵活。

5. 工程量及投资

根据各方案布置计算出各方案主体工程投资，见表 6-1。

从溢洪道投资看，各方案在过流净宽相同情况下，随堰顶高程升高，溢洪道投资相应减少；在堰顶高程相同情况下，随过流净宽加大，溢洪道投资相应增加。溢洪道投资中过流净宽是主要控制因素，此外，各方案闸门挡水高度不同，相应闸室宽度不同，对投资也会有影响。

从大坝投资看，各方案大坝在分区设计中，堆石料分区考虑全部利用溢洪道、泄洪洞开挖可利用石料，砂砾石料分区等根据全部利用石料后大坝设计断面确定。各方案大坝投资随坝高不同，投资略有差异，总体相差不大。

6. 综合比较

综合上述比较，从溢洪道水力条件、结构设计上看方案 A2、B2 各方面比较均衡，且工程总投资较小。但由于溢洪道堰顶高程平正常蓄水位，非汛期库水位超过 403.00 m 时，可直接通过溢洪道泄流，不需频繁开启泄洪洞泄流，特别是来流量较小时，避免泄洪洞频繁局部开启。

综合考虑各方面因素，溢洪道总体布置推荐方案 A2，即堰顶高程 403.00 m，控制闸闸室 5 孔，单孔净宽 15 m。

6.2.2　溢洪道选线

6.2.2.1　可研阶段方案比选内容

1. 基本情况

根据工程总体初步布置，溢洪道布置在左岸，左岸山体距主坝左坝肩 100 m、275 m 处下游各有一冲沟，两冲沟平行，与坝轴线基本垂直，对溢洪道轴线选线分两个方案。

方案一：距左坝头约 110 m 处，轴线两侧山体相对厚实，山体高度最大为 485.00 m。该方案轴线总长 400.5 m，其中引水渠长度 206.5 m、控制段长度 46 m、闸室段长度 35 m、泄槽及挑流消能段长度 113 m。该方案左、右岸边坡开挖高度差别较大，左岸边坡最大开挖高度约 80 m，右岸边坡最大开挖高度约 41 m，支护面积约 23 030 m^2。

方案二（坝线比较方案 A 和 B 溢洪道位置）：距左坝头约 260 m 处冲沟，轴线两侧山体厚实，山体高度最大为 530.00 m。该方案轴线总长 614 m，其中引水渠长度 245 m、控制段长度 46 m、闸室段长度 35 m、泄槽及挑流消能段长度 288 m。该方案左、右岸边坡开挖高度悬殊，左岸边坡最大开挖高度约 128.5 m，右岸边坡最大开挖高度约 90.5 m，支护面积约 73 680 m^2。

从工程量上比较，溢洪道开挖料可直接上坝，方案二可利用料达到 472 万 m^3，比方案一多利用 329 万 m^3，大坝投资可减少 10 211 万元，但溢洪道本身投资增加约 21 700 万元，占地亦有所增加，工程总投资增加约 15 590 万元。因此，溢洪道轴线选择仍采用方案一。

2. 方案比选

方案一轴线长度较方案二短 213.5 m,其中引水渠段方案一较方案二短 38.5 m,控制段和闸室段长度一致,泄槽及挑流消能段方案一较方案二短 175 m,总开挖支护面积方案一较方案二少 50 650 m^2。由上可知,方案一建筑物轴线长度较短,开挖工程量较小,边坡支护量较小,且该冲沟距主坝距离较近,便于交通及运行管理。

可研阶段溢洪道选线推荐方案一,即溢洪道控制段轴线垂直于主坝轴线,轴线走向为北东 45°,离左坝头约 110 m。进口引渠结合上游山体地形,采用弯道进口布局。

6.2.2.2　可研阶段审查意见

水利部水利水电规划设计总院文件《关于报送河南省前坪水库工程可行性研究报告审查意见的报告》(水总设〔2015〕242 号)中对溢洪道方案意见如下:基本同意溢洪道由引渠、控制闸室、泄槽和消能防冲建筑物等组成,溢流堰采用 WES 堰型,消能防冲采用挑流消能形式。下阶段结合地形地质条件、水工模型试验等因素,优化溢洪道轴线布置及进口结构布置。

6.2.2.3　本阶段轴线位置调整

初设阶段在可研阶段溢洪道轴线的基础上,根据补充地质勘探成果,结合专家意见和水工模型试验成果,将轴线向东侧,即向主坝方向偏移 10 m,本阶段对轴线做进一步比较如下。

1. 地形地质方面

因轴线偏移量较小,新轴线处溢洪道地质情况与原位置变化不大,溢洪道控制闸基础仍位于弱风化上段安山玢岩中,闸前仍存在 f30 断层。因山体地形总体上呈西高东低趋势,轴线向右侧偏移后,左、右岸边坡开挖量有一定减少,总体而言,轴线偏移后溢洪道地形地质条件略有改善。

2. 工程布置方面

溢洪道原地形为西高东低,轴线偏移后,工程布置基本不变,但开挖工程量由原来的 150 万 m^3 减少为 140 万 m^3,减少约 10 万 m^3,投资减少约 600 万元。溢洪道右岸进口引渠及控制段因地形变化较大,轴线偏移后对进口引渠及控制段平面线形进行了适当调整。

3. 水力流态方面

经水力模型试验进行验证,轴线偏移后,对进口引渠及控制段平面线形进行了适当调整,闸前可满足水流平顺通过溢洪道。

初设阶段经比选,综合考虑地形、地质及水流条件,选定溢洪道中心轴线(控制闸及泄槽段)走向仍为北东 45°,轴线仍垂直于主坝轴线,溢洪道轴线较可研阶段向主坝左坝头偏移 10 m,即新轴线距左坝头约 100 m。

6.3　工程布置

溢洪道建筑物中心轴线总长 383.8 m,分上游进水渠段、进口翼墙段、控制段、泄槽段及消能防冲设施段共五部分。中心桩号 0+000 为控制闸底板前沿。

6.3.1　进水渠段

溢洪道中心桩号 0-232.8~0-046 为进水渠段,长度 186.8 m。渠底为平底,渠底高程为 399. 00 m,渠底宽度为 87. 0 m,转弯半径为 350 m。进水渠左右岸边坡岩石稳定边坡采用 1∶0. 5 放坡,左岸在高程 415. 00 m、423. 50 m、438. 50 m、453. 50 m 及 468. 50 m 共设 5 级马道,马道宽自第一级起依次为 3 m、10 m、3 m、3 m 和 3 m,第二级马道宽 10 m,兼作泄洪洞控制段通往大坝的交通道路。为加强边坡稳定性,对开挖边坡采用挂网喷锚支护:锚杆采用砂浆锚杆,间排距 2 m,梅花形布置,锚杆钢筋采用 Φ25 螺纹钢筋,单根长 5. 0 m;钢筋网为 Φ8@ 200;主体工程设计左岸 423. 50 m 高程平台以下边坡喷 C25 混凝土,厚 100 mm;考虑美观绿化效果,水土保持设计在不影响 500 年一遇泄洪前提下,左岸 423. 50 m 高程平台以上边坡及泄槽边墙以上边坡喷植被混凝土,面积 16 622 m^2。

6. 3. 2　进口翼墙段

溢洪道中心桩号 0-046~0+000 为进口翼墙段。两岸翼墙采用衡重式 C25 素混凝土结构,墙顶高程 423. 50 m,高于校核洪水位,墙顶设 1. 2 m 高防护栏杆。结合模型试验情况,为使水流平顺,在两岸翼墙前部采用变截面衡重式圆弧翼墙与进水渠开挖边坡连接。左岸翼墙分为三段:第一节翼墙为变截面衡重式圆弧结构,圆弧半径为 30. 0 m,圆心角为 59. 5°;后部 46. 0 m 长翼墙为直线段,顺水流向分为两节,每节长 23. 0 m,均为衡重式结构。右岸翼墙分为四段:第一节翼墙为变截面衡重式圆弧结构,圆弧半径为 60. 0 m,圆心角为 21. 4°;第二节翼墙为衡重式圆弧结构,圆弧半径为 40. 0 m,圆心角为 37. 1°;后部 36. 0 m 长翼墙为直线段,顺水流向分为两节,每节长 18. 0 m。翼墙之间、翼墙与控制闸边墩之间均设一道紫铜片止水。进口翼墙段渠底设 50 cm 厚 C25 钢筋混凝土铺盖,铺盖与翼墙底板、铺盖与控制闸底板、铺盖分块之间均设一道紫铜片止水。

根据地质报告,在进口翼墙段与进水渠段交界处垂直水流方向地基有一强风化带夹层,在工程开挖后将表层 2. 0 m 厚强风化带挖除,用 C25 混凝土回填,处理范围应超出边界 1. 0 m。

6. 3. 3　控制段

桩号 0+000~0+035 为溢洪道控制段。通过水力计算和堰面曲线计算,控制段堰体采用低实用堰,堰顶高程 403. 0 m。堰面曲线拟定参照《溢洪道设计规范》(SL 253—2018)附录 A 的规定,上游堰头曲线由三圆弧组成,圆弧半径从前至后分别为 R_3=0. 570 m、R_2=2. 84 m、R_1=7. 106 m。三圆弧末端为堰轴线位置。堰顶下游堰面采用 WES 幂曲线形式,曲线方程 $y=0.05x^{1.85}$,后接半径 16 m、圆心角 44. 099 7°的反弧和长 3. 44 m、坡比 1∶100 的斜坡段,各曲线与直线间均相切连接。堰体表面 1 m 厚采用 C25 钢筋混凝土,堰体内部采用 C20 素混凝土填筑。

根据计算,溢洪道控制闸闸室共 5 孔,单孔净宽 15 m,总宽度 98. 1 m(两侧边墩顶外边缘距离),闸室结构形式为开敞式实用堰结构。闸室底板顺水流向长 35 m,堰前闸底板高程 399. 0 m,闸墩顶高程 423. 50 m,高于水库 5 000 年校核洪水位 422. 41 m,闸墩同堰体现浇成一体。闸室底板在距离墩墙 2. 0 m 处分缝,分缝处以止水和混凝土塞与防渗帷幕封闭连接。闸基顺水流向在 0+000~0+011. 7 处为水平段,高程为 395. 50 m;在 0+011. 7~0+027. 5 m 处为斜坡段,高程为 395. 50~383. 90 m;后接 7. 5 m 长水平段,高程为 383. 90 m。闸基为弱风化安山玢岩,地质条件较好,中墩厚度 3. 0 m,底部和两侧堰体浇筑成一体，单墩基础总宽度 7.0 m；边墩为衡重式侧墙，与边孔堰体整体连接，墩顶宽度 3.0 m，衡重台高程 415.0 m，墩底基础宽度为 7.5 m。闸墩牛腿轴线同水平线夹角为 14.83°，牛腿总高 3.6 m，边墩牛腿宽 4.1 m（中墩为 3.2 m），牛腿外悬厚度 2.0 m。

为连接控制闸两岸交通，在闸室下游闸墩顶部设交通桥，桥面中心高程为 423.80 m，桥面宽 10.0 m，结构形式采用预应力空心板，设计荷载为公路Ⅱ级设计；为便于工作维修，在闸室上游设检修桥，桥面高程为 423.50 m，桥面宽 6.0 m，结构形式采用预应力空心板，设计荷载为公路Ⅱ级 70%折减。交通桥和检修桥桥板为 C40 预应力钢筋混凝土。闸室设 5 扇弧形钢闸门，闸门高 14.9 m，门顶高程 417.50 m，门底高程为 402.60 m，门支铰高程 411.60 m，闸门采用 QH-2×1 000 kN-18.0 m 弧门卷扬式启闭机启闭。闸墩上部设排架启闭机房，启闭机平台高程为 429.50 m，左岸 423.50 m 平台上设桥头堡管理房，三层，单层建筑面积 106.11 m^2。

由于闸室段岩石裂隙、节理发育，部分岩体完整性相对较差，为提高闸基岩石的整体性，对闸室段基岩进行固结灌浆，灌浆孔孔距及排距均为 1.5 m、孔深 5 m，梅花形布置。根据初设阶段地质勘察报告，闸基岩体透水率大于 3.0 Lu 的深度直至高程约 350.00 m 处。由于溢洪道距大坝坝头较近，该位置山体单薄，岩体透水率较大，所以结合右岸与大坝连接段单薄山体防渗处理，在闸室前沿还布置防渗帷幕一排，帷幕孔距 1.5 m，孔深为进入 3 Lu 线以下不小于 5 m。

在控制闸闸室底板下防渗帷幕后布置有排水孔和暗沟排水，主排水孔上距防渗帷幕 3.25 m，每一闸孔段一排 7 孔，孔深约 10 m，通过暗沟排水和泄槽排水系统相连。

6.3.4 泄槽段

桩号 0+035～0+134 为泄槽段，其中桩号 0+035～0+078 为泄槽缓坡段，桩号 0+110～0+134 为泄槽陡坡段。根据地形、地质条件，泄槽缓坡段坡比采用 1∶100、陡坡段坡比采用 1∶2.5，两段之间采用 $i=x/100+x^2/166$ 的弧线连接。泄槽采用矩形断面，净宽 87.0 m，为避免高速水流对泄槽和翼墙表面的冲刷，在泄槽底板表面和两侧翼墙表面采用 50 cm 厚的 C40HF 抗冲耐磨钢筋混凝土。泄槽底板总厚 0.8 m，下部为 30 cm 厚 C20 混凝土。泄槽两侧边墙采用 C25 混凝土衡重式挡土墙，墙后回填石渣。为增加泄槽底板的抗浮稳定性，在底板下设锚筋，锚筋采用直径 25 mm 螺纹钢筋，锚筋间距 2.0 m、长 5.0 m。

根据初设阶段的地质报告，在桩号 0+115～0+121 泄槽段垂直水流方向地基有一强风化带夹层，在工程开挖后将表层 2.0 m 厚强风化带挖除，用 C20 混凝土回填，处理范围应超出边界 0.5 m。

6.3.5 消能工段

桩号 0+134～0+151 为消能工段。消能工采用挑流消能，挑流鼻坎水平投影长度 17.0 m，挑坎挑角 26°10′，反弧半径 20.0 m，下游端设深 9.0 m 齿墙，以增加挑坎的稳定性。为防止宣泄小流量洪水时，水流冲刷鼻坎下游根部山体，影响挑流鼻坎的稳定性，在鼻坎下游设厚 0.8 m、纵坡 1∶4、水平长 10.0 m 的 C30 钢筋混凝土护砌。

溢洪道平面图及纵剖面图见图 6-1。

闸室段纵剖面图、平面图分别见图 6-2、图 6-3。

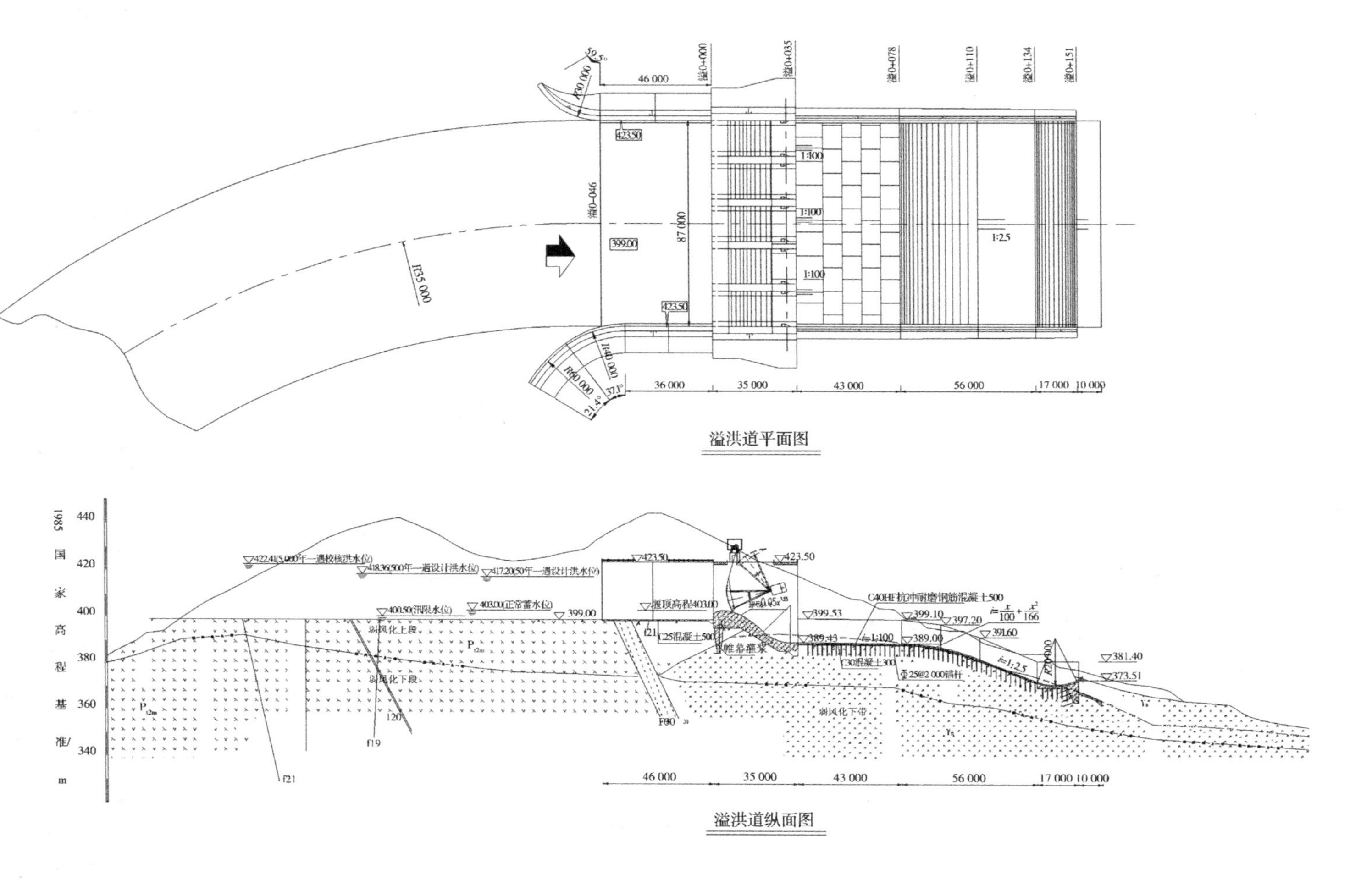

图 6-1　溢洪道平面图及纵剖面图　（单位：mm）

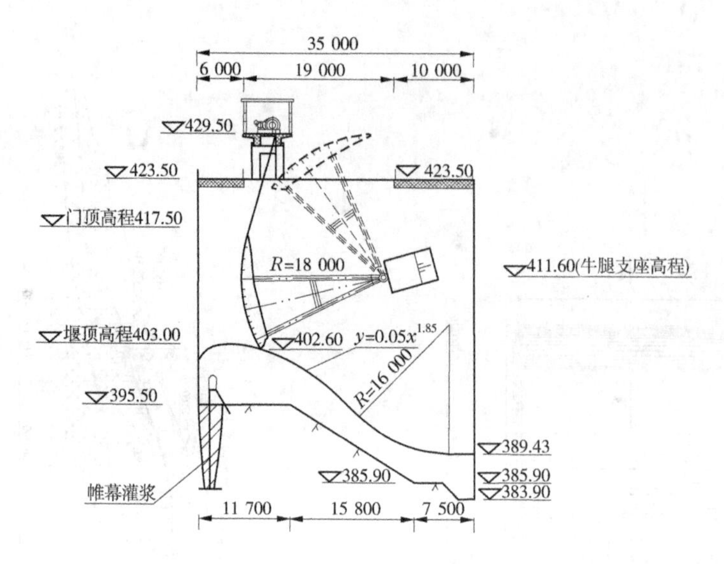

图 6-2　闸室段纵剖面图　(单位:高程,m;尺寸,mm)

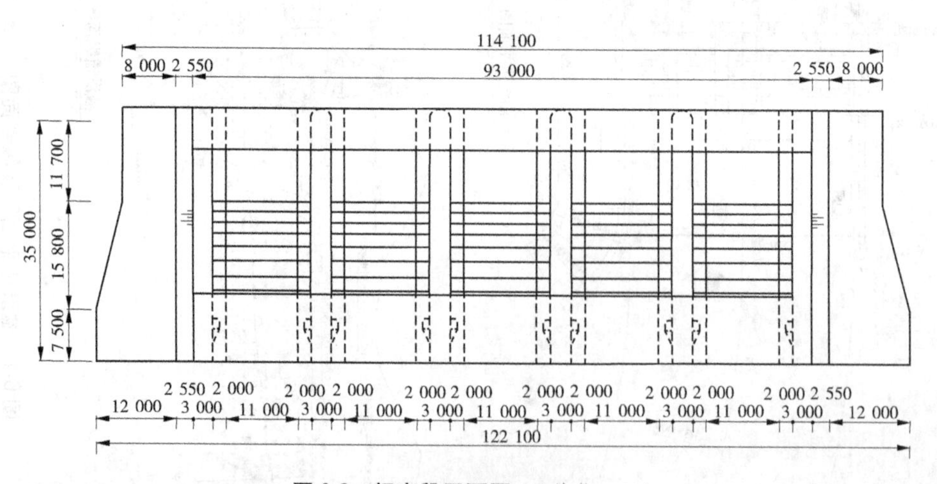

图 6-3　闸室段平面图　(单位:mm)

6.4　水力计算

6.4.1　计算条件

根据前坪水库工程规划,水库运行方式:20 年一遇洪水以下控制流量 500~800/1 000 m^3/s,20 年一遇洪水位至 50 年一遇洪水位控制流量 1 000 m^3/s,50 年一遇洪水以上一般敞泄(控制出流量不大于来流量,溢洪道适时控制闸门开度)。根据水库运行要求和有关规范规定,溢洪道消能防冲建筑物设计洪水标准为 50 年一遇。

6.4.2 泄流能力计算

溢洪道控制闸采用 WES 曲线型实用堰，堰顶高程 403.00 m，堰前闸底板高程 399.00 m。闸孔共 5 孔，每孔净宽 15 m，控制闸以下为泄槽，采用挑流消能。下游尾水位不会影响闸孔出流，当闸门从开启至全开时，控制闸始终为自由式曲线型实用堰流。

溢洪道设计洪水标准为 500 年一遇，根据调洪演算计算结果，相应水位为 418.36 m；校核洪水标准为 5 000 年一遇洪水，校核洪水位 422.41 m。

泄流能力按《溢洪道设计规范》(SL 253—2018)中公式计算。

$$Q = cm\varepsilon\sigma_s B\sqrt{2g}H_0^{3/2} \tag{6-1}$$

$$\varepsilon = 1 - 0.2[\xi_k + (n-1)\xi_0]\frac{H_0}{nb} \tag{6-2}$$

$$H_0 = H + v^2/2g \tag{6-3}$$

式中　c——上游堰坡修正系数，取 $c=1.0$；

m——流量系数；

σ_s——淹没系数；

ε——闸墩侧收缩系数；

B——溢流堰总净宽，m；

H_0——计入行近流速水头的堰上水头，m；

v——行近流速，m/s；

H——堰上水头，m，计算断面取堰前$(3\sim6)H_0$处；

g——重力加速度，m/s^2。

经计算，溢洪道闸门全开时，库水位与溢洪道流量计算成果见表 6-2、图 6-4。

表 6-2　库水位与溢洪道流量计算成果

库水位/m	流量/(m^3/s)	库水位/m	流量/(m^3/s)
403.0	0	414.0	5 239
404.0	144	415.0	5 970
405.0	406	416.0	6 732
406.0	746	417.0	7 523
407.0	1 149	418.0	8 343
408.0	1 606	419.0	9 191
409.0	2 111	420.0	10 066
410.0	2 660	421.0	10 968
411.0	3 250	422.0	11 894
412.0	3 878	423.0	12 845
413.0	4 542	424.0	13 821

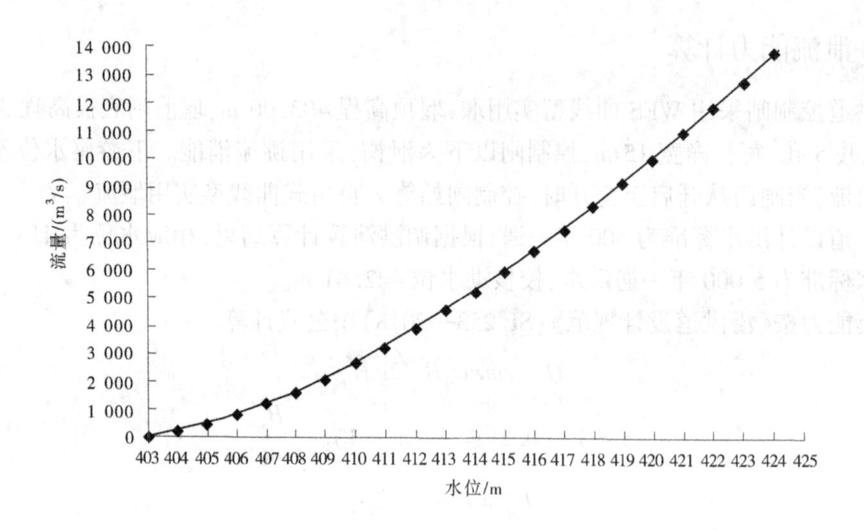

图 6-4 溢洪道水位-流量关系曲线

根据水库调洪演算及溢洪道水位-流量关系曲线,500 年一遇设计洪水位 418.36 m 时,溢洪道相应泄量 8 648 m^3/s;5 000 年一遇校核洪水位 422.41 m 时,溢洪道相应泄量 12 280 m^3/s。

河南省水利科学研究院对溢洪道进行了水工模型试验,图 6-5 为实测特征水位-流量关系曲线,表 6-3 给出了试验工况下具体的试验数据,表 6-4 给出了溢洪道全开时实测的水位-流量关系。从表 6-3 可以看出,在施放 50 年一遇洪水时,试验实测泄量为 8 298 m^3/s,试验值较设计值大 7.95%;在施放 500 年一遇(设计)洪水时,试验实测泄量为 9 386 m^3/s,试验值较设计值大 8.53%;在施放 5 000 年一遇(校核)洪水时,试验实测泄量为 13 544 m^3/s,试验值较设计值大 10.26%,由此可见溢洪道的泄流能力能够满足设计要求。

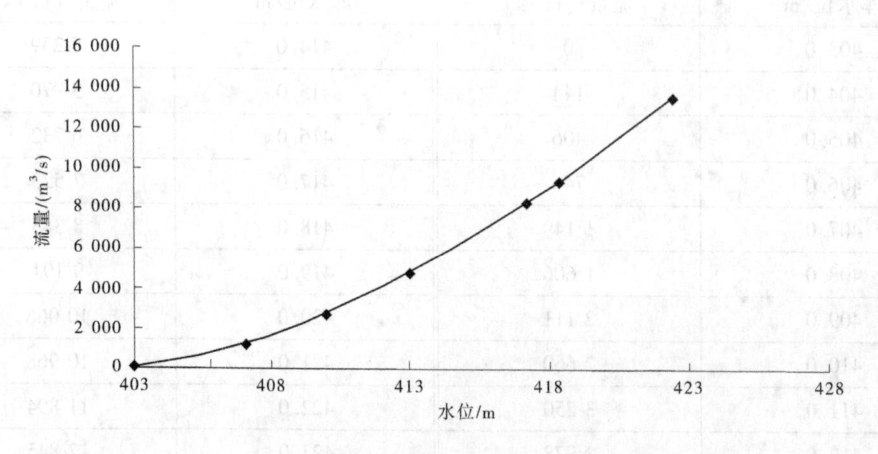

图 6-5 溢洪道实测特征水位-流量关系曲线

表 6-3　溢洪道实测特征水位-流量关系

设计洪水标准	库水位/m	设计下泄流量/(m^3/s)	实测下泄流量/(m^3/s)	超泄流量/(m^3/s)	超泄/%
50 年一遇	417.20	7 687	8 298	611	7.95
500 年一遇(设计)	418.36	8 648	9 386	738	8.53
5 000 年一遇(校核)	422.41	12 280	13 544	1 260	10.26

表 6-4　溢洪道实测水位-流量关系

水位/m	流量/(m^3/s)
403	0
407	1 242
410	2 801
413	4 816
417.20(50 年一遇)(校核)	8 298
418.36[500 年一遇(设计)]	9 386
422.41[5 000 年一遇(校核)]	13 544

6.4.3　泄槽水面线计算

6.4.3.1　堰后反弧末端水深计算

泄槽上游接实用堰,泄槽水面线计算起始断面定在堰下收缩断面,即堰后反弧末端水深为控制水深,用能量方程试算得到,按《溢洪道设计规范》(SL 253—2018)中的公式计算:

$$h_1 = \frac{q}{\varphi\sqrt{2g(H_0 - h_1\cos\theta)}} \tag{6-4}$$

式中　q——起始计算断面单宽流量,$m^3/(s \cdot m)$;

H_0——起始计算断面渠底以上的总水头,m;

θ——泄槽底板与水平面的夹角,(°);

h_1——反弧最低点水深,m;

φ——考虑从进口到计算起始断面间沿程和局部阻力损失的流速系数,取 $\varphi = 0.95$。

各控制标准情况下反弧末端水深计算结果见表 6-5。

表 6-5　反弧末端水深计算成果

标准	5 000 年一遇	500 年一遇	50 年一遇
流量(m^3/s)	12 280	8 648	7 687
闸后收缩水深/m	6.52	4.81	4.33

6.4.3.2　泄槽段水面线推算

根据能量方程,按《溢洪道设计规范》(SL 253—2018)用分段求和法计算各段水面线,其计算公式为

$$\Delta l_{1-2} = \frac{\left(h_2\cos\theta + \frac{\alpha_2 v_2^2}{2g}\right) - \left(h_1\cos\theta + \frac{\alpha_1 v_1^2}{2g}\right)}{i - \overline{J}} \tag{6-5}$$

$$\overline{J} = \frac{n^2 \overline{v}^2}{\overline{R}^{4/3}} \tag{6-6}$$

式中　Δl_{1-2}——分段长度,m;

h_1、h_2——分段始、末断面水深,m;

v_1、v_2——分段始、末断面平均流速,m/s;

α_1、α_2——流速分布不均匀系数;

θ——泄槽底坡角度,(°);

i——泄槽底坡;

$\overline{J}$——分段内平均摩阻坡降;

$\overline{v}$——分段平均流速,m/s;

$\overline{R}$——分段平均水力半径,m。

其中:$\overline{v} = \frac{v_i + v_{i+1}}{2}$,$\overline{R} = \frac{R_i + R_{i+1}}{2}$,糙率 $n=0.014$。

堰后水深及各控制断面水深计算成果见表 6-6。

表 6-6　堰后水深及各控制断面水深计算成果　　单位:m

重现期	桩号			
	0+040(泄槽起始端)	0+080	0+112	0+136(泄槽末端)
5 000 年一遇	5.52	6.54	5.70	5.01
500 年一遇	4.81	4.84	4.18	3.65
50 年一遇	4.33	4.37	3.76	3.28

6.4.3.3　掺气水深及两岸墙高计算

泄槽段边墙墙高由 5 000 年最大泄量控制。

掺气水深按《溢洪道设计规范》(SL 253—2018)公式(A.3.2)估算:

$$h_b = \left(1 + \frac{\zeta v}{100}\right) h \tag{6-7}$$

式中　h——不计入波动及掺气的水深,m;

h_b——计入波动及掺气的水深,m;

v——不计入波动及掺气的计算断面上的平均流速,m/s;

ζ——修正系数,可取 1.1~1.4 s/m。

墙高=掺气水深+安全超高

其中,安全超高取 1.0 m。

泄槽段掺气水深及墙高计算成果见表 6-7。

泄槽段掺气水深及墙高计算成果见表 6-7。

表 6-7　泄槽段掺气水深及墙高计算成果(5 000 年校核洪水)

控制断面桩号	0+040	0+080	0+112	0+136
控制断面水深/m	6.52	6.54	5.70	5.01
掺气水深/m	8.42	8.45	7.61	6.92
墙高/m	10.10	10.10	8.49	8.49

根据模型试验,图 6-6 给出了溢洪道设计水位和校核水位沿程水面线的分布情况,并在表 6-8 中列出了相关的数据资料。由图 6-6、表 6-8 可知,溢洪道边墙高度满足要求。

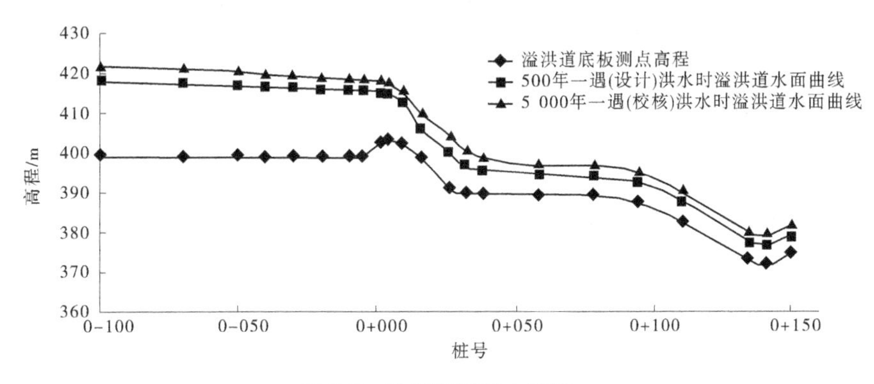

图 6-6　溢洪道沿程水面线

表 6-8　溢洪道沿程水面线

序号	桩号	测点高程/m	500 年一遇(设计)		5 000 年一遇(校核)	
			水深/m	水位/m	水深/m	水位/m
1	0-100	399	19.05	418.05	22.73	421.73
2	0-070	399	18.40	417.40	22.07	421.07
3	0-050	399	17.94	416.94	21.30	420.30
4	0-040	399	17.67	416.67	20.61	419.61
5	0-030	399	17.46	416.46	20.31	419.31
6	0-020	399	17.21	416.21	19.86	418.86
7	0-010	399	16.97	415.97	19.58	418.58
8	0-005	399	17.00	416.00	19.31	418.31
9	0+001.51	402.55	12.87	415.42	15.37	417.92
10	0+004	403	11.79	414.79	14.39	417.39
11	0+009.40	401.95	10.51	412.46	13.05	415.00

续表 6-8

序号	桩号	测点高程/m	500 年一遇(设计)		5 000 年一遇(校核)	
			水深/m	水位/m	水深/m	水位/m
12	0+015.75	398.39	7.73	406.12	11.61	410.00
13	0+025.70	390.73	9.25	399.98	13.53	404.26
14	0+031.78	389.4	6.99	396.39	11.21	400.61
15	0+038	389.4	6.26	395.66	9.29	398.69
16	0+058	389.2	5.37	394.57	7.40	396.60
17	0+078	389	4.69	393.69	7.89	396.89
18	0+094	387.29	5.33	392.62	7.67	394.96
19	0+110.35	382.37	5.35	387.72	7.54	389.91
20	0+134	372.91	4.97	377.88	6.97	379.88
21	0+141.43	371.48	5.20	376.68	7.56	379.04
22	0+150.25	374.52	4.55	379.07	6.99	381.51

6.4.4　消能计算

泄槽下游工程地质条件较好，消能形式采用挑流消能，挑流坎设在泄槽末端，高程 374.50 m，高于下游最高洪水位，挑流坎挑角 26.02°。挑流水舌外缘挑距按《溢洪道设计规范》(SL 253—2018)式(A.4.1-1)计算：

$$L = \frac{1}{g}\left[v_1^2\sin\theta\cos\theta + v_1\cos\theta\sqrt{v_1^2\sin^2\theta + 2g(h_1\theta\cos\theta + h_2)} \right] - h_1 g\sin\theta \tag{6-8}$$

式中　L——自挑流坎末端算起至挑流水舌外缘与下游水面交点的水平距离，m；

θ——挑流水舌水面出射角，近似可取鼻坎挑角，(°)；

h_1——坎顶末端法向水深，m；

h_2——坎顶至下游河水面高差，m；

v_1——坎顶水面流速，m/s，可按挑坎处平均流速的 1.1 倍计。

冲刷坑最大水垫厚度按《溢洪道设计规范》(SL 253—2018)式(A.4.2)计算：

$$T = kq^{1/2}Z^{1/4} \tag{6-9}$$

式中　T——自下游水面至坑底最大水垫厚度，m；

q——挑坎末端断面单宽流量，$m^3/(s \cdot m)$；

Z——上、下游水位差，m；

k——综合冲刷系数，取 1.1。

溢洪道消能计算成果见表 6-9。

表6-9　溢洪道消能计算成果

重现期	泄量/(m^3/s)	挑距/m	水垫厚/m	坑深/m	坡比	坡比允许值
50年	7 687	117.36	31.17	30.42	1:3.8	<1/3
500年	8 648	121.47	35.92	34.53	1:3.4	<1/3
5 000年	12 280	133.59	43.59	41.67	1:3.1	<1/3

注:水垫厚为下游水面至冲坑底深度,坑深为设计尾水渠底至冲坑底深度,挑距为挑坎末端到冲坑底部挑距。坡比为冲坑深度除以挑坎末端至冲坑底的距离。

由计算结果可知,各标准洪水情况下,冲坑到鼻坎间的坡比满足规范要求。

6.5　防渗与排水设计

根据初设阶段地质勘察报告,前坪坝址左岸上部岩体透水率大于3.0 Lu的深度直至高程约350.00 m处。溢洪道控制段建基面高程396.50 m,因此存在闸基渗漏问题,需进行防渗处理。本工程在闸基前沿布置一排防渗帷幕灌浆孔,帷幕孔距2.0 m,孔深为进入3 Lu线以下不小于5 m,帷幕底高程约345.00 m。为防止侧向绕渗,两岸边墙开挖后回填10%水泥土。溢洪道左、右岸山体采取帷幕灌浆处理,帷幕孔距1.5 m,帷幕顶高程以正常蓄水位403.00 m控制,底高程以岩体3 Lu线以下5 m控制,右岸山体帷幕轴线与溢洪道控制段帷幕、主坝帷幕相连,形成完整防渗体系,左岸帷幕延伸至正常蓄水位403.0 m与地下水位相交处,并与溢洪道处帷幕相接。

泄槽段底板下部设纵横向排水沟,排水沟内埋设直径100 mm软式透水管,纵横贯通,周围回填碎石,使基岩渗水顺利排出。

6.6　稳定及应力计算

6.6.1　控制闸闸室稳定计算

闸室底板分大小底板,稳定计算包括边墩双向稳定计算和中墩顺水流向的稳定计算。

6.6.1.1　计算参数

根据地质报告成果,设计采用参数为:混凝土与弱风化安山玢岩基岩抗剪断强度,$f'=0.90$,$c'=0.7$ MPa;回填水泥土取干密度1.97 t/m^3,湿密度2.18 t/m^3,饱和密度2.3 t/m^3。

根据《水工建筑物抗震设计规范》(SL 203—97),前坪水库库区地震基本烈度为Ⅵ度,控制闸为2级非壅水建筑物,不再进行抗震计算。

6.6.1.2　计算工况

中墩及边墩均按基本荷载组合和特殊荷载组合进行计算。

基本组合Ⅰ:完建期,自重+土压力;

基本组合Ⅱ:50年关门挡水,自重+水重+静水压力+门推力+土压力+扬压力+波浪荷载；

基本组合Ⅲ：500 年设计洪水工况，自重+水重+静水压力+土压力+扬压力+波浪荷载；

特殊组合Ⅳ：5 000 年校核洪水工况，自重+水重+静水压力+土压力+扬压力+波浪荷载。

6.6.1.3 **计算公式**

1. 抗剪断强度计算公式

$$K = \frac{f' \sum W + c'A}{\sum P} \geqslant [K_c] \tag{6-10}$$

式中 K——按抗剪断强度计算的抗滑稳定安全系数；

f'——堰体混凝土与基岩接触面的抗剪断摩擦系数；

c'——堰体混凝土与基岩接触面的抗剪断黏聚力；

$\sum W$——作用于堰体上的全部荷载对计算滑动面的法向分量，kN；

$\sum P$——作用于堰体上的全部荷载对计算滑动面的切向分量，kN；

A——堰体与基岩接触面的截面面积；

$[K_c]$——容许抗滑稳定安全系数，基本组合$[K_c]=3$，特殊组合$[K_c]=2.5$。

2. 闸室基底压力计算公式

$$\sigma = \frac{\sum G}{A}\left(1 \pm \frac{6e_x}{B_x} \pm \frac{6e_y}{B_y}\right) \tag{6-11}$$

式中 $\sum G$——作用在基底上的全部竖向荷载；

σ——基底压力，kN/m²；

A——基底面积，m²；

e——偏心距，m（x 向，y 向）；

B——基底宽度，m（x 向，y 向）。

3. 基底压力不均匀系数

$$\eta = \sigma_{max}/\sigma_{min} \tag{6-12}$$

式中 η——不均匀系数；

σ_{max}、σ_{min}——最大压力值及最小压力值，kPa。

闸室稳定计算荷载组合见 6-10。闸室稳定计算成果见表 6-11、表 6-12。

表 6-10 闸室稳定计算荷载组合

荷载组合			自重	水重	静水压力	门推力	扬压力	土压力	地震力	波浪荷载
基本组合	Ⅰ	完建期								
	Ⅱ	50 年关门挡水								
	Ⅲ	500 年设计洪水								
特殊组合	Ⅳ	5 000 年校核洪水								

表 6-11　闸室中墩稳定计算成果

荷载组合	基本组合			特殊组合
	组合 Ⅰ	组合 Ⅱ	组合 Ⅲ	组合 Ⅳ
抗滑稳定安全系数	—	6.97	8.03	6.29
平均基底压力/kPa	182.08	157.05	166.29	167.84
上游基底压力 σ_1/kPa	149.97	137.60	150.30	133.91
下游基底压力 σ_2/kPa	214.18	176.50	182.27	201.77
不均匀系数 η	1.43	1.28	1.21	1.51

注：σ_1 为上游前趾，σ_2 为下游后趾。

表 6-12　闸室边墩稳定计算成果

荷载组合	基本组合			特殊组合
	组合 Ⅰ	组合 Ⅱ	组合 Ⅲ	组合 Ⅳ
抗滑稳定安全系数	8.79	6.73	7.02	5.98
平均基底压力/kPa	365.74	339.18	337.04	332.23
基底压力 σ_1/kPa	392.98	372.73	376.32	458.94
基底压力 σ_2/kPa	368.12	355.83	324.30	240.75
基底压力 σ_3/kPa	363.29	322.45	349.70	423.64
基底压力 σ_4/kPa	338.58	305.69	297.83	205.60
不均匀系数 η	1.07	1.05	1.17	2.06

注：①应力不均匀系数 η 为前趾两角点应力平均值与后趾两角点应力平均值之比。

②边墩外土压力按主动土压力计算。

从表 6-11 和表 6-12 中可以看出，抗滑安全系数均大于抗滑安全系数允许值，满足规范要求；地基应力最大值均小于地基容许承载力 18 MPa，各角点均不出现拉应力。因此，中墩和边墩均安全。

6.6.2　挡土墙稳定计算

6.6.2.1　计算断面

上、下游挡土墙均为衡重式结构，本工程选取桩号 0-032、0+068 及 0+136 三个断面进行计算。

6.6.2.2　计算参数

岩基部分：混凝土与岩石综合摩擦系数 f=0.55，地基允许承载力 18 MPa，回填石渣取干密度 1.90 t/m^3，湿密度 2.0 t/m^3，饱和密度 2.1 t/m^3，回填料可用强、弱风化石渣，采用综合摩擦角：水上 φ=35°，水下 φ=33°。

6.6.2.3 计算工况

各断面均按基本荷载组合和特殊荷载组合进行计算。计算工况荷载组合见表 6-13、表 6-14。

基本组合 1,完建期,自重+土压力+土重+其他;

基本组合 2,50 年防洪高水位闸门挡水,自重+水重+静水压力+土重+土压力+扬压力+其他;

基本组合 3,500 年设计洪水工况,自重+水重+静水压力+土重+土压力+扬压力+其他;

基本组合 4,水位突降,自重+水重+静水压力+土重+土压力+扬压力+其他;

特殊组合 5,5 000 年校核洪水工况,自重+水重+静水压力+土重+土压力+扬压力。

表 6-13 上游翼墙荷载组合

荷载组合		计算工况	荷载							允许安全系数
			自重	土重	水重	静水压力	扬压力	土压力	其他	
基本组合	1	完建期								1.05
	2	50 年防洪高水位闸门挡水								
	3	500 年设计洪水								
	4	水位突降								
特殊组合	5	5 000 年校核洪水								1.0

表 6-14 下游翼墙荷载组合

荷载组合		计算工况	荷载						允许安全系数
			自重	水重	静水压力	扬压力	土压力	其他	
基本组合	1	完建期							1.05
	2	500 年设计洪水							
	3	水位突降							
特殊组合	4	5 000 年校核洪水							1.0

6.6.2.4 计算方法

基底压力计算时,衡重式挡土墙的底板宽度按水平底板宽计算。墙后回填石渣的水平压力按主动土压力计算。

抗滑稳定计算按抗剪强度公式:

$$K_c = \frac{f\sum W}{\sum P} \tag{6-13}$$

式中　K_c——按抗剪强度计算的抗滑稳定安全系数；

f——基础底面与地基之间的抗剪摩擦系数；

$\sum W$——作用在挡土墙上的全部荷载对计算滑动面的法向分量；

$\sum P$——作用在挡土墙上的全部荷载对计算滑动面的切向分量。

基底应力按单向偏心受压公式计算：

$$\sigma_{\min}^{\max} = \frac{\sum G}{B}\left(1 + 6\frac{e}{B}\right) \tag{6-14}$$

式中　$\sigma_{\min}^{\max}$——基底应力的最大值或最小值；

$\sum G$——作用在挡土墙上的全部竖向荷载；

B——挡土墙基础底面的长度；

e——全部外荷载对于挡土墙基础底面形心的偏心距。

抗倾稳定计算公式为

$$K_0 = \frac{\sum M_y}{\sum M_0} \tag{6-15}$$

式中　$\sum M_y$——作用于墙体的荷载对墙前趾产生的稳定力矩；

$\sum M_0$——作用于墙体的荷载对墙前趾产生的倾覆力矩；

K_0——抗倾稳定安全系数。

抗滑稳定安全系数，按《溢洪道设计规范》(SL 253—2018)规定，2 级建筑物基本组合 $K_c = 1.05$，特殊组合 $K_c = 1.0$；基底应力各种工况下均应大于 0，并应小于基岩的容许承载力。抗倾稳定安全系数，对于计入地震的特殊荷载组合 $K_0 \geq 1.3$，其余各种荷载组合 $K_0 \geq 1.5$。

6.6.2.5　计算成果

由于各断面所处的部位不同，工作条件亦有所不同，现将各断面计算时采用的工作条件、水位及计算成果列于表 6-15～表 6-17。

表 6-15　桩号 0-032 翼墙稳定计算成果汇总

工况		完建期	50 年防洪高水位闸门挡水	500 年设计洪水	水位突降	5 000 年校核洪水
计算条件		墙前后无水	墙前后 50 年防洪高水位	墙前后 500 年设计水位	墙后 500 年设计水位，墙前比墙后低 1.5 m	墙前后 5 000 年校核水位
安全系数	抗滑	2.959	3.011	3.101	2.172	3.681
	抗倾	2.951	1.970	1.988	1.632	2.177
平均应力/kPa		783.565	576.537	561.872	565.017	510.789
σ_1/kPa		577.281	612.594	585.331	964.992	417.080
σ_2/kPa		989.850	540.479	538.413	165.042	604.499

注：σ_1 为前趾地基反力；σ_2 为后踵地基反力，下同。

表 6-16 桩号 0+068 翼墙稳定计算成果汇总

工况		完建期	500 年设计洪水	水位突降	5 000 年校核洪水
计算条件		墙前后无水	墙前后 500 年设计水位	墙前比墙后低 1.5 m	墙前后 5 000 年校核水深
安全系数	抗滑	1.64	1.75	1.53	2.41
	抗倾	3.33	2.78	2.17	2.38
平均应力/kPa		212.09	225.49	226.47	232.38
σ_1/kPa		163.55	193.68	286.29	165.31
σ_2/kPa		260.63	257.30	166.65	299.45

表 6-17 桩号 0+136 翼墙稳定计算成果汇总

工况		完建期	500 年设计洪水	水位突降	5 000 年校核洪水
计算条件		墙前后无水	墙前后 500 年设计水位	墙前比墙后低 1.5 m	墙前后 5 000 年校核水深
安全系数	抗滑	1.65	1.666	1.55	1.72
	抗倾	3.17	3.16	2.93	2.97
平均应力/kPa		240.37	242.80	241.46	247.37
σ_1/kPa		166.97	173.13	183.13	179.62
σ_2/kPa		313.77	312.46	299.79	315.12

6.6.3 闸墩牛腿结构计算

前坪水库溢洪道工程采用弧形闸门控制，最高挡水位为 417.20 m，门底高程为 402.60 m，弧门铰支座高程为 411.60 m，牛腿承受推力面与垂直面的夹角为 14.83°。牛腿结构尺寸选择应符合下列要求。

闸门受两侧弧门支座推力作用时

$$F_k \leqslant 0.7 f_{tk} bB \tag{6-16}$$

闸门受一侧弧门支座推力作用时

$$F_k \leqslant \frac{0.55 f_{tk} bB}{e_0/B + 0.2} \tag{6-17}$$

式中 F_k——按荷载标准计算的闸墩一侧弧门支座推力值，N；

b——弧门支座宽度，mm；

B——闸墩厚度，mm；

e_0——弧门支座推力对闸墩厚度中心线的偏心距，mm；

f_{tk}——混凝土轴心抗拉强度标准值，N/mm^2。

经计算：$b_{边墩}=4\ 077.5$ mm，$b_{中墩}=3\ 100.4$ mm，实际取值为：$b_{边墩}=4\ 100$ mm，$b_{中墩}=3\ 200$ mm。

另外

$$F_k \leqslant 0.7f_{tk}bh \tag{6-18}$$

$$a/h_0 < 0.3, \quad h_1 \geqslant h/3 \tag{6-18}$$

式中　h——支座总高度，mm；

h_0——扣除钢筋保护层的支座总高度，m；

a——弧门推力作用点至闸墩边缘的距离，取 1 000 mm；

h_1——牛腿等厚度处的高度，mm。

经计算：$h>3\ 333.3$ mm，实际取值为：$h=3\ 600$ mm，$h_1=1\ 200$ mm。

弧门支座的受力钢筋截面面积应符合下式规定：

$$A_s \geqslant \frac{KFa}{0.8f_y h_0} \tag{6-20}$$

式中　A_s——受力钢筋的总截面面积，mm^2；

K——承载力安全系数，取 1.2；

F——闸墩一侧弧门支座推力的设计值，N；

f_y——受力钢筋的抗拉强度设计值，N/mm^2。

经计算，$A_s=13\ 936\ mm^2$。实际选用 23 根直径为 28 mm 的 HRB335 钢筋，$A_{s实际}=14\ 163.4\ mm^2>A_s=13\ 936\ mm^2$，满足要求。

第 7 章 输水洞与电站

7.1 输水洞

输水洞位于大坝右岸，根据规划，该洞担负着农业灌溉、工业及城市供水、生态放水、发电四项任务。输水洞洞身采用有压圆形隧洞，出口为明埋钢管接蝶阀和电站，尾水池建节制闸和退水闸，水流通过节制闸接灌溉及城镇供水渠道，河道生态基流直接泄入河道。

根据水库规划：农业灌溉设计流量 25.7 m^3/s，加大流量 30.4 m^3/s，城镇供水流量 2.0 m^3/s，生态放水流量 1.05 m^3/s（其中 4~7 月为 2.10 m^3/s），合计设计流量 29.8 m^3/s，加大供水流量 34.5 m^3/s。

7.1.1 输水洞选线

水库下游灌区及城市供水对象主要位于北汝河右岸，输水洞宜布置在北汝河右岸。输水洞布置在导流洞右侧，进口处位于北汝河与其支流浑椿河交汇处，出口附近为西庄村民组。因此，输水洞轴线确定既要考虑到进口尽可能避开北汝河与浑椿河交汇处水流紊乱区域，又要考虑到出口尾水尽可能减少对坝下西庄村民组区域的影响，此外，要考虑与导流洞进口布置间距要求，因此初步选定两条轴线方案进行比较。

方案一：输水洞轴线与坝轴线成 65°夹角。

进口位于北汝河与浑椿河交汇处右岸，进口控制点 $G_{1进}$ 大地坐标：X=3 776 414.292，Y=351 483.678；出口位于靠近西庄村民组地势较低处，地形较平坦，出口控制点 $G_{1出}$ 大地坐标：X=3 776 745.109，Y=351 604.048。

方案二：输水洞轴线与坝轴线成 75°夹角。

进口位于北汝河与浑椿河交汇处右岸，进口控制点 $G_{2进}$ 大地坐标：X= 3 776 414.292，Y=351 483.678，与方案一位置一致；出口更靠近西庄村民组，地势较高，地形变化大，出口控制点 $G_{2出}$ 大地坐标：X= 3 776 643.225，Y=351 603.833，与方案一输水洞出口平面距离约 40 m。

方案比较：

进口位置比较：控制点在同一位置，方案一进口处轴线与山体山脊成正面穿过，洞脸结构对称、边坡稳定性较好且便于工程布置；方案二进口处轴线与山体山脊斜向穿过，工程布置相对方案一稍差。

出口位置比较：方案一出口山脚靠近现状河道堤防，地面高程 353.00~360.00 m，周围场地开阔，房屋较少，便于施工布置，移民征迁少，干扰小。方案二出口更邻近西庄村民组，地势较高，地面高程 360.00~370.00 m，地形变化大，开挖量较大，因出口更靠近西庄村民组，需增加较多工程及征迁投资，施工干扰也大。

从工程布置上,两方案进口及闸室结构布置形式一致,仅洞身段长度有所变化,方案一洞身长度263 m,方案二洞身长度243 m,但输水洞洞径较小,每延米洞身开挖、喷护、衬砌等工程投资仅2.2万元,两方案洞身工程投资相差约44万元,占输水洞土建投资的2%,投资差别不大。

此外,输水洞下游接电站及尾水建筑物,由于方案二出口地势较高,地形变化大,电站开挖量增加较多,初步估算,增加开挖、支护投资约55万元;方案二紧邻西庄村民组,工程占地较方案一增加约7亩,增加征迁投资约80万元。

综合考虑,推荐方案一,采用输水洞轴线与坝轴线成65°夹角工程布置,同可研确定方案一致。

7.1.2 工程布置

输水洞工程包括引渠段、进水塔段、洞身段、明埋钢管段、尾水池段、尾水建筑物等部分。

7.1.2.1 引渠段

桩号0-080~0+000为引渠段,其中0-080~0-010段采用梯形断面,底宽4.0 m,边坡坡比1:0.75,采用0.4 m厚C25混凝土护砌;0-010~0+000段为变坡段,底宽由4.0 m变为6.0 m。引渠段底部高程均为361.00 m,引渠顶高程为369.00~371.00 m。

引渠右岸山体陡峭,边坡岩石采用1:0.75放坡,在高程376.00 m和391.00 m处设2级马道,马道宽均为2 m。为加强右岸山体边坡稳定性,采用挂网喷锚支护:锚杆采用砂浆锚杆,间排距2 m,梅花形布置,锚杆钢筋采用Φ25螺纹钢筋,单根长5.0 m;喷混凝土强度等级C25,厚100 mm;钢筋网为Φ8@200。右岸高边坡设置排水孔,排水孔间排距均为4 m,孔深5 m,孔口至孔底向上倾斜、与水平面夹角为6°,钻孔孔径为100 mm。

7.1.2.2 进水塔段

桩号0+000~0+020为进水塔段,分四层取水,取水口高程分别为361.00 m、372.00 m、382.00 m和392.00 m,最底部取水口孔口尺寸为4.0 m × 5.0 m(宽×高),其余三个取水口孔口尺寸均为4.0 m×4.0 m。该段底板和侧墙壁均为2.5 m厚C25钢筋混凝土。在高程404.00 m处设检修平台,结构为板梁式。上设排架,排架顶部设板梁式工作平台,平台高程为423.50 m,工作平台上设操纵室。

进水塔段顺水流方向依次布置有进水口拦污栅、四道工作闸门和事故闸门。进水口拦污栅孔口尺寸4.0 m×42.6 m,采用QT-800 kN启闭机启闭,在拦污栅前设一套GD1000清污机;四道工作闸门均为平面定轮钢闸门,从上至下分别采用的启闭机为QPPYⅡ-400 kN、QPPYⅡ-630 kN、QPPYⅡ-800 kN和QPPYⅡ-800 kN;事故闸门动闭静启,为平面定轮钢闸门,门顶设充水阀,充水阀内径为300 mm,门后设通气孔,选用QPG-2 000/1 600 kN-45.0 m高扬程固定卷扬式启闭机。

进水塔后侧山体陡峭,边坡岩石采用1:0.75放坡,在高程381.00 m及391.00 m处共设2级马道,马道宽均为2 m。为加强山体边坡稳定性,采用挂网喷锚支护:锚杆采用砂浆锚杆,间排距2 m,梅花形布置,锚杆钢筋采用Φ25螺纹钢筋,单根长5.0 m;喷混凝土强度等级C20,厚100 mm;钢筋网为Φ8@200。

7.1.2.3　**洞身段**

桩号 0+020～0+278 为洞身段，总长 258 m。其中，桩号 0+020～0+032 洞身尺寸由 4.0 m×5.0 m 方形断面渐变至直径为 4.0 m 的圆形断面，洞底高程 361.00 m；桩号 0+032～0+295 为直径 4.0 m 的圆形断面，洞底高程 361.00 m～348.58 m，比降 4.95%。

隧洞采用 0.5 m 厚 C25 钢筋混凝土衬砌，洞身临时支护采用喷 C25 混凝土 0.2 m 厚加锚杆支护。为提高洞身周围岩石的完整性，对洞身周围 3.0 m 范围内岩体进行固结灌浆，拟布置灌浆孔间距 3.0 m，梅花形布置，灌浆孔深 3.0 m；对洞顶 120°范围内岩体进行回填灌浆，拟布置灌浆孔间距 2.0 m。其中，桩号 0+268～0+278 段采用 24 mm 厚 Q345C 钢板衬砌，钢板衬砌外为 C25 混凝土衬砌，以便与洞外明钢管连接。

隧洞从桩号 0+295 处出洞，洞脸设 C25 混凝土锁口梁及锚杆支护。输水洞出口岩石开挖边坡采用 1:0.75，坡面护砌岩石采用 0.10 m 厚 C25 混凝土加锚杆护砌。

7.1.2.4　**明埋钢管段**

桩号 0+278 后采用压力钢管接电站和锥阀消力池，其中桩号 0+278～0+337.73 段压力钢管管径 4 m，钢管中心线高程为 350.58 m，钢管外设 0.4 m 厚 C25 混凝土，此段设进人孔和伸缩节以便检查和维修洞身。

桩号 0+337.73～0+342.73 段为压力钢管渐变段，管径由 4 m 变成 2.4 m，钢管中心线高程为 350.58 m。桩号 0+342.73 后设锥阀操纵室，长 20.5 m、宽 6.5 m，室内地面高程 358.20 m，锥形阀后钢管直接向下弯折进入锥阀消力池，消力池与电站尾水池相连接。

从桩号 0+283.83 钢管处接岔管通往电站，岔管与主输水钢管分岔角为 60°，岔管中心线高程为 350.58 m，长 46.0 m，直径为 3.2 m。从岔管接 3 根支管进电站机组，支管与主输水钢管平行，支管中心线高程均为 350.58 m，其中进 1 号机组的支管管径为 1.6 m，进 2 号、3 号机组的支管管径均为 2.2 m(注：1 号机组位于电站厂房的右侧，依次向左为 2 号机组和 3 号机组)。

7.1.2.5　**尾水池段**

电站尾水池垂直水流向净宽 48.07 m。顺水流向分为三段：第一段前部 1.8 m 长为平底，池底板顶高程为 347.80 m，后部 18.20 m 长采用 1:3.5 反坡将高程由 347.80 m 升至 353.00 m；第三段为平底，顺水流向长 10.0 m，池底板顶高程为 353.00 m。尾水池底板采用 C25 钢筋混凝土结构，池两侧和出水侧采用 C25 钢筋混凝土扶壁式和悬臂式挡土墙，墙顶高程为 358.00 m，墙顶设 C20 钢筋混凝土预制栏杆。

7.1.2.6　**尾水建筑物**

在尾水池出口分别设灌溉闸和退水闸。

为控制灌溉、供水流量，在尾水池后设灌溉闸。灌溉闸为箱形结构，两孔，每孔净宽为 3.0 m，顺水流向长 13.0 m，底板顶高程为 353.00 m，闸墩顶高程为 358.20 m。闸室内设铸铁工作门，采用手电两用螺杆式启闭机操作。闸下游接灌溉、供水渠道。

为满足河道生态用水流量要求及非供水期(或小流量供水期)保证电站发电的正常运行，在尾水池后设退水闸。退水闸为箱形结构，单孔，孔净宽为 3.5 m，顺水流向长 13.0 m，底板顶高程为 353.00 m，闸墩顶高程为 358.20 m。闸室内设铸铁工作门，采用手电两用螺杆式启闭机操作。闸下游以箱涵接导流洞下游消力池，箱涵第一段坡比为 1:2，顺水流向长14.4 m,第二段坡比为1∶10,总长40 m,分两节,每节长20.0 m。

7.1.3　水力计算

7.1.3.1　洞径的选择

为满足发电需要,减小水头损失及关机水锤压力,根据经验,洞内流速控制在3.5 m/s以下,据此确定输水洞各段洞身断面,最小断面应满足施工要求。

采用如下计算公式:

$$d=\sqrt{\frac{4Q}{\pi v}} \tag{7-1}$$

式中　d——计算洞身直径,m;

Q——计算断面的过流量,m^3/s;

v——计算断面的允许流速,m/s。

输水洞洞径计算成果如表7-1所示。

表7-1　输水洞洞径计算成果

流量/(m^3/s)	计算最小洞径/m	选取洞径/m
34.5	3.5	4.0

根据以上计算成果,输水洞选取4.0 m洞径。选取的洞径可满足供水、灌溉、发电各项任务的要求。

7.1.3.2　洞身压坡线

前坪水库工程输水洞洞内水流为有压流,根据《水工隧洞设计规范》(SL 279—2016)的规定,有压隧洞洞顶以上应有不小于2.0 m的压力水头。

根据前坪水库运行要求,输水洞洞身压坡线计算仅选取三种工况:①正常蓄水位403.00 m,洞身流量34.5 m^3/s;②农业限制水位371.60 m,洞身流量28.75 m^3/s;③供水限制水位369.40 m,洞身流量4.1 m^3/s。输水洞洞身压坡线计算成果见表7-2。

表7-2　输水洞洞身压坡线计算成果

水位/m	流量/(m^3/s)	洞顶压坡线水头/m	
		隧洞起点	隧洞出口
403.00	34.5	37.0	48.08
371.60	28.75	5.6	17.55
369.40	4.1	3.4	16.79

由表7-2可知,因输水洞出流流量较小,流速较低,输水洞洞身沿程及局部水头损失较小,出口末端压坡线水头均大于2.0 m,满足规范要求。

7.1.3.3 泄流能力计算

输水洞主洞末端后接直径2.4~4.0 m的钢管,采用锥形阀控制流量,主洞规划要求的最大流量34.5 m^3/s,过流能力采用下式估算:

$$Q=\mu\omega\sqrt{2g(H_0-D)} \tag{7-2}$$

式中 μ——流量系数,经对局部和沿程水头损失系数估算,取0.83;

ω——出口断面面积,m^2;

H_0——以出口底高为基准的水头,m;

D——出口洞径,m。

经计算,当库水位403.00 m时,主洞最大过流流量116.34 m^3/s;当库水位369.00 m时,主洞最大过流流量64.34 m^3/s。可知,输水洞的泄流能力远大于其规划要求的流量。

7.1.3.4 消能

电站左侧设置锥形阀,采用90°圆锥体,外套筒活动式。锥形阀能较好地适应高水头、小流量的运用情况,同时具备调流、调压作用,因主洞设计流量不大,消力池出口与电站尾水池连接,出管道后均为淹没出流,故不再进行消能计算,锥阀消力池尺寸结合类似工程水工模型试验结果确定。

7.1.3.5 通气管

本项目输水洞除满足泄水要求外,还有发电要求,竖井通气孔面积根据《水利水电工程钢闸门设计规范》(SL 74—2019)附录B所列公式和《水电站进水口设计规范》(DL/T 5398—2007)附录B.5中相关公式进行计算,并根据计算结果的大值确定通气管尺寸。

《水利水电工程钢闸门设计规范》(SL 74—2019)附录B所列公式为

$$A_a\geqslant\frac{Q_a}{[v_a]} \tag{7-3}$$

《水电站进水口设计规范》(DL/T 5398—2007)附录B中所列公式为

$$A_{a1}=\frac{K_aQ_a}{1\,265m_a\sqrt{\Delta p_a}} \tag{7-4}$$

$$A_{a2}=\frac{\beta_aQ_a}{v_a} \tag{7-5}$$

经计算,通气孔面积应达到0.52 m^2,闸后设两根管径DN600钢管。

7.1.4 稳定计算

7.1.4.1 进水塔稳定计算

1.计算参数

根据地质报告成果,进水塔地基为安山玢岩,岩体抗剪断强度:$f'=0.9$,$c'=0.7$ MPa,变形模量5.0 GPa,承载力18 MPa;建议混凝土与岩体抗剪断强度:$f'=0.9$,$c'=0.7$ MPa。

2. 计算工况

各计算工况的荷载组合如表 7-3 所示。

表 7-3　进水塔稳定计算荷载组合

工况		自重	水重	静水压力	门推力	扬压力	土压力	地震力	风荷载
基本荷载组合	完建期								
	洪水期								
特殊荷载组合	检修期								

3. 进水塔抗滑稳定及基底应力计算

进水塔抗滑稳定计算公式均取自《水闸设计规范》(SL 265—2016)。

抗滑稳定安全系数采用抗剪断强度公式计算:

$$K = \frac{f' \sum W + c'A}{\sum P} \geqslant [K] \tag{7-6}$$

式中　K——抗滑稳定安全系数;

f'——混凝土与基岩接触面的抗剪断摩擦系数;

c'——混凝土与基岩接触面的抗剪断黏聚力;

$\sum W$——全部荷载对计算滑动面的法向分量;

$\sum P$——全部荷载对计算滑动面的切向分量;

$[K]$——容许抗滑稳定安全系数。

A——基础底面面积,m^2。

地基应力计算公式:

$$P_{\min}^{\max} = \frac{\sum G}{A}\left(1 \pm \frac{6e}{B}\right) \tag{7-7}$$

式中　$P_{\min}^{\max}$——基础底面应力的最大值和最小值,t/m^2;

$\sum G$——竖向力之和,t;

A——基础底面面积,m^2;

B——底板顺水流方向的宽度,m;

e——合力距底板中心点的偏心距,m。

4. 计算成果

进水塔稳定计算成果见表 7-4。由表 7-4 可知,基底压力、抗滑、抗浮和抗倾计算均满足规范要求。

表 7-4　进水塔稳定计算成果

计算方向	计算工况	抗滑稳定安全系数	抗浮稳定安全系数	抗倾稳定安全系数	P_{max}/kPa	P_{min}/kPa
顺水流向	完建期	—	—	—	896.49	646.01
	洪水期	2.11	1.36	2.63	578.40	283.61
	检修期	3.79	1.35	3.25	627.00	411.49

7.1.4.2　挡土墙稳定计算

输水洞进口为护坡形式,采用 C25 钢筋混凝土扭坡,基础为弱风化安山玢岩;出口尾水池两岸均为扶壁式混凝土挡土墙。进口洞脸边坡较高,最高处达 40.0 多 m,设计采用开挖边坡 1∶0.75,根据不同的岩石条件,边坡分别采取喷混凝土、打锚杆或挂网等边坡加固措施。

挡土墙计算采用的各项参数如下:混凝土容重 25 kN/m^3,回填石渣湿容重 20 kN/m^3,浮容重 11 kN/m^3;回填土摩擦角水下为 22°,水上为 25°;混凝土与基础间摩擦系数取 0.35。

挡土墙的计算断面取尾水池最大挡土高度断面。按基本荷载组合和特殊荷载组合进行计算。计算工况荷载组合见表 7-5。

基本组合 1:完建期,自重+土压力+土重+其他;

基本组合 2:设计流量工况,自重+水重+静水压力+土重+土压力+扬压力+其他,分别计算下泄设计流量和加大流量时尾水位;

特殊组合:校核洪水位时输水洞不泄流,可不计算。

表 7-5　挡土墙荷载组合表

荷载组合		计算工况	荷载						
			自重	土重	水重	静水压力	扬压力	土压力	其他
基本组合	1	完建期							
	2	输水洞设计流量输水							
	3	输水洞加大流量输水							

挡土墙基底反力按单向偏心受压构件计算,抗滑稳定按抗剪强度公式计算,其计算公式参见溢洪道上下游挡土墙稳定计算有关内容。

稳定计算成果见表 7-6。根据计算结果,基本组合抗滑稳定安全系数均大于 1.20,抗倾稳定安全系数均大于 1.40,不均匀系数均小于 2,满足规范要求,特殊组合下上述参数也均满足规范要求,各工况下最大基底应力均小于修正后的地基允许承载力。

表 7-6　挡土墙稳定计算成果

工况	抗滑稳定安全系数	抗倾稳定安全系数	最大基底应力/kPa	不均匀系数
完建期	1.63	7.25	218.81	1.393
设计流量下尾水位	1.43	2.11	166.77	1.79
加大流量下尾水位	1.51	1.84	149.73	1.72

7.1.5　洞身结构计算

7.1.5.1　衬砌计算说明

本阶段对输水洞主要部位洞身衬砌结构进行初步计算，以确定衬砌尺寸。采用大型商业软件 ABAQUS 进行计算分析，有限元计算前处理采用专业网格剖分软件 HYPERMESH 进行网格剖分。由于隧洞结构及受力近似对称，因此仅取一半进行有限元网格剖分。

计算范围：隧洞两侧及下部取 5 倍洞径以上，隧洞以上取至山顶。本构模型用于描述材料应力应变关系。

7.1.5.2　本构模型、材料参数及边界条件

本构模型用于描述材料应力应变关系。计算中，围岩采用弹塑性 Drucker-Prager 本构模型，衬砌采用弹性模型，主要材料参数如表 7-7 所示。计算时，以隧洞线所在的铅直面为对称面，取隧洞的一半开展计算分析。约束条件为：对称面、模型侧面、模型底面及两端施加法向连杆约束。

表 7-7　材料物理力学参数取值

坝址	密度/(kg/m³)	岩体抗剪断强度		变形模量/MPa	泊松比
		f'	c'/MPa		
围岩	2 640	0.80	0.70	5 000	0.25
断层带	2 600	0.50	0.10	1 000	0.25
混凝土	2 500	—	—	2 500	0.17

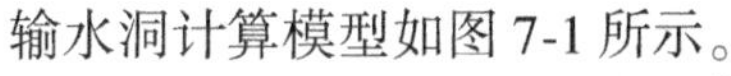
输水洞计算模型如图 7-1 所示。

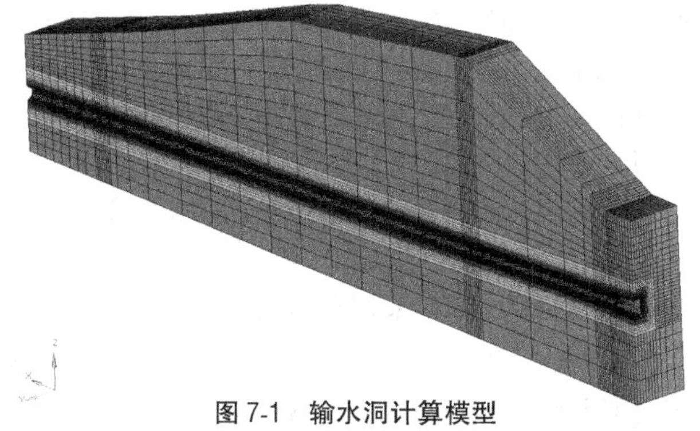

图 7-1　输水洞计算模型

7.1.5.3　计算断面选取

对洞身的不同位置取典型断面进行结构计算,并且初步拟定了各个断面的控制范围。后期可根据开挖后的地质状况,对设计的洞身断面尺寸及其控制范围做相应的调整。计算断面及其控制范围见表 7-8。

表 7-8　计算断面及其控制范围

名称	断面位置	控制范围
洞身前段	0+030	0+000~0+100
洞身中段	0+150	0+100~0+200
洞身后段	0+230	0+200~0+263

7.1.5.4　计算工况及荷载组合

每个断面的计算工况有三种,运行期工况、完建期工况与施工期工况,计算工况及荷载组合如表 7-9 所示。

表 7-9　计算工况及荷载组合

计算工况	荷载组合						组合类别
	自重	内水压力	外水压力	山岩压力	弹性抗力	灌浆压力	
完建期	√			√	√		基本组合
运行期	√	√	√	√	√		基本组合
施工期	√			√	√	√	特殊组合

7.1.5.5　主要计算参数及荷载分析

洞身尺寸:洞身断面为圆形,具体尺寸见有关图纸。

岩石力学参数:由地质勘察报告,输水洞洞身段大部分位于弱风化安山玢岩中,洞身进口部分位于强风化安山玢岩中,出口位于砾岩中;洞室穿过 f_{40}、f_{43} 等断层,断层带由碎块岩、角砾岩及断层泥组成,强度较低,对洞身稳定有一定影响。洞身围岩以弱风化安山玢岩为主,岩石饱和抗压强度 64.7 MPa,岩体完整性系数 0.28,围岩类别属Ⅲ类,普氏坚固系数 f=6~8。输水洞洞身段首段、尾部(弱风化砾岩)及 f_{43}、f_{120}、f_{121}、f_{40}、f_{41}、f_{35} 断层破碎带位置岩体强度较低,稳定性差,围岩类别为Ⅳ类。

内水压力:对于有压隧洞,内水压力是主要设计荷载,可根据上游库运行水位(正常蓄水位 403.00 m)计算每个断面内水压力。

外水压力:外水压力计算时为有利荷载。从上游库水位到出口洞顶拉一直线,并参考泄洪洞折减系数进行折减来计算断面的水头。

围岩压力:本设计中竖向应力计算采用公式: $\delta_z = \rho g h$,其中岩石密度 ρ 取 2 640 kg/m^3,重力加速度 g 取 9.8 m/s^2,h 为计算点的埋深。得到垂直方向地应力后,根据 $\delta_z = k\delta_x = \delta_y$,此处计算 k 值暂取 1.0,即假设水平向地应力与竖向地应力相同,以此作为确定隧洞围岩荷载的依据。

灌浆压力:灌浆压力按0.3 MPa计。

7.1.5.6　计算成果整理与分析

1. 坐标方向

沿洞轴线向下游方向为x向;高程向上方向为z向;y向与x向和z向正交且x、y、z满足右手螺旋法则。

2. 应力符号

(1)所有轴力图、弯矩图中,箭头指向洞内表示正值、箭头指向围岩表示负值。

(2)应力以拉为正、压为负,内边缘应力指与水接触的衬砌侧壁位置的正应力,外边缘应力指与围岩接触的正应力。

(3)弯矩以使衬砌内壁处(与水接触的壁面)发生压应力为负。

(4)轴力以拉为正、压为负。

3. 荷载步

为了模拟隧洞开挖过程及围岩与衬砌的相互作用,采用分级加载的方式开展有限元计算,各荷载步所代表的荷载见表7-10。

表7-10　各荷载步所代表的荷载

荷载步	代表的荷载
1	施加初始地应力(用于形成隧洞围岩压力)
2	围岩压力释放25%
3	对围岩进行喷锚支护
4	围岩压力共释放75%(施工期,衬砌施工前)
5	衬砌浇筑并释放剩余25%围岩压力(完建期)
6	施加动水压力(蓄水期或洪水期)

4. 计算结果

数据统计时,在隧洞衬砌断面(典型桩号)上选取截面,洞室衬砌截面编号如图7-2所示。内力计算成果见表7-11~表7-19。

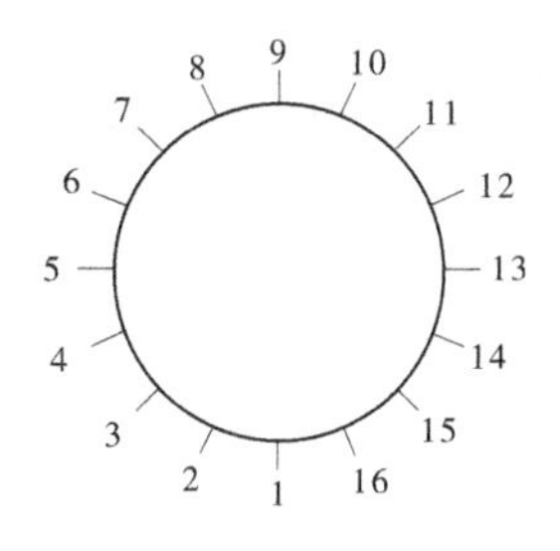

图7-2　输水洞结构计算简图

表 7-11　0+030 断面完建期应力计算成果

截面编号	弯矩/(MN · m)	轴力/MN	剪力/MN	外边缘应力/MPa	内边缘应力/MPa
1	0. 011	-0. 482	-0. 024	-1. 233	-0. 699
2	0. 005	-0. 48	0. 023	-1. 087	-0. 839
3	0. 001	-0. 477	0. 023	-0. 973	-0. 94
4	-0. 001	-0. 47	0. 023	-0. 925	-0. 96
5	-0. 004	-0. 461	0. 022	-0. 822	-1. 026
6	-0. 008	-0. 451	0. 022	-0. 716	-1. 094
7	-0. 011	-0. 442	0. 022	-0. 631	-1. 143
8	-0. 012	-0. 435	0. 022	-0. 571	-1. 173
9	-0. 013	-0. 432	0. 021	-0. 546	-1. 186

表 7-12　0+150 断面完建期应力计算成果

截面编号	弯矩/(MN · m)	轴力/MN	剪力/MN	外边缘应力/MPa	内边缘应力/MPa
1	0. 02	-0. 896	-0. 044	-2. 286	-1. 311
2	0. 009	-0. 896	0. 044	-2. 008	-1. 584
3	0. 004	-0. 893	0. 043	-1. 902	-1. 683
4	-0. 001	-0. 888	0. 043	-1. 746	-1. 816
5	-0. 008	-0. 88	0. 043	-1. 572	-1. 957
6	-0. 015	-0. 87	0. 043	-1. 387	-2. 101
7	-0. 02	-0. 859	0. 042	-1. 239	-2. 21
8	-0. 023	-0. 851	0. 042	-1. 143	-2. 269
9	-0. 025	-0. 847	0. 042	-1. 097	-2. 299

表 7-13 0+230 断面完建期应力计算成果

截面编号	弯矩/(MN · m)	轴力/MN	剪力/MN	外边缘应力/MPa	内边缘应力/MPa
1	0.009	-0.407	-0.02	-1.038	-0.591
2	0.004	-0.405	0.02	-0.916	-0.71
3	0.002	-0.401	0.019	-0.856	-0.75
4	0	-0.393	0.019	-0.777	-0.8
5	-0.003	-0.384	0.019	-0.687	-0.852
6	-0.006	-0.375	0.018	-0.594	-0.907
7	-0.009	-0.366	0.018	-0.521	-0.948
8	-0.01	-0.36	0.018	-0.475	-0.969
9	-0.011	-0.358	0.018	-0.462	-0.971

表 7-14 0+030 断面施工期应力计算成果

截面编号	弯矩/(MN · m)	轴力/MN	剪力/MN	外边缘应力/MPa	内边缘应力/MPa
1	0.014	-0.521	-0.027	-1.382	-0.709
2	0.006	-0.535	0.016	-1.21	-0.934
3	-0.002	-0.578	0.01	-1.1	-1.218
4	-0.007	-0.628	0.015	-1.086	-1.433
5	-0.006	-0.638	0.05	-1.14	-1.417
6	-0.008	-0.623	0.023	-1.066	-1.433
7	-0.015	-0.646	0.02	-0.941	-1.651
8	-0.019	-0.667	0.026	-0.866	-1.807
9	-0.021	-0.675	0.032	-0.844	-1.862

表 7-15　0+150 断面施工期应力计算成果

截面编号	弯矩/(MN · m)	轴力/MN	剪力/MN	外边缘 应力/MPa	内边缘 应力/MPa
1	0. 023	-0. 935	-0. 047	-2. 431	-1. 32
2	0. 009	-0. 949	0. 036	-2. 127	-1. 678
3	0. 002	-0. 993	0. 03	-2. 035	-1. 949
4	-0. 008	-1. 044	0. 035	-1. 903	-2. 283
5	-0. 009	-1. 054	0. 07	-1. 885	-2. 34
6	-0. 014	-1. 039	0. 044	-1. 734	-2. 433
7	-0. 024	-1. 061	0. 041	-1. 546	-2. 712
8	-0. 03	-1. 081	0. 047	-1. 439	-2. 896
9	-0. 032	-1. 089	0. 053	-1. 398	-2. 968

表 7-16　0+230 断面施工期应力计算成果

截面编号	弯矩/(MN · m)	轴力/MN	剪力/MN	外边缘 应力/MPa	内边缘 应力/MPa
1	0. 012	-0. 443	-0. 023	-1. 18	-0. 595
2	0. 005	-0. 457	0. 012	-1. 033	-0. 799
3	-0. 001	-0. 5	0. 006	-0. 987	-1. 015
4	-0. 007	-0. 55	0. 011	-0. 935	-1. 27
5	-0. 005	-0. 56	0. 046	-1. 002	-1. 241
6	-0. 006	-0. 545	0. 02	-0. 942	-1. 244
7	-0. 013	-0. 568	0. 017	-0. 828	-1. 451
8	-0. 017	-0. 589	0. 022	-0. 768	-1. 594
9	-0. 018	-0. 598	0. 029	-0. 765	-1. 63

表 7-17　0+030 断面运行期应力计算成果

截面编号	弯矩/(MN · m)	轴力/MN	剪力/MN	外边缘应力/MPa	内边缘应力/MPa
1	0.007	−0.272	−0.013	−0.72	−0.373
2	0.004	−0.269	0.014	−0.636	−0.444
3	0.002	−0.259	0.014	−0.561	−0.48
4	0.001	−0.245	0.014	−0.515	−0.467
5	−0.001	−0.23	0.012	−0.441	−0.481
6	−0.003	−0.217	0.011	−0.369	−0.501
7	−0.004	−0.208	0.01	−0.314	−0.52
8	−0.005	−0.202	0.01	−0.277	−0.535
9	−0.006	−0.201	0.01	−0.263	−0.541

表 7-18　0+150 断面运行期应力计算成果

截面编号	弯矩/(MN · m)	轴力/MN	剪力/MN	外边缘应力/MPa	内边缘应力/MPa
1	0.014	−0.583	−0.029	−1.509	−0.832
2	0.007	−0.581	0.029	−1.328	−1.001
3	0.004	−0.572	0.029	−1.248	−1.047
4	0	−0.559	0.029	−1.131	−1.111
5	−0.004	−0.545	0.028	−1.004	−1.18
6	−0.008	−0.532	0.026	−0.875	−1.259
7	−0.011	−0.523	0.025	−0.773	−1.324
8	−0.014	−0.517	0.025	−0.708	−1.364
9	−0.015	−0.514	0.025	−0.678	−1.384

表 7-19 0+230 断面运行期应力计算成果

截面编号	弯矩/(MN·m)	轴力/MN	剪力/MN	外边缘应力/MPa	内边缘应力/MPa
1	-0.002	0.118	0.006	0.278	0.194
2	0	0.122	-0.005	0.247	0.241
3	0.001	0.134	-0.004	0.251	0.287
4	0.002	0.15	-0.005	0.26	0.343
5	0.003	0.165	-0.007	0.262	0.401
6	0.004	0.176	-0.009	0.254	0.45
7	0.005	0.18	-0.01	0.244	0.479
8	0.005	0.181	-0.01	0.236	0.491
9	0.005	0.181	-0.009	0.232	0.493

按相关规范规定,洞身最大衬砌结构最大裂缝宽度允许值取 0.30 mm。根据计算结果,各断面应力均满足混凝土抗压、抗拉强度要求。因此,按照最小配筋 $\rho_{min}=0.2\%$ 选用受力配筋为 Φ18@200,分布钢筋为 Φ16@200,计算结果满足裂缝开展宽度要求。

7.1.6 洞身喷锚设计

洞身临时支护采用喷 C25 混凝土 0.2 m 厚加锚杆支护。为提高洞身周围岩石完整性,对洞身周围 3 m 范围内岩体进行固结灌浆,拟布置灌浆孔间距 3.0 m,梅花形布置,孔深 3 m;对洞顶 120°范围内岩体回填灌浆,拟布置灌浆孔间距 2 m。其中,桩号 0+290~0+295 段采用 2 cm 厚 Q345C 钢板衬砌,钢板外为 C25 混凝土衬砌,以便与洞外明钢管连接。

7.2 电 站

7.2.1 规划概况

根据规划成果,本工程利用农业灌溉、城镇供水、生态基流和汛期弃水发电,总装机容量为 6 000 kW。电站安装 3 台机组,其中 2 台机组为利用农业灌溉、汛期弃水发电,1 台机组为生态基流及城镇供水发电。编号从右到左为 1 号、2 号、3 号。其中,位于最右侧的 1 号机组为利用生态基流和城镇供水发电,2 号机组、3 号机组为利用农业灌溉和汛期弃水发电。

7.2.2　工程布置

电站厂房位于输水洞出口下游高程 358.00 m 平台上，电站厂房由主厂房、副厂房和开关站组成，电站尾水管与尾水池相接，尾水池末端设灌溉闸和退水闸。

主厂房内安装 1 台 HLA551-WJ-80 型卧轴混流水轮机组（编号 1）和 2 台 HLA551-WJ-114 型卧轴混流水轮机组（编号 2、3），机组呈“一”字形布置，1、2 号机组间距为 15.0 m，3 号机组间距为 16.5 m。主厂房底板总长为 20.5 m，其中 2、3 号机组共一块底板（宽 37.07 m），1 号机组与安装间共一块底板（宽 29.93 m）。主厂房共分 2 层，分别为室内地面层和主机组层。室内地面高程为 358.20 m，主机组层地面高程为 353.40 m，底板底面高程为 344.5~345.80 m，底板厚 2.0 m。主机组层布置有水轮机组、调速器柜及机旁盘柜。厂房内设桥式起重机一台。

安装间位于主机间右侧，与 1 号机组共一块底板。根据机组安装、检修和结构的要求，顺水流向长 20.5 m，分三层布置，底层为技术供排水泵层，中层布置透平油库和油处理室，上层为安装场。

副厂房位于主机间上游，共分三层，底层为电站支管层，中层布置供水设备间、空压机室、绝缘油库，上层布置柴油发电机房、高低压配电室、控制室等。

厂房大门设在安装间右端，外设回车场，面积为 20 m×20 m。进厂公路直接与原县道相连。

主厂房下游侧尾水启闭机工作平台净宽 3.0 m，高程 358.20 m。3 台机组尾水出口设 2 扇尾水检修闸门，闸门采用潜孔式平面滑动钢闸门，采用 1 台 MD1-2×50 kN 电动葫芦配自动抓脱梁启闭。

7.2.3　整体稳定计算

整体稳定计算工况考虑了设计工况、校核工况和检修工况。

电站厂房整体稳定采用下列公式计算。

7.2.3.1　抗滑稳定计算

$$K_c = \frac{f\sum G}{\sum H} \geqslant [K_c] \tag{7-8}$$

式中　K_c——抗滑稳定安全系数；

$\sum G$——作用于基础底面上的所有竖直向荷载的总和，kN，包括基底扬压力；

$\sum H$——作用于基础底面上的所有水平向荷载的总和，kN；

f——基础底面与地基间的摩擦系数，取 0.35。

7.2.3.2　抗浮稳定计算

$$K_f = \frac{\sum V}{\sum U} \geqslant [K_f] \tag{7-9}$$

式中　K_f——抗浮稳定安全系数；

$\sum V$——作用于基础底面上的所有向下重力之和,kN;

$\sum U$——作用于基础底面上的扬压力,kN。

各种运行工况下的基底应力计算公式如下:

$$P_{\min}^{\max} = \frac{\sum G}{A} \pm \frac{\sum M_x}{W_x} \pm \frac{\sum M_y}{W_y} \tag{7-10}$$

式中 $P_{\min}^{\max}$——基底应力的最大值和最小值,kPa;

$\sum G$——作用于基础底面上的全部竖向荷载,kN;

$\sum M_x$——作用的全部竖向荷载和水平荷载对泵房基础底面形心轴 x 的力矩代数和,kN·m;

$\sum M_y$——作用的全部竖向荷载和水平荷载对基础底面形心轴 y 的力矩代数和,kN·m;

W_x——基础底面形心轴 x 的截面模量,m^3;

W_y——基础底面形心轴 y 的截面模量,m^3;

A——基础底面面积,m^2。

基底应力不均匀系数:

$$n = \frac{\sigma_{\max}}{\sigma_{\min}} < [n] \tag{7-11}$$

式中 n——基底应力不均匀系数;

$[n]$——基底应力不均匀系数容许值。

7.2.3.3 计算结果

电站稳定计算成果见表 7-20。

表 7-20 电站稳定计算成果

荷载组合	计算工况	抗滑稳定安全系数	抗浮稳定安全系数	基底应力/kPa		基底应力不均匀系数
				底板上游	底板下游	
基本组合	完建期	2.13	—	120.23	179.85	1.50
	设计洪水位+尾水位	3.02	2.2	61.12	98.95	1.62
特殊组合	正常蓄水位+检修水位	1.37	3.8	68.78	151.29	2.20

计算结果显示:各种工况下,电站抗滑稳定安全系数、抗浮稳定安全系数及地基应力不均匀系数均满足规范要求。

7.2.4 地基及基础设计

根据地勘资料,电站厂房建基面高程 344.50~345.80 m,建筑物基础位于砾岩上;副厂房建基面高程 347.36 m,建筑物基础位于第③-1 层卵砾石层上,基础下卵砾石最大厚度为 0.88 m。考虑到地基的均匀性,根据地勘要求,本次设计将副厂房建基面下卵砾石挖除,采用 C25 混凝土回填,回填范围大于建筑物轮廓线外 0.5 m,基坑开挖边坡为 1∶2.0。

7.3　尾水建筑物

根据工程规划,电站尾水池后建灌溉节制闸和退水闸,水流通过灌溉节制闸接灌溉及城镇供水渠道(灌溉渠为配套工程,不列入本项目设计内容),河道生态基流及多余水量通过退水闸直接泄入河道。

7.3.1　工程布置

退水闸和节制闸位于电站尾水池后,两闸并排布置,间隔8.10 m。

节制闸为箱形结构,两孔,每孔净宽为3.0 m,顺水流向长13.0 m,底板顶高程为353.00 m,闸墩顶高程为358.20 m,底板厚1.0 m,顶板厚0.6 m,边墩厚0.9 m,中墩厚1.0 m。闸室内设铸铁工作门,采用手电两用螺杆式启闭机操作。闸后接灌溉、供水渠。

退水闸为箱形结构,单孔,孔净宽为3.5 m,顺水流向长13.0 m,底板顶高程为353.0 m,闸墩顶高程为358.20 m,底板厚1.0 m,顶板厚0.6 m,边墩厚0.9 m。闸室内设铸铁工作门,采用手电两用螺杆式启闭机操作。闸下游接导流洞下游消力池,箱涵第一段坡比为1∶2,顺水流向长14.4 m,第二段坡比为1∶10,总长40 m,分两节,每节长20 m。箱涵净尺寸为3.5 m×3.5 m,顶底板及边墙厚均为0.7 m。

7.3.2　水力计算

根据水库规划:灌溉节制闸设计流量为农业灌溉设计流量与城镇供水流量之和,为27.7 m^3/s,相应闸上水位355.98 m,闸下水位355.88 m;灌溉节制闸加大流量为农业灌溉加大流量与城镇供水流量之和,为32.4 m^3/s,相应闸上水位356.18 m,闸下水位356.28 m;退水闸设计流量为生态放水流量与多余弃水流量之和,为17.8 m^3/s,相应闸上水位355.98 m,闸下水位355.83 m。

闸孔规模计算采用《水闸设计规范》(SL 265—2016)推荐的计算公式:

$$B_0 = \frac{Q}{\sigma \varepsilon m \sqrt{2g} H_0^{\frac{3}{2}}} \tag{7-12}$$

$$\varepsilon = \frac{\varepsilon_z (N-1) + \varepsilon_b}{N} \tag{7-13}$$

$$\varepsilon_z = 1 - 0.171 \times \left(1 - \frac{b_0}{b_0 + d_z}\right) \sqrt[4]{\frac{b_0}{b_0 + d_z}} \tag{7-14}$$

$$\varepsilon_b = 1 - 0.171 \times \left[1 - \frac{b_0}{b_0 + \frac{d_z}{2} + b_b}\right] \sqrt[4]{\frac{b_0}{b_0 + \frac{d_z}{2} + b_b}} \tag{7-15}$$

$$\sigma = 2.31 \frac{h_s}{H_0}\left(1 - \frac{h_s}{H_0}\right)^{0.4} \tag{7-16}$$

式中　B_0——闸孔总净宽,m;

Q——过闸流量，m^3/s；

H_0——计入行近流速水头的堰上水深，m；

m——堰流流量系数；

ε——堰流侧收缩系数；

σ——堰流淹没系数；

b_0——闸孔净宽，m；

N——闸孔数；

ε_z——中闸孔侧收缩系数；

d_z——中闸墩厚度，m；

ε_b——边闸孔侧收缩系数；

b_b——边闸墩顺水流向边缘线至上游河道水边线之间的距离，m；

h_s——由堰顶算起的下游水深，m。

灌溉节制闸与退水闸规模计算成果见表 7-21。

表 7-21　灌溉节制闸与退水闸规模计算成果

项目	水位/m		闸孔规模/m	流量/(m^3/s)	
	闸上	闸下		计算	规划
灌溉节制闸	355.98	355.88	2×3.0	29.30	27.7(设计)
	356.28	356.18		32.63	32.4(加大)
退水闸	355.98	355.83	1×3.5	20.37	17.8

从表 7-21 中可以看出，灌溉节制闸按两孔、单孔净宽 3.0 m，退水闸按单孔、净宽 3.5 m，可满足过流要求。

7.3.3　闸室稳定计算

7.3.3.1　地层参数

根据地质报告成果：闸室基础持力层均位于上更新统(Q_3^{alp})的壤土上，承载力标准值为 170 kPa，下部为卵石层(Q_3^{alp})，承载力标准值为 400 kPa，下伏基岩为古近系砾岩。

7.3.3.2　计算公式

闸室稳定计算公式如下：

抗滑稳定安全系数

$$K_c = \frac{f\sum G}{\sum H} \geqslant [K_c]$$

偏心距

$$e = \frac{L}{2} - \frac{\sum M}{\sum G} \tag{7-17}$$

基底压力

$$\sigma_{\max}^{\min} = \frac{\sum G}{A}\left(1 \pm \frac{6e}{L}\right) \leqslant [R] \tag{7-18}$$

基底压力不均匀系数

$$\eta = \frac{\sigma_{\max}}{\sigma_{\min}} \leqslant [\eta] \tag{7-19}$$

式中　$[K_c]$——允许抗滑稳定安全系数；

$\sum G$——垂直方向力的总和,kN；

$\sum H$——水平方向力的总和,kN；

f——基础底面与地基土之间的摩擦系数；

A——闸底板底面面积,m^2；

e——偏心距,m；

L——底板顺水流方向长度,m；

$\sum M$——相对底板下游趾点的弯矩总和,kN · m；

$\sigma_{\min}$、$\sigma_{\max}$——最大基底压力、最小基底压力,kPa；

$[R]$——地基允许承载力,kPa；

η、$[\eta]$——基底压力不均匀系数和允许基底压力不均匀系数。

7.3.3.3　**计算成果**

闸室稳定计算成果见表 7-22、表 7-23。

表 7-22　退水闸稳定计算成果

荷载组合	计算工况	抗滑稳定安全系数	抗浮稳定安全系数	基底应力/kPa			基底应力不均匀系数	
				最大	最小	平均	计算值	允许值
基本组合	完建期	—	—	126.08	83.05	104.56	1.52	2.0
	正常运行期	—	2.5	113.02	69.99	91.51	1.61	2.0
特殊组合	检修期	2.21	2.1	122.32	64.04	93.18	1.91	2.5

表 7-23　灌溉闸稳定计算成果

荷载组合	计算工况	抗滑稳定安全系数	抗浮稳定安全系数	基底应力/kPa			基底应力不均匀系数	
				最大	最小	平均	计算值	允许值
基本组合	完建期	—	—	118.16	80.39	99.27	1.47	2.0
	正常运行期	—	2.4	105.29	67.53	86.41	1.56	2.0
特殊组合	检修期	2.54	2.3	117.23	62.36	89.79	1.88	2.5

第8章　水工模型试验与优化

8.1　研究任务

整体模型试验包括以几个方面：

(1)通过整体模型试验,分析研究泄水建筑物总体平面布置(含最优相对位置)、上下游水流流态、上下游水流流速、上下游各导水建筑物布置的合理性等,若需调整,提出经试验验证的具体改进建议。

(2)通过试验确定各种工况下的过流能力,得出流量系数,从而进一步验证泄水建筑物的规模。若过流能力偏大或不满足设计要求,根据试验提出调整意见。确定坝上各种水位情况下溢洪道、泄洪洞的不同闸门开度(按最优闸门运用方式)与泄量的关系曲线。

(3)通过试验分析研究设计中拟定的闸门启闭方式的合理性。根据试验情况提出最优的控制运用办法。

(4)通过试验测定溢洪道、泄洪洞泄流时的上下游水面线,对其闸门牛腿高程设置的合理性提出建议。

(5)结合断面水工模型试验,分析研究消能防冲设施的合理性,提出具体的消能防冲设施布置(含辅助消能工)建议。

(6)通过整体模型试验进一步验证断面模型试验成果,并对前坪水库泄水建筑物总体布置提出总结性意见或建议。

单体模型试验任务包括以下几个方面：

(1)泄洪洞。

①通过试验,验证泄洪洞的过流能力。

②测定泄洪洞泄流时的负压,分析研究泄流时的空蚀情况,验证泄洪洞结构体形,若需改进,提出经试验验证的结构体形改进意见。

③分析研究消能防冲设施的效果,若需改进,提出经试验验证的改进意见。若需设置辅助消能防冲设施,提出具体辅助消能防冲设施设置意见。

④研究在设计消能工况下,下游冲刷坑的开展范围和深度。

(2)溢洪道。

①通过试验,验证溢洪道的过流能力。

②测定溢洪道泄流时的负压,分析研究泄流时的空蚀情况,验证溢洪道结构体形,若需改进,提出经试验验证的结构体形改进意见。

③分析研究消能防冲设施的效果,若需改进,提出经试验验证的改进意见。若需设置辅助消能防冲设施,提出具体辅助消能防冲设施设置意见。

④研究在设计消能工况下,下游冲刷坑的开展范围和深度。

8.2　模型设计、制作和试验量测

8.2.1　模型设计

模型范围根据试验要求和委托单位提供的地形图进行选取。模型比尺依据水流运动重力相似准则、阻力相似准则进行设计。

8.2.1.1　模型范围

由于本模型试验研究的重点是优化确定导流洞、泄洪洞及溢洪道的体形，解决泄流、消能等水力学问题，因此采用正态模型。根据试验任务要求，模型长度范围取为坝上 1 189 m 至坝下 990 m，总长度 2 179 m；模型宽度范围以不影响建筑物进水口流态为依据，总宽度为 1 422 m；模型高度以校核洪水位（422.41 m）情况下，上下游水位加 20 cm 超高控制。为了确保试验的精度，使模型能准确反映原型水流状况，在模型的进水口增设多道花墙以平稳水流；加之河道的天然调整能力，该模型范围对于满足试验段流场与原型流场的相似是足够的。

8.2.1.2　比尺选择

根据相似原理，水工模型比尺的选择必须满足重力相似准则，而且模型水流应进入阻力平方区（必须为紊流）。经综合考虑，确定用模型几何比尺为 $\lambda_L=\lambda_H=90$ 的正态模型，λ_L、λ_H 分别为水平比尺和垂直比尺，并由此确定出其他相关比尺：

流量比尺：$\lambda_Q=\lambda_L^{2.5}=76\ 843$；

流速比尺：$\lambda_V=\lambda_L^{0.5}=9.487$；

时间比尺：$\lambda_t=\lambda_L^{0.5}=9.487$；

糙率比尺：$\lambda_n=\lambda_L^{1/6}=2.117$。

另外，为使模型与原型为相同的物理方程式所描述，还必须保证在模型设计中满足以下两个条件：

（1）模型水位流态必须是紊流，故要求模型水流雷诺数 $Re_m>1\ 000\sim2\ 000$。为安全起见，设计模型时以使雷诺数大于 4 000 为宜。根据试验量测的资料（流量、水位和断面图）可以计算出模型在导流洞出口的雷诺数，10 年一遇，$Q=921\ m^3/s$ 时，导流洞出口平均水深 3.72 cm，水面宽 123.90 cm。

模型相应流量：$Q_m=Q_p/\lambda_Q=921/76\ 843=11.99(L/s)$；

相应平均流速：$v_m=11\ 990/(3.72\times123.90)=26.01(cm/s)$；

$\gamma=0.013\ 10\ cm^2/s$（温度取 10 ℃），湿周 $\chi=131.34$ cm，过水面积 $S=460.91\ cm^2$，则 $R_m=460.91/131.34=3.51$；

可求出：$Re_m=v_mR_m/\gamma=26.01\times3.51/0.013\ 10=6\ 969>4\ 000$。

同理 10 年一遇以上流量 $Re_m>4\ 000$，均满足模型试验水流和原型河道紊流相似。

（2）为保证水流不受表面张力的影响，故要求模型中水深 $h_m>1.5$ cm。10 年一遇，导流洞出口平均水深 3.72 cm>1.5 cm，能满足模型试验要求。

模型设计主要是通过模型加糙来满足阻力相似准则。河床糙率的大小，反映出河道阻力大小。其阻力包括摩擦阻力、河道本身的平面形态阻力,以及河床高低不平的形状阻力、人为各种阻力(堤防、庄台及水工建筑物等局部阻力)。以上各种阻力综合反映在一个总阻力上,在水力学上表现为河道水面线的分布,其计算方法一般采用曼宁公式。

8.2.2 糙率模拟及模型制作

8.2.2.1 糙率模拟

河道的阻力组成可以划分为以下几个方面:沙粒(散粒体)阻力、沙坡阻力、河岸及滩面阻力、河槽形态阻力和人工建筑物的外加阻力,其中人工建筑物的外加阻力是本书试验研究的内容。在糙率的模拟过程中除考虑人工建筑物外,还综合考虑了原型的实际情况,如滩地上的地物、地貌,在模型中认真塑造,这不仅是制作模型的要求,还是模型加糙的需要,在模拟边界条件的同时也在模拟河道的形态阻力。

8.2.2.2 模型制作

根据现场考察及有关资料,得知原型河道糙率为 0.035~0.038,要求模型糙率为 0.017~0.018,模型制作采用水泥粗砂浆粉面拉毛,使模型糙率控制在 0.017~0.018,以满足阻力相似。

原型导流洞、泄洪洞及溢洪道均为混凝土衬砌,糙率值取 0.015,要求模型糙率为 0.007 1,有机玻璃的糙率为 0.007~0.008,恰好在有机玻璃糙率的范围内,因此导流洞、泄洪洞进口及洞身和溢洪道闸室及泄槽均采用有机玻璃制作。导流洞、泄洪洞和溢洪道进口引水渠及下游出口用水泥砂浆抹制并做成净水泥表面。

模型安装用水准仪确定各控制高程,用经纬仪确定各轴线。模型制作时严格控制精度,根据规范要求,建筑物模型高程误差控制在±0.3 mm,地形高程误差控制在±2 mm,水准基点和测针零点误差控制在±0.3 mm。

8.2.3 试验量测

试验所用仪器严格按照规范及有关规定的要求进行率定,供水系统采用高水箱循环供水;用一个矩形堰测量导流洞、泄洪洞及溢洪道的过流量;用固定测针和活动测针测量时均水位和瞬时水位;用测压管测量时均压力;用旋桨式流速仪测量流速;用秒表测量时间;用数码相机和人工描述相结合的方式描述流态。采用水力学数据采集仪及电脑进行数据采集、处理。以上量测设备均符合水利部《水工(常见)模型试验规程》(SL 155—2012)试验规程的有关规定,数据测量严格按照《水工(常见)模型试验规程》(SL 155—2012)操作。

8.2.4 泄洪洞单独工作时的泄流能力

试验在定床基础上进行,试验时溢洪道和导流洞关闭,泄洪洞单独全开泄流。试验工况依据设计单位提供的泄洪洞运行方式进行,见表 8-1。

表 8-1　泄洪洞特征水位及流量

设计洪水标准	水库水位/m	设计流量/(m^3/s)	说明
50 年一遇	417.20	1 334	进口底板高程 360.00 m,6.5 m×7.5 m,共 1 孔,挑流消能
500 年一遇(设计)	418.36	1 350	
5 000 年一遇(校核)	422.41	1 410	

图 8-1 为泄洪洞实测特征水位-流量关系曲线,表 8-2 给出了试验工况下具体的试验数据,表 8-3 给出了泄洪洞全开时实测水位-流量关系。从表 8-2 可以看出,在施放 50 年一遇洪水时,试验实测泄量为 1 391 m^3/s,较设计值大 4.27%;在施放 500 年一遇(设计)洪水时,试验实测泄量为 1 399 m^3/s,较设计值大 3.63%;在施放 5 000 年一遇(校核)洪水时,试验实测泄量为 1 451 m^3/s,较设计值大 3.50%,由此可见泄洪洞的泄流能力满足设计要求。

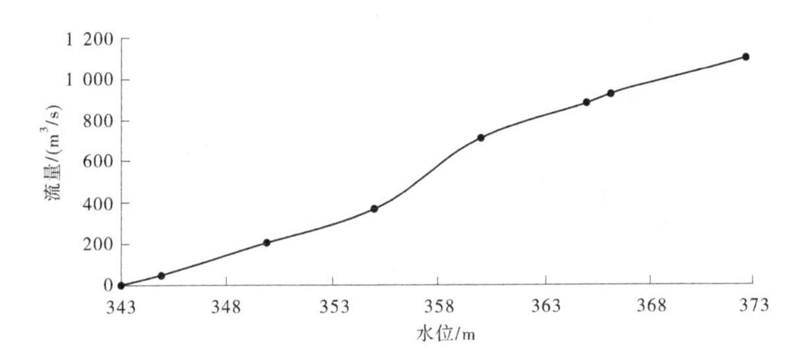

图 8-1　泄洪洞实测特征水位-流量关系曲线

表 8-2　泄洪洞实测特征水位-流量关系

设计洪水标准	库水位/m	设计下泄流量/(m^3/s)	实测下泄流量/(m^3/s)	超泄流量/(m^3/s)	超泄/%
50 年一遇	417.20	1 334	1 391	57	4.27
500 年一遇(设计)	418.36	1 350	1 399	49	3.63
5 000 年一遇(校核)	422.41	1 410	1 451	49	3.50

表 8-3　泄洪洞全开时实测水位-流量关系

水位/m	流量/(m^3/s)
360	0
370	332
380	696
390	931

续表 8-3

水位/m	流量/(m^3/s)
400	1 110
410	1 267
417.20(50 年一遇)	1 391
418.36[500 年一遇(设计)]	1 399
422.41[5 000 年一遇(校核)]	1 451

当施放 50 年一遇、500 年一遇和 5 000 年一遇洪水时,泄洪洞闸室水流为有压流,洞内为明流,泄流能力按有压短管出流计算,计算公式为

$$Q = \mu_0 eB[2g(H-e)]^{0.5} \tag{8-1}$$

式中 Q——流量,m^3/s;

μ_0——包含侧收缩系数在内的短洞有压段的流量系数;

e——闸孔开启高度,m;

B——水流收缩断面处的底宽,m;

H——自有压短管出口的闸孔底板高程算起的上游库水深,m。

按式(8-1)计算的流量系数见表 8-4。可以看出,泄洪洞流量系数 μ_0 随着水位的升高而降低,泄流能力均能满足设计要求。

表 8-4 泄洪洞特征工况流量系数

设计洪水标准	库水位/m	实测下泄流量/(m^3/s)	流量系数
50 年一遇	417.20	1 391	0.914
500 年一遇(设计)	418.36	1 399	0.909
5 000 年一遇(校核)	422.41	1 451	0.907

8.2.5 溢洪道单独工作时的泄流能力

试验是在定床基础上进行的,试验过程中泄洪洞和导流洞关闭,溢洪道全开泄流,试验工况依据设计单位提供的特征水位及流量进行,见表 8-5。

表 8-5 溢洪道特征水位及流量

设计洪水标准	库水位/m	设计流量/(m^3/s)	说明
50 年一遇	417.20	7 687	堰顶高程 403.00 m,单孔净宽 15.0 m,共 5 孔,挑流消能
500 年一遇(设计)	418.36	8 648	
5 000 年一遇(校核)	422.41	12 280	

图 8-2 为溢洪道实测特征水位-流量关系曲线,表 8-6 给出了试验工况下具体的试验

数据,表 8-7 给出了溢洪道全开时实测的水位-流量关系。从表 8-6 可以看出,在施放 50 年一遇洪水时,试验实测泄量为 8 298 m^3/s,较设计值大 7.95%;在施放 500 年一遇(设计)洪水时,试验实测泄量为 9 386 m^3/s,较设计值大 8.53%;在施放 5 000 年一遇(校核)洪水时,试验实测泄量为 13 544 m^3/s,较设计值大 10.26%,由此可见溢洪道的泄流能力满足设计要求。

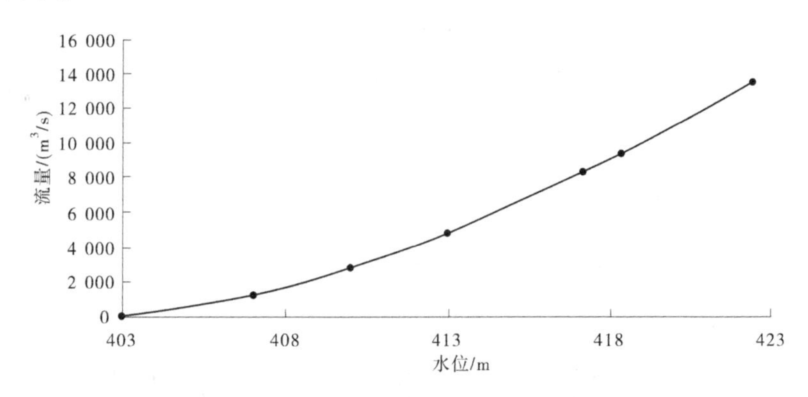

图 8-2　溢洪道实测特征水位-流量关系曲线

表 8-6　溢洪道实测特征水位-流量关系

设计洪水标准	库水位/m	设计下泄流量/(m^3/s)	实测下泄流量/(m^3/s)	超泄流量/(m^3/s)	超泄/%
50 年一遇	417.20	7 687	8 298	611	7.95
500 年一遇(设计)	418.36	8 648	9 386	738	8.53
5 000 年一遇(校核)	422.41	12 280	13 544	1 260	10.26

表 8-7　溢洪道实测水位-流量关系

水位/m	流量/(m^3/s)
403	0
407	1 242
410	2 801
413	4 816
417.20(50 年一遇)	8 298
418.36[500 年一遇(设计)]	9 386
422.41[5 000 年一遇(校核)]	13 544

溢洪道泄流能力按自由式宽顶堰计算。

$$Q = m_0 B(2g)^{1/2} H_0^{3/2} \tag{8-2}$$

式中 Q——流量,m^3/s;

B——总净宽,m;

m_0——包含侧收缩系数在内的流量系数;

H_0——包括行近流速水头的堰前水头,m。

根据式(8-2),计算结果如表 8-8 所示。

表 8-8 溢洪道特征工况流量系数

设计洪水标准	库水位/m	实测下泄流量/(m^3/s)	B/m	流量系数
50 年一遇	417.20	8 298	75	0.467
500 年一遇(设计)	418.36	9 386	75	0.470
5 000 年一遇(校核)	422.41	13 544	75	0.477

8.3 泄洪洞和溢洪道联合工作时的泄流性能

8.3.1 泄流能力

试验是在定床基础上进行的,试验过程中导流洞关闭,溢洪道和泄洪洞全开泄流,试验工况依据设计单位提供的特征水位及流量进行,试验结果如表 8-9 所示。

表 8-9 溢洪道和泄洪洞联合试验实测特征水位及流量关系

设计洪水标准	库水位/m	设计下泄流量/(m^3/s)	实测下泄流量/(m^3/s)	超泄流量/(m^3/s)	超泄/%
500 年一遇(设计)	418.36	9 998	10 755	757	7.57
5 000 年一遇(校核)	422.41	13 686	14 951	1 265	9.24

从表 8-9 可以看出,在施放 500 年一遇(设计)洪水时,试验实测泄量为 10 755 m^3/s,较设计值大 7.57%;在施放 5 000 年一遇(校核)洪水时,试验实测泄量为 14 951 m^3/s,较设计值大 9.24%,由此可见泄流能力满足设计要求。

8.3.2 水流流态

8.3.2.1 500 年一遇(设计)洪水

在施放 500 年一遇(设计)洪水时,上游库区水位平稳,溢洪道进口引渠段水流平顺(见图 8-3),闸室进口右侧进流由于受绕流影响,沿右侧导墙内侧产生微小的、连续的小涡纹,并延续到闸室右侧边孔,一定程度上会影响其泄流能力。闸室左侧水流平顺,闸室进口左岸进流较为平顺,闸室左侧进口水流流态较好,水流出闸室后在墩尾形成水翅,水流经鼻坎挑射入下游河道,在尾水中发生冲击、紊动、扩散和漩涡等,溢洪道的挑距为 92 m。泄洪洞进口水流平顺,水流经洞身流出经扩散挑射入下游河道,但由于扩散角和挑射角的角度问题,扩散水流部分打在两侧的护坡上,致使泄洪洞出口水流不是很顺畅(见图 8-4)。经挑射下泄水流由于对面山体的阻挡,大部分遇山体阻挡后沿河道向右直接横向流入下游主河道,流速约为 10 m/s,一小部分水流遇山体阻挡后流向左侧泄洪洞进口下游,产生逆时针漩涡,水流旋滚剧烈。下泄水流在流入主河道前,右侧部分水流受右岸凸出山体的阻挡,产生顺时针漩涡,漩涡流速 3.04 m/s(见图 8-5)。

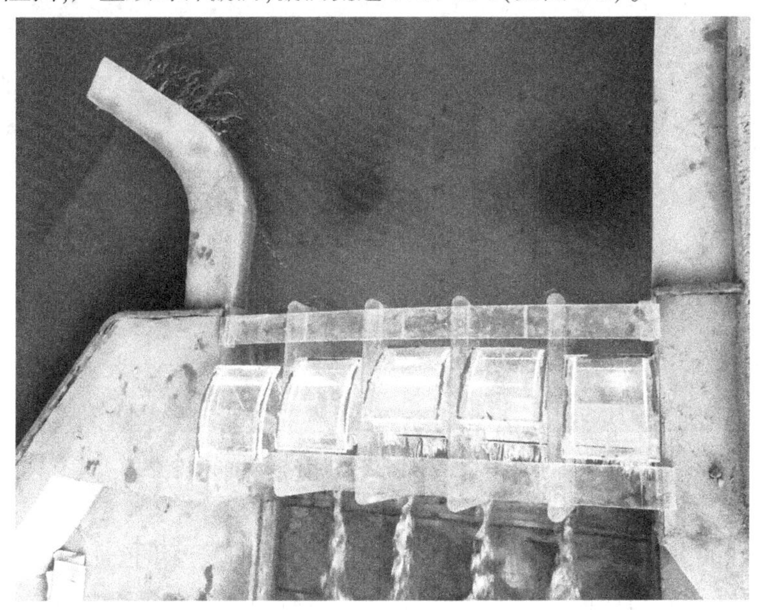

图 8-3　500 年一遇(设计)洪水时溢洪道进口水流流态

图 8-4　500 年一遇(设计)洪水时溢洪道泄槽水流流态

图 8-5 500 年一遇(设计)洪水时下游河道水流流态

8.3.2.2 5 000 年一遇(校核)洪水

在施放 5 000 年一遇(校核)洪水时,上游库区水位平稳,溢洪道进口引渠段水流平顺(见图 8-6),闸室进口右侧进流由于受绕流影响,沿右侧导墙内侧产生连续的涡纹,并延续到闸室右侧边孔,一定程度上影响闸室的泄流能力。闸室左侧水流平顺,闸室进口左岸进流较为平顺,闸室左侧进口水流流态较好,水流出闸室后在墩尾形成水翅,水流经鼻坎挑射入下游河道,在尾水中发生冲击、紊动、扩散和漩涡等,溢洪道的挑距为 98 m。泄洪洞进口水流平顺,水流经洞身流出经扩散挑射入下游河道,但由于扩散角和挑射角的角度问题,扩散水流部分打在两侧的护坡上,致使泄洪洞出口水流不是很顺畅(见图 8-7)。经挑射下泄水流由于对面山体的阻挡,大部分遇山体阻挡后沿河道向右直接横向流入下游主河道,流速约为 10.7 m/s,一小部分水流遇山体阻挡后流向左侧泄洪洞进口下游,产生逆时针漩涡,水流旋滚剧烈。下泄水流在流入主河道前,右侧部分水流受右岸凸出山体的阻挡,产生顺时针漩涡,漩涡流速 3.59 m/s(见图 8-8)。

8.3.3 水流流速

施放 500 年一遇(设计)洪水和 5 000 年一遇(校核)洪水时,溢洪道流速试验数据如表 8-10 所示,流速分布如图 8-9、图 8-10 所示。流速测点位于 5 个闸室中间,从右向左依次编号为 2、1、0、-1、-2。

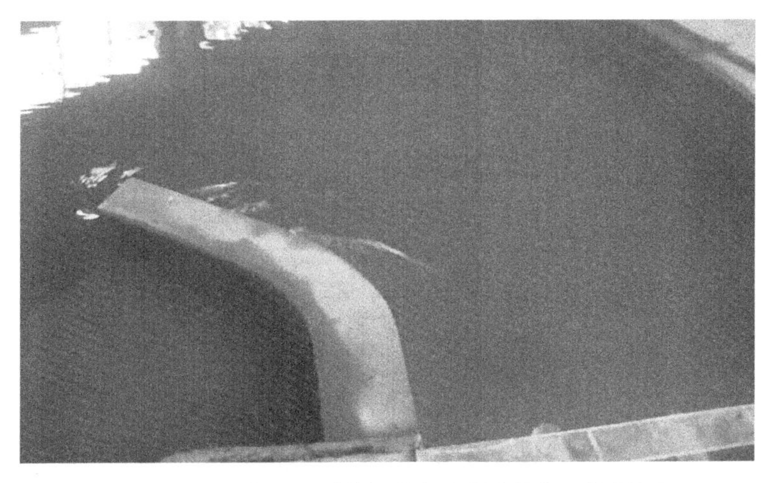

图 8-6　5 000 年一遇(校核)洪水时溢洪道进口水流流态

图 8-7　5 000 年一遇(校核)洪水时溢洪道泄槽水流流态

图 8-8　5 000 年一遇(校核)洪水时下游河道水流流态

表 8-10 溢洪道进口及鼻坎处流速

单位：m/s

桩号	测点标号	500 年一遇(设计)	5 000 年一遇(校核)
0-050	-2	4.12	5.64
		4.17	5.87
	-1	4.33	5.54
		4.33	5.41
	0	4.63	4.63
		3.87	4.95
	1	4.15	5.23
		4.54	4.77
	2	4.63	5.05
		4.47	4.68
0-020	-2	4.86	7.72
		4.68	7.84
	-1	4.78	7.00
		4.39	6.98
	0	4.84	6.52
		4.64	6.98
	1	3.94	6.90
		4.28	6.60
	2	5.10	6.99
		5.11	6.67
0+150.25	-2	11.90	15.00
		12.64	18.23
	-1	11.56	15.30
		12.32	18.75
	0	11.70	15.10
		12.69	18.54
	1	11.77	15.24
		11.37	18.65
	2	11.86	14.93
		12.31	18.37

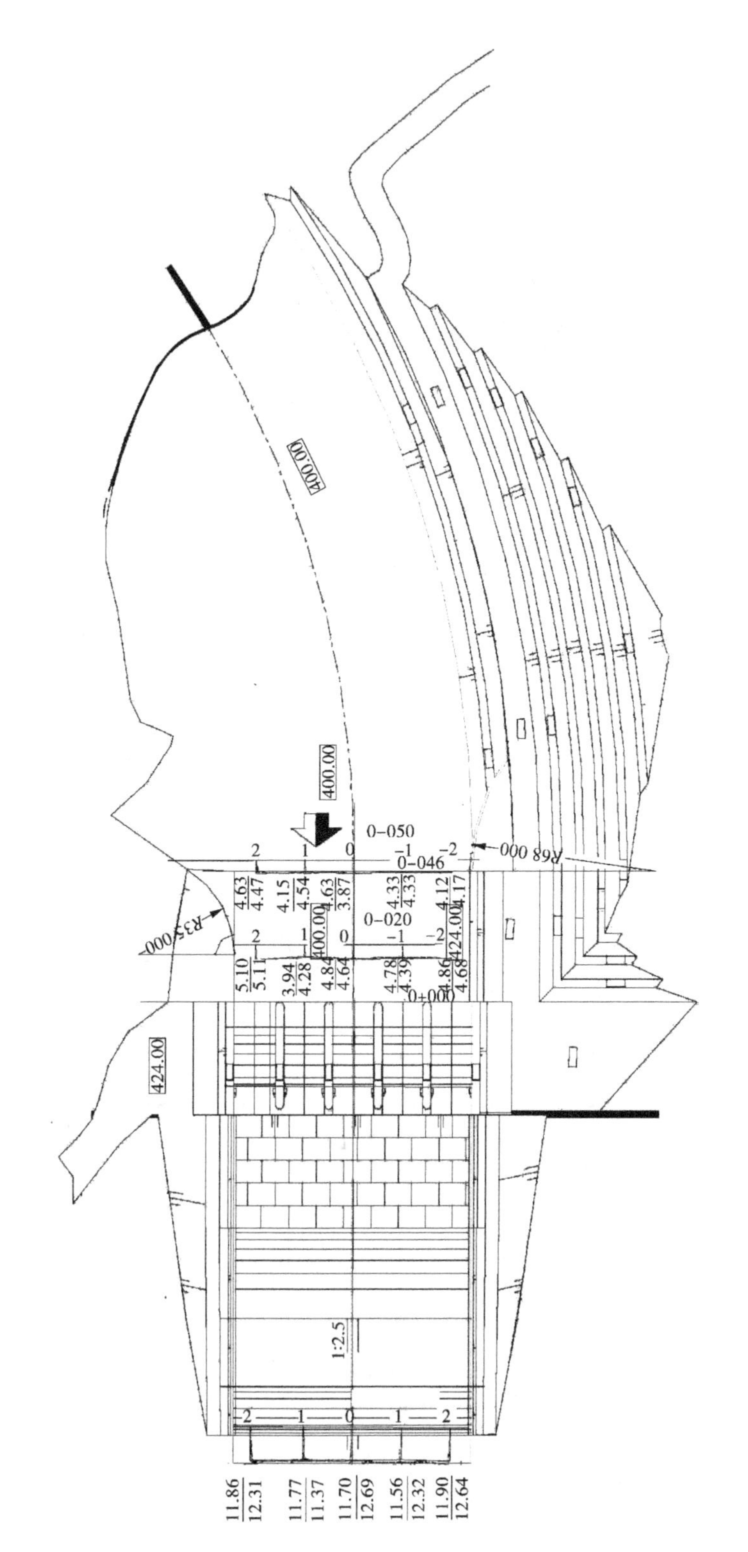

图 8-9　500 年一遇（设计）洪水溢洪道进口及鼻坎流速分布示意　（单位：流速，m/s；高程，m；尺寸，mm）

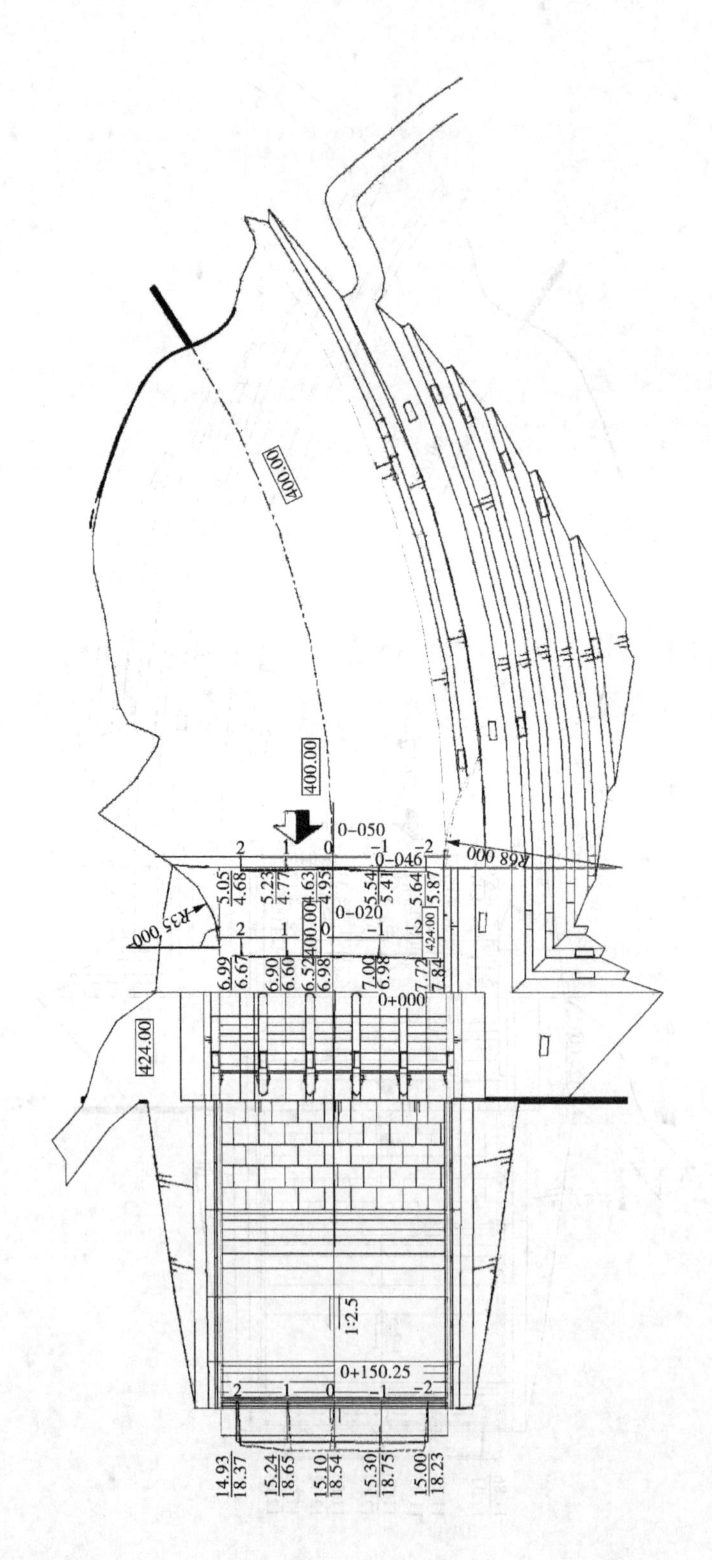

图8-10　5 000年一遇(校核)洪水溢洪道进口及鼻坎流速分布示意　（单位:流速,m/s;高程,m;尺寸,mm)

8.3.4　动水时均压力

溢洪道共埋设测压管 16 个，泄洪洞共埋设测压管 16 个，溢洪道和泄洪洞联合运用时，500 年一遇（设计）洪水和 5 000 年一遇（校核）洪水时溢洪道和泄洪洞试验实测动水时均压力值见表 8-11、表 8-12，由试验结果可以看出，溢洪道和泄洪洞无负压。

表 8-11　溢洪道动水时均压力值

序号	桩号	测压孔高程/m	部位	500 年一遇联合泄洪		5 000 年一遇联合泄洪	
				压力值/m 水柱	压坡线高程/m	压力值/m 水柱	压坡线高程/m
1	0+000.00	401.27	底板	13.83	415.10	15.45	416.72
2	0+001.51	402.55	底板	2.74	405.29	0.22	402.77
3	0+004.00	403.00	底板	2.56	405.56	3.19	406.19
4	0+009.40	401.95	底板	13.69	415.64	16.75	418.70
5	0+015.75	398.39	底板	1.77	400.16	4.65	403.04
6	0+020.67	394.11	底板	12.31	406.42	16.31	410.42
7	0+025.70	390.73	底板	17.89	408.62	22.21	412.94
8	0+031.78	389.40	底板	13.73	403.13	19.94	409.34
9	0+038.00	389.40	底板	6.89	396.29	13.10	402.50
10	0+058.00	389.20	底板	3.81	393.01	6.10	395.30
11	0+078.00	389.00	底板	19.78	408.78	24.12	413.12
12	0+094.00	387.29	底板	12.33	399.62	16.11	403.40
13	0+110.35	382.37	底板	13.02	395.39	21.75	404.12
14	0+134.00	372.91	底板	17.71	390.62	20.41	393.32
15	0+141.43	371.48	底板	19.14	390.62	30.84	402.32
16	0+150.25	374.52	底板	10.84	385.36	13.22	387.74

表 8-12　泄洪洞动水时均压力值

序号	桩号	测压孔高程/m	部位	500 年一遇联合泄洪		5 000 年一遇联合泄洪	
				压力值/m 水柱	压坡线高程/m	压力值/m 水柱	压坡线高程/m
1	0+000.00	360	底板	12.44	372.44	18.47	378.47
2	0+011.25	360	底板	19.82	379.82	21.26	381.26
3	0+058.50	360	底板	9.02	369.02	12.62	372.62
4	0+076.50	360	底板	6.86	366.86	3.89	363.89
5	0+166.50	358.22	底板	15.03	373.25	16.22	376.22
6	0+256.50	356.42	底板	15.71	372.13	14.40	372.62

续表 8-12

序号	桩号	测压孔高程/m	部位	500 年一遇联合泄洪		5 000 年一遇联合泄洪	
				压力值/m 水柱	压坡线高程/m	压力值/m 水柱	压坡线高程/m
7	0+346.50	354.62	底板	11.79	366.41	10.08	366.50
8	0+436.50	352.82	底板	11.16	363.98	9.72	364.34
9	0+526.50	351.02	底板	7.74	358.76	6.48	359.30
10	0+558.00	350.59	底板	19.69	370.28	14.40	365.42
11	0+563.00	350.59	底板	16.27	366.86	16.99	367.58
12	0+572.78	352.97	底板	9.21	362.18	11.23	361.82
13	0+582.56	356.51	底板	1.35	357.86	4.62	357.59
14	0+053.75	368.70	顶板	12.92	381.62	13.41	369.92
15	0+056.75	368.10	顶板	2.27	370.37	4.10	372.80
16	0+059.75	367.50	顶板	11.33	378.83	16.67	384.77

8.3.5 沿程水面线

试验采用固定测针和活动测针相结合来观测水位，图 8-11 给出了溢洪道设计水位和校核水位沿程水面线的分布情况，并在表 8-13 中列出了相关的数据资料，沿程水面线测点沿溢洪道中轴线布置。根据试验资料分析可知，各特征工况下水流都没有超过边墙，边墙高度设计合理。

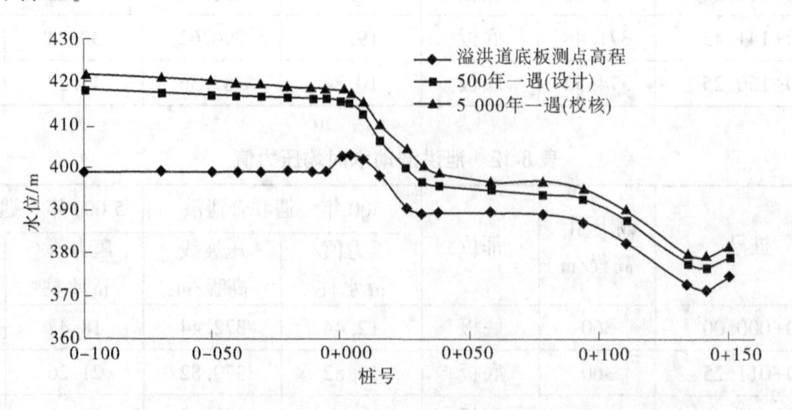

图 8-11 溢洪道沿程水面线

表 8-13　溢洪道沿程水面线

序号	桩号	测点高程/m	500 年一遇(设计)		5 000 年一遇(校核)	
			水深/m	水位/m	水深/m	水位/m
1	0-100.00	399	19.05	418.05	22.73	421.73
2	0-070.00	399	18.40	417.40	22.07	421.07
3	0-050.00	399	17.94	416.94	21.30	420.30
4	0-040.00	399	17.67	416.67	20.61	419.61
5	0-030.00	399	17.46	416.46	20.31	419.31
6	0-020.00	399	17.21	416.21	19.86	418.86
7	0-010.00	399	16.97	415.97	19.58	418.58
8	0-005.00	399	17.00	416.00	19.31	418.31
9	0+001.51	402.55	12.87	415.42	15.37	417.92
10	0+004.00	403	11.79	414.79	14.39	417.39
11	0+009.40	401.95	10.51	412.46	13.05	415.00
12	0+015.75	398.39	7.73	406.12	11.61	410.00
13	0+025.70	390.73	9.25	399.98	13.53	404.26
14	0+031.78	389.40	6.99	396.39	11.21	400.61
15	0+038.00	389.40	6.26	395.66	9.29	398.69
16	0+058.00	389.20	5.37	394.57	7.40	396.60
17	0+078.00	389	4.69	393.69	7.89	396.89
18	0+094.00	387.29	5.33	392.62	7.67	394.96
19	0+110.35	382.37	5.35	387.72	7.54	389.91
20	0+134.00	372.91	4.97	377.88	6.97	379.88
21	0+141.43	371.48	5.20	376.68	7.56	379.04
22	0+150.25	374.52	4.55	379.07	6.99	381.51

此外,在溢洪道进口选取桩号分别为 0-020、0-050 和 0-070 三个断面来测量进口横向水流,每个断面顺水流方向分为左、中、右三个测点,左、右测点分别是断面最左点和最右点,中为断面中轴线位置。在表 8-14 中列出了相关的试验数据,根据试验资料分析可知,水流主体偏向进水渠的左侧,水位左高右低,由上向下,水位逐渐下降。断面横向水位差 2.32 m 左右。

表 8-14 溢洪道进口断面横向水面线

桩号	测点高程/m	500 年一遇(设计)					
		左		中		右	
		水深/m	水位/m	水深/m	水位/m	水深/m	水位/m
0-070	399	18.32	417.32	18.40	417.40	17.33	416.33
0-050	399	17.90	416.90	17.94	416.94	16.83	415.83
0-020	399	17.18	416.18	17.21	416.21	15.30	414.30
桩号	测点高程/m	5 000 年一遇(校核)					
		左		中		右	
		水深/m	水位/m	水深/m	水位/m	水深/m	水位/m
0-070	399	22.00	421.00	22.07	421.07	20.83	419.83
0-050	399	21.23	420.23	21.30	420.30	19.85	418.85
0-020	399	19.82	418.82	19.86	418.86	17.54	416.54

8.4 溢洪道导墙修改试验结果

8.4.1 溢洪道右侧导墙修改试验结果

根据冲刷试验结果发现,溢洪道进口闸室进口右侧进流由于受绕流影响,沿右侧导墙内侧产生大范围的回流区,导墙内外水位落差比较大,且溢洪道闸前水面形成较大的横向比,从左向右水面逐渐降低,使进闸水流分布不均匀。为了改善溢洪道进口右侧水流流态、减少对泄流能力的影响,对溢洪道进水渠右侧导墙进行一系列优化试验。

8.4.1.1 溢洪道右侧导墙修改方案

溢洪道右侧导墙共进行了 9 个方案的比对试验,具体修改方案如表 8-15 所示,结构形式如图 8-12~图 8-20 所示。

表 8-15 溢洪道右侧导墙修改方案

序号	方案	结构形式
1	方案一	直线+两段圆弧结构体形:直线段长度 40 m,上圆弧半径 30 m,圆心角 45°,下圆弧半径 20 m,圆心角 180°
2	方案二	直线+三段圆弧结构体形:直线段长度 40 m,上圆弧半径 60 m,圆心角 30°,中圆弧半径 40 m,圆心角 20°,下圆弧半径 20 m,圆心角 45°
3	方案三	直线+两段圆弧结构体形:直线段长度 40 m,上圆弧半径 50 m,圆心角 30°,下圆弧半径 40 m,圆心角 30°
4	方案四	直线+三段圆弧结构体形:直线段长度 40 m,上圆弧半径 50 m,圆心角 30°,中圆弧半径 40 m,圆心角 45°,下圆弧半径 5.4 m,圆心角 180°
5	方案五	直线+1/4 椭圆结构体形:直线段长度 40 m,椭圆直线方程为 $x^2/50^2+y^2/30^2=1$

续表 8-15

序号	方案	结构形式
6	方案六	直线+两段圆弧结构体形：直线段长度 40 m，上圆弧半径 35 m，圆心角 60°，下圆弧半径 8.1 m，圆心角 90°
7	方案七	直线+两段圆弧结构体形：直线段长度 40 m，上圆弧半径 100 m，圆心角 31°，下圆弧半径 9 m，圆心角 125°
8	方案八	直线+单一圆弧结构体形：直线段长度 40 m，圆弧半径 10 m，圆心角 135°
9	方案九	直线导墙，长 94.5 m

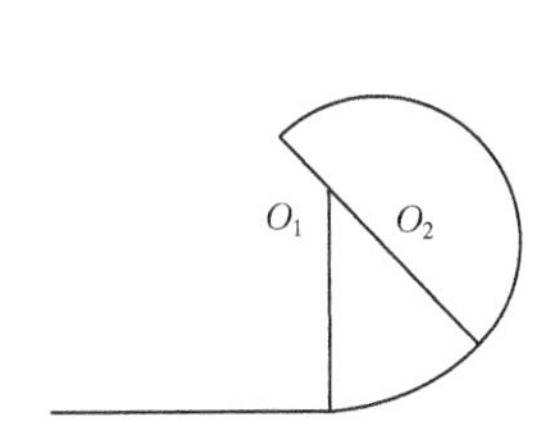

图 8-12　方案一

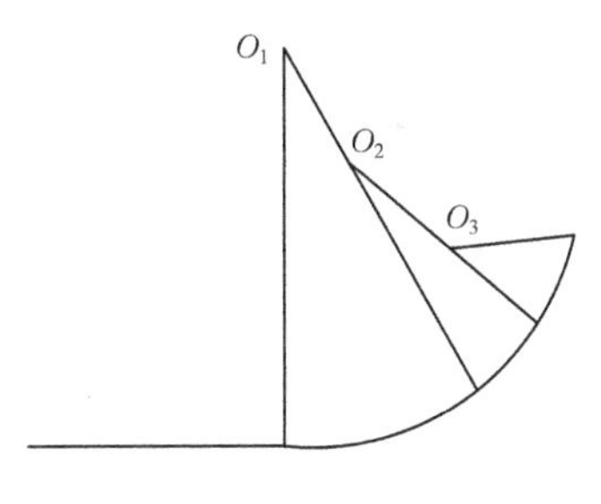

图 8-13　方案二

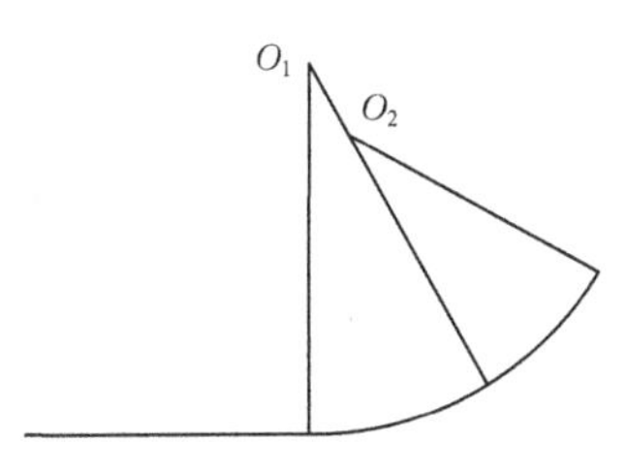

图 8-14　方案三

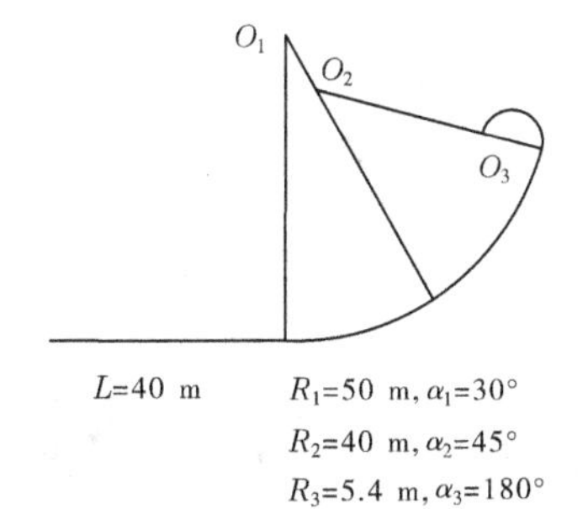

图 8-15　方案四

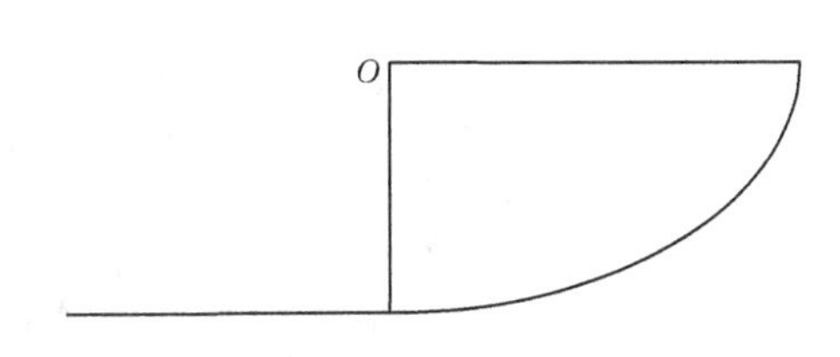

图 8-16　方案五

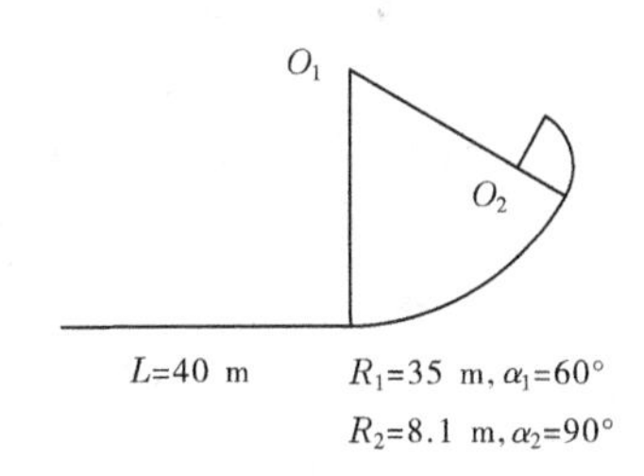

图 8-17　方案六

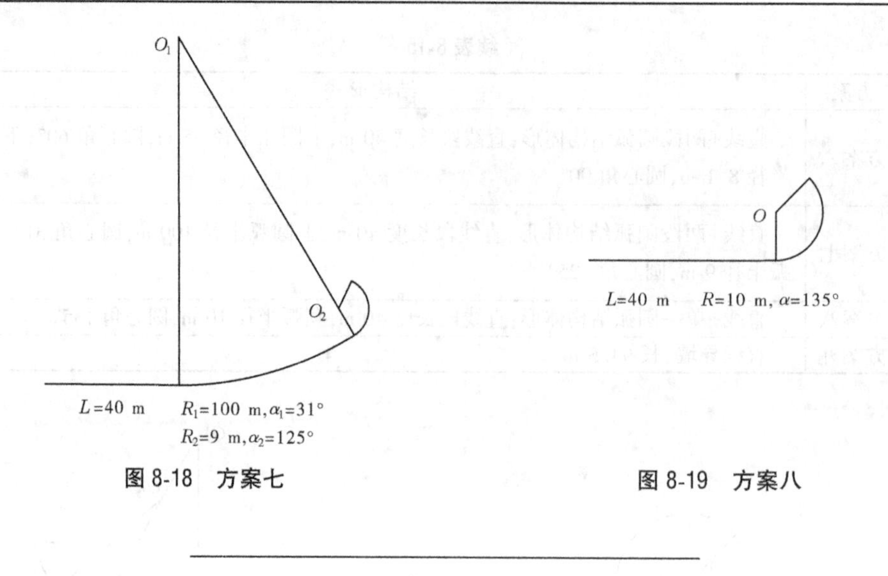

图 8-18　方案七　　图 8-19　方案八

图 8-20　方案九

8.4.1.2　溢洪道右侧导墙修改后试验结果

选取 5 000 年一遇(校核)洪水作为试验工况,在试验过程中各种方案均控制相同泄量,以便各试验方案进行对比分析。溢洪道右侧导墙 9 种修改方案在校核洪水位下的进水渠水流流态分别如图 8-21～图 8-29 所示。

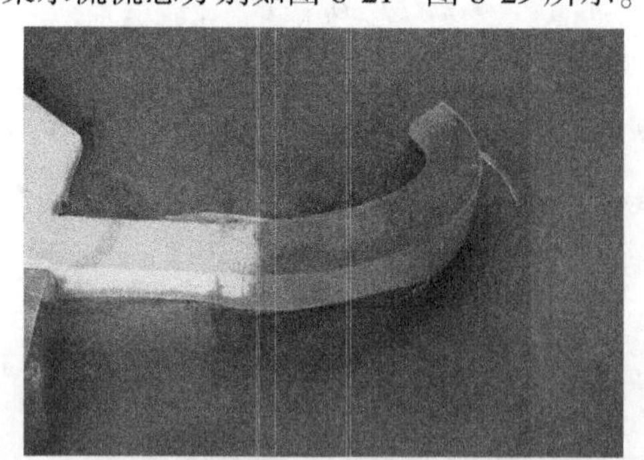

图 8-21　方案一

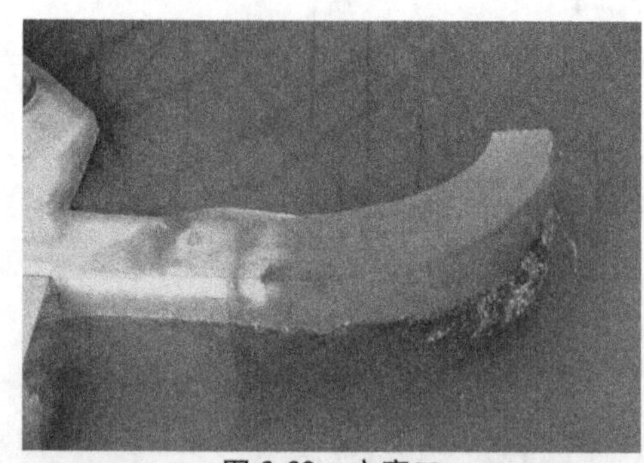

图 8-22　方案二

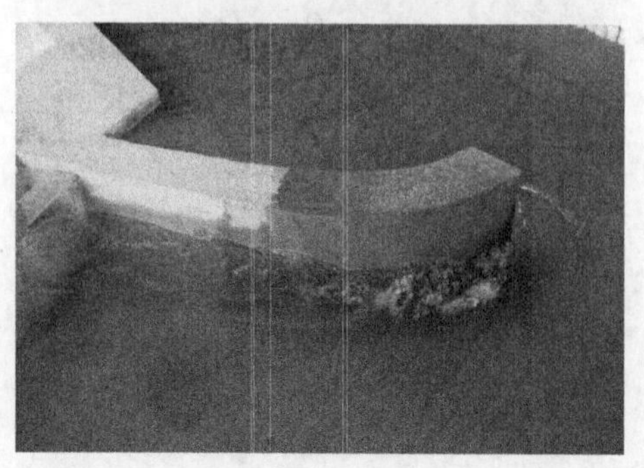

图 8-23　方案三

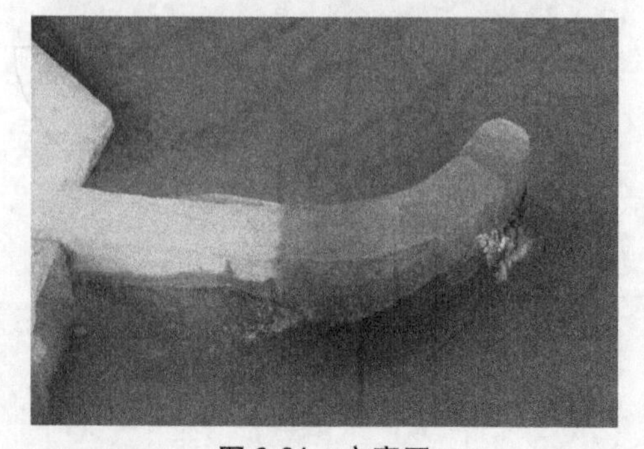

图 8-24　方案四

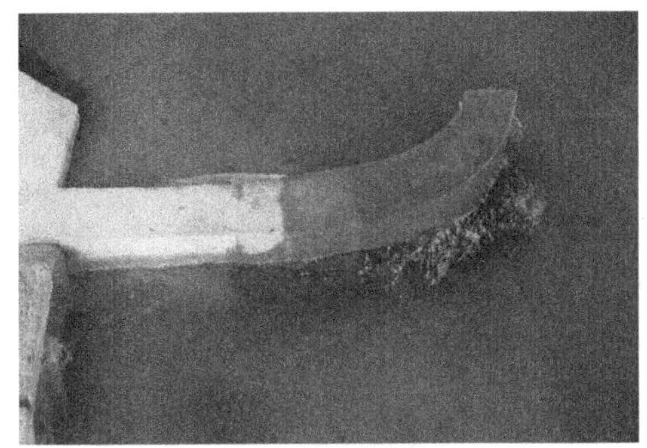

图 8-25　方案五

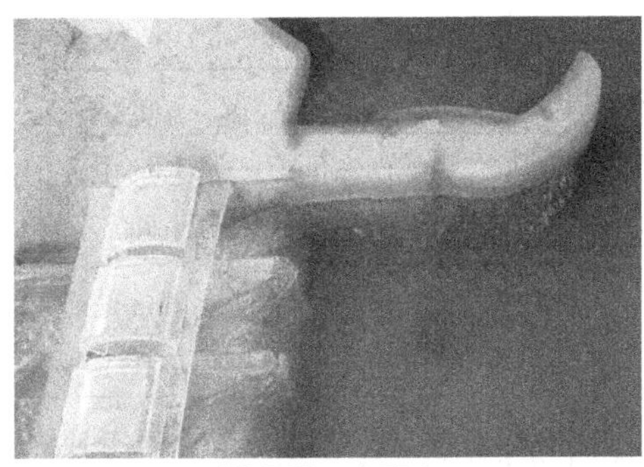

图 8-26　方案六

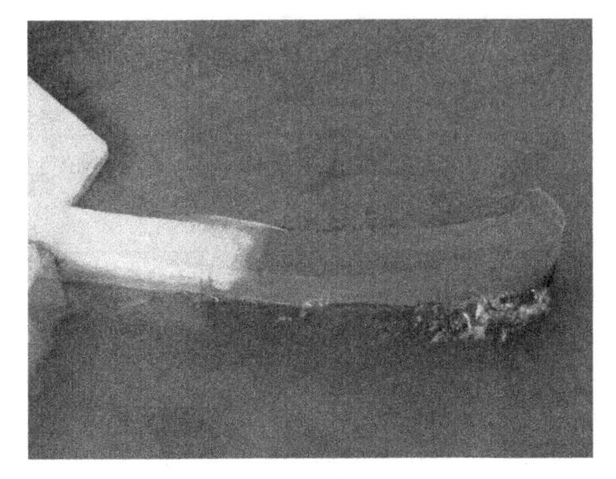

图 8-27　方案七

图 8-28　方案八

图 8-29　方案九

溢洪道右侧导墙 9 种修改方案校核洪水的试验对比结果如表 8-16 所示。

表 8-16　溢洪道右侧导墙修改方案试验对比结果

序号	方案	试验结果
1	方案一	基本无回流，但导墙前段内侧水面起伏较大，凹度最深处内外水位差约 9.45 m，旋流影响右侧两孔
2	方案二	墩前进口水流平顺，导流前段有小范围回流区，回流区距墩前 79 m，凹度最深处内外水位差约 7.92 m，旋流影响右侧边孔

续表 8-16

序号	方案	试验结果
3	方案三	墩前进口水面波动,旋滚,水流紊乱,回流区距墩前 57 m,回流区长 24.3 m,宽 5.85 m,凹度最深处内外水位差约 8.73 m,旋流影响右侧两孔
4	方案四	墩前直墙向上 46 m 处产生一水波,水波影响至右侧两孔,圆弧末端向下游 4.5 m 处产生回流,回流长 8.1 m,宽 2.7 m,凹度最深处内外水位差 5.85 m
5	方案五	墩前进口水流平顺,水面波动较小,回流区距墩前 75 m,回流区宽 5.4 m,凹度最深处距墩前 83.7 m,内外水位差约 7.29 m,旋流影响右侧边孔和右侧第二孔的小部分
6	方案六	墩前进口处水面波动,沿圆弧末端向下 7.65 m 处产生回流,回流区宽 8.3 m,内外水位差 8.46 m,旋流影响右侧两孔
7	方案七	墩前进口处水面轻微波动,导流前段有小范围回流,回流区距墩前 95 m,回流宽 5.4 m,凹度最深处内外水位差约 9.27 m,旋流影响右侧两边孔
8	方案八	墩前水流波动旋滚比较强烈,回流区距墩前约 23.4 m,宽 7.2 m,凹度最深处内外水位差约 11.61 m,旋流影响右侧两边孔
9	方案九	墩前水流波动比较剧烈,回流区范围大,回流基本从导墙前段延伸至墩前,回流区宽约 20.7 m,凹度最深处内外水位差约 9.9 m,旋流影响右侧两边孔的全部,水流流态极其紊乱

根据以上试验结果,这 9 种方案均满足溢洪道泄量要求,其中方案二和方案五进口处水流较平顺,右侧导墙附近没有出现强烈的旋流,水流流态较好,达到了对进水渠右导墙进行优化的目的,且方案二和方案五在校核水位下泄量比原方案分别增加 27 m^3/s 和 22 m^3/s,故推荐采用方案二或方案五的体形作为溢洪道进口右侧导墙的布置形式。

由于方案二、方案五和原方案相比泄量变化不大,并且下游水流流态基本变化不大,所以推断溢洪道右侧导墙在采用方案二或方案五时,下游的冲刷结果不变。

8.4.2 溢洪道左侧导墙修改试验结果

试验中发现,由于溢洪道左侧导墙和左岸开挖山体的衔接不太平顺,水流在衔接处产生折冲,使进闸水流分布不均匀。为了改善这一水流状况,在溢洪道右侧导墙推荐方案二下,对溢洪道左侧导墙进行了修改试验。

8.4.2.1 溢洪道左侧导墙修改方案

溢洪道左侧导墙修改前平面图如图 8-30 所示,溢洪道左侧导墙修改后平面图如图 8-31 所示。模型修改前如图 8-32 所示,模型修改后如图 8-33 所示。

8.4.2.2 溢洪道左侧导墙修改试验结果

选取 50 年一遇洪水、500 年一遇洪水和 5 000 年一遇洪水作为试验工况,溢洪道左侧导墙修改后在三种试验工况下的进水渠水流流态分别如图 8-34~图 8-36 所示。

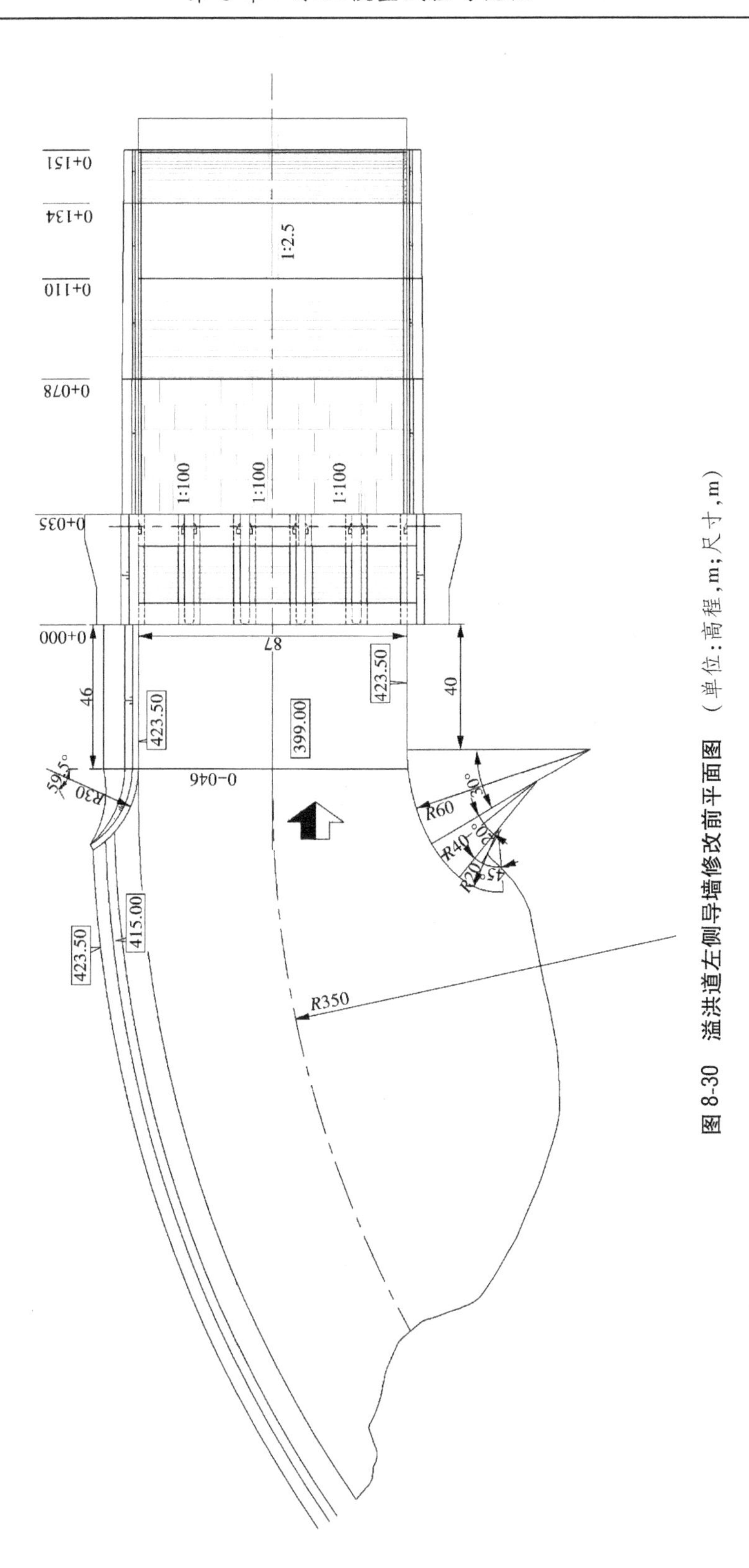

图 8-30　溢洪道左侧导墙修改前平面图　（单位：高程，m；尺寸，m）

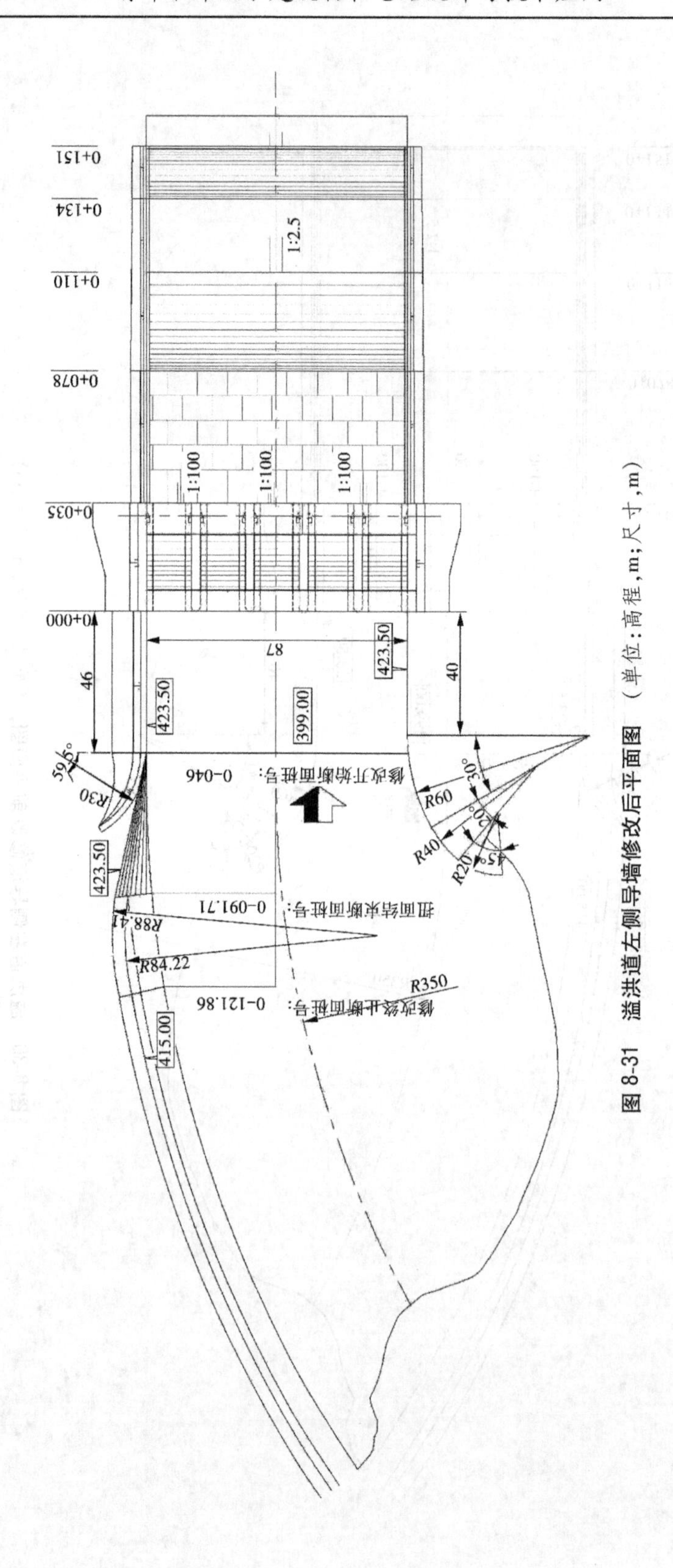

图 8-31　溢洪道左侧导墙修改后平面图　（单位：高程，m；尺寸，m）

图 8-32　模型修改前左侧导墙

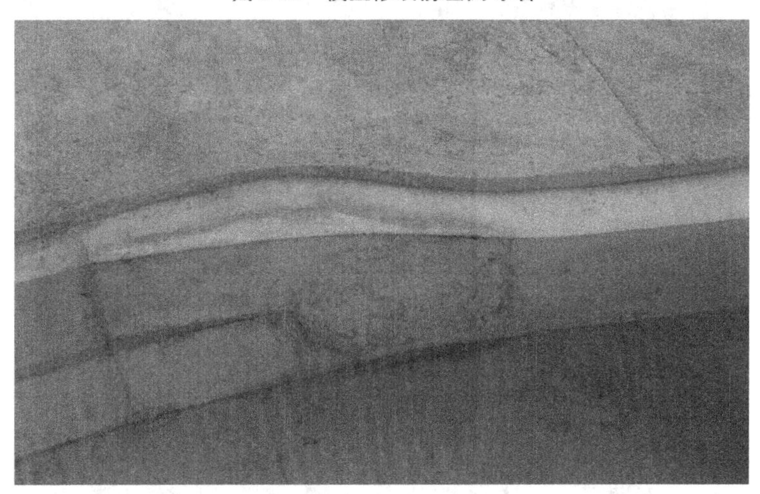

图 8-33　模型修改后左侧导墙

图 8-34　50 年一遇洪水进水渠水流流态

图 8-35 500 年一遇洪水进水渠水流流态

图 8-36 5 000 年一遇洪水进水渠水流流态

根据试验结果可知,溢洪道左侧导墙修改后,在三种试验工况下,溢洪道进水渠水流流态有很大程度的改善,左侧折冲水流明显减弱。

8.5 泄洪洞和溢洪道水工模型试验结果

8.5.1 泄洪洞试验结果

8.5.1.1 泄流能力

试验是在选定的泄洪洞和上下游河道为定床基础上进行的。试验工况依据设计单位提供的泄洪洞泄流能力,水位由低到高施放,见表 8-17。

表 8-17　前坪水库泄洪洞设计泄流能力

水位/m	流量/(m^3/s)	水位/m	流量/(m^3/s)	水位/m	流量/(m^3/s)	水位/m	流量/(m^3/s)	水位/m	流量/(m^3/s)
360	0	372	386	393	952	405	1 157	417	1 331
361	10	373	430	394	971	406	1 173	418	1 345
362	28	374	470	395	989	407	1 188	419	1 358
363	51	375	507	396	1 007	408	1 203	420	1 371
364	79	376	541	397	1 025	409	1 218	421	1 384
365	110	377	574	398	1 042	410	1 233	422	1 397
366	145	378	604	399	1 060	411	1 247	423	1 410
367	182	379	633	400	1 076	412	1 262	424	1 423
368	223	380	661	401	1 093	413	1 276	425	1 435
369	266	381	688	402	1 109	414	1 290	426	1 448
370	311	391	913	403	1 126	415	1 304		
371	336	392	933	404	1 142	416	1 348		

根据表 8-17 可知泄洪洞特征水位及流量如表 8-1 所示。

表 8-18 为泄洪洞全开时实测特征水位-流量关系，表 8-19 为泄洪洞全开时实测水位-流量关系，图 8-37 为泄洪洞全开时水位-流量曲线，图 8-38 为泄洪洞不同开度时实测水位-流量关系曲线。从表 8-18 可以看出，在施放 50 年一遇洪水时，试验实测泄量为 1 388 m^3/s，较设计值大 4.05%；在施放 500 年一遇（设计）洪水时，试验实测泄量为 1 407 m^3/s，较设计值大 4.22%；在施放 5 000 年一遇（校核）洪水时，试验实测泄量为 1 464 m^3/s，较设计值大 4.42%。由此可见，泄洪洞的泄流能力满足设计要求。

表 8-18　泄洪洞全开时实测特征水位-流量关系

设计洪水标准	库水位/m	设计下泄流量/(m^3/s)	实测下泄流量/(m^3/s)	超泄流量/(m^3/s)	超泄/%
50 年一遇	417.20	1 334	1 388	54	4.05
500 年一遇（设计）	418.36	1 350	1 407	57	4.22
5 000 年一遇（校核）	422.41	1 410	1 464	62	4.42

表 8-19　泄洪洞全开时实测水位-流量关系

水位/m	流量/(m^3/s)
360	0
370	338
380	698
390	937
400	1 130
411	1 298
415	1 357
417.20(50 年一遇)	1 388
418.36[500 年一遇(设计)]	1 407
422.41[5 000 年一遇(校核)]	1 464

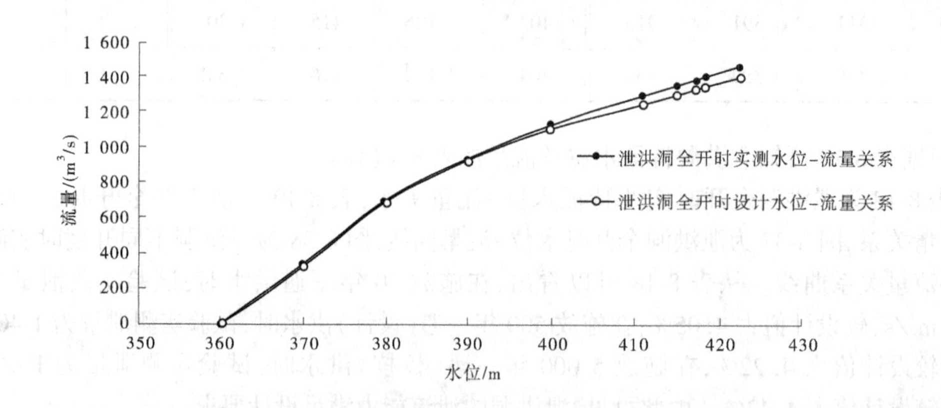

图 8-37　泄洪洞全开时水位-流量关系曲线

当施放 50 年一遇、500 年一遇和 5 000 年一遇洪水时，泄洪洞闸室水流为有压流，洞内为明流，泄流能力按有压短管出流计算，计算公式为

$$Q = \mu_0 eB[2g(H-e)]^{0.5} \tag{8-3}$$

式中　Q——流量，m^3/s；

μ_0——包含侧收缩系数在内的短洞有压段的流量系数；

e——闸孔开启高度，m；

B——水流收缩断面处的底宽，m；

H——自有压短管出口的闸孔底板高程算起的上游库水深，m。

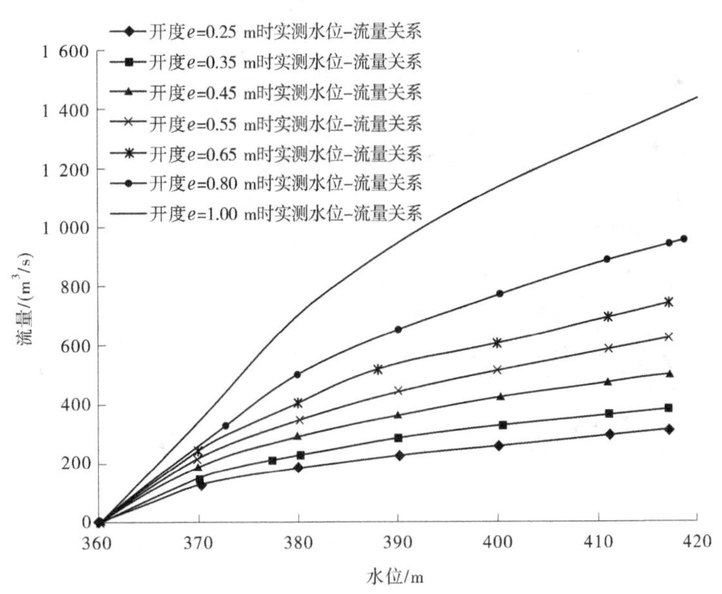

图 8-38　泄洪洞不同开度时实测水位-流量关系曲线

按式(8-3)计算的流量系数见表8-20。根据试验结果,泄洪洞泄流能力均能满足设计要求。

表 8-20　泄洪洞特征工况流量系数

设计洪水标准	库水位/m	实测下泄流量/(m^3/s)	流量系数
50年一遇	417.20	1 388	0.912
500年一遇(设计)	418.36	1 407	0.914
5 000年一遇(校核)	422.41	1 464	0.915

8.5.1.2　水流流态

当水位高于360.00 m时,泄洪洞开始过流,水流缓慢平顺地通过闸室流向下游,水流出闸室后在洞内形成水跃。随着水位的升高,水跃旋滚逐渐加大,水跃随之向下游推移(洞内无水流封顶的现象)。当水位上升至368.23 m时,水流经挑流鼻坎挑流流向下游。

试验观测发现,水位为367.50 m时,斜压板末端与过闸水流完全接触,顶板对过闸水流的约束作用开始显现(见图8-39)。当水位继续升高至374.80 m附近时,泄洪洞进口塔架前方出现了直径约0.6 m的逆时针间歇性游荡漩涡,能看到明显气柱,随着水位的上升,漩涡间断不连续,时而出现时而消失(见图8-40)。在水位升高至379.30 m附近时,漩涡开始直径变小,仅表面下陷不再贯通,每次出现间隔的时间比较长且迅速消失。水位升至385.33 m附近时,在塔架前方进口右侧间断形成直径约0.9 m的顺时针游荡漩涡,塔架前方左侧偶尔形成直径约0.5 m的逆时针游荡漩涡,此时两漩涡都不贯通仅表面下陷,并且两漩涡时而并存,时而交替出现(见图8-41)。水位升至389.20 m附近时,基本无漩涡,偶尔随着进口右侧水体的旋转产生顺时针直径不大于1 m的表层未贯通漩涡(见图8-42)。水位升至395.95 m附近后,进口表面水体沿塔架周围顺时针缓慢转动,无漩涡产生(见图8-43)。

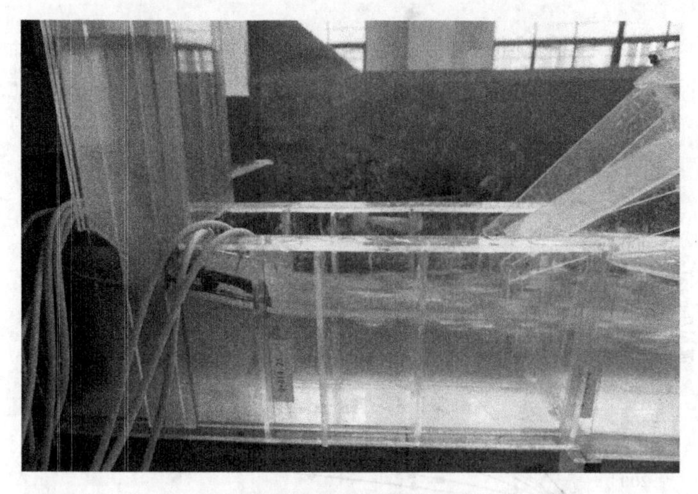

图 8-39　过闸室水流

图 8-40　塔架前方逆时针间歇性贯通漩涡

图 8-41　塔架前并存或交替出现的间歇性游荡漩涡

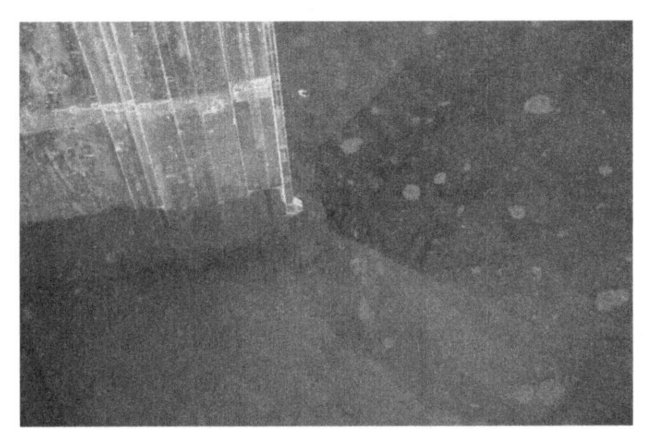

图 8-42　塔架前右侧顺时针间歇性表层游荡漩涡

图 8-43　塔架周围缓慢转动的水体

8.5.1.3　水流流速

实测泄洪洞洞身中轴线流速分布见表 8-21。由表 8-21 可知,水位 417.20 m 时,洞内平均流速范围为 13.70～27.09 m/s;水位 418.36 m 时,洞内平均流速范围为 15.41～27.88 m/s;水位 422.41 m 时,洞内平均流速范围 15.51～28.55 m/s。最大流速出现在 0+042 断面,为 28.55 m/s;最小流速出现在 0+575.60 处,为 13.70 m/s。

表 8-21　实测泄洪洞洞身中轴线流速分布　单位:m/s

序号	桩号	测点位置	$Z_{库}$=417.20 m	$Z_{库}$=418.36 m	$Z_{库}$=422.41 m
1	0+042	0.2h	23.58	24.18	24.48
		0.8h	27.09	27.88	28.55
2	0+122.10	0.2h	25.25	25.20	26.38
		0.8h	25.18	25.23	25.63
3	0+202.10	0.2h	23.77	24.70	25.44
		0.8h	23.41	24.07	24.61

续表 8-21

序号	桩号	测点位置	$Z_{库}$=417.20 m	$Z_{库}$=418.36 m	$Z_{库}$=422.41 m
4	0+322.10	0.2h	23.18	24.54	24.05
		0.8h	23.36	23.59	23.61
5	0+442.10	0.2h	21.65	21.79	22.96
		0.8h	21.50	21.87	22.57
6	0+549.97	0.2h	21.96	22.18	23.32
		0.8h	17.97	19.84	20.80
7	0+575.60	0.2h	21.38	21.41	21.65
		0.8h	13.70	15.41	15.51
8	0+584.40	0.2h	20.69	21.12	21.38
		0.8h	17.85	19.54	20.29

8.5.1.4 起挑、收挑

试验观测可知,闸门局开和全开的情况下,起挑前洞内均形成水跃(见图 8-44),由于水跃强度弱,跃后水深小,跃后水流未封顶。

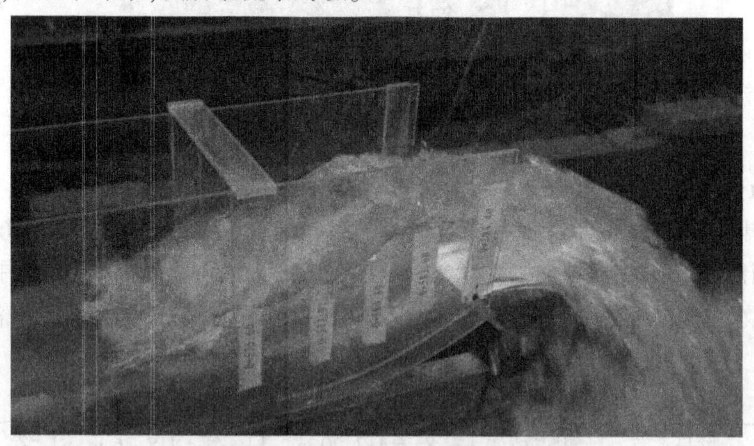

图 8-44 泄洪洞起挑前洞内流态

表 8-22 给出了泄洪洞不同闸门开度下的起挑和收挑试验成果,可以看出随着闸门开度的增大,起挑、收挑水位在逐渐降低,相应的流量在逐渐增大。闸门全开时,起挑水位为 368.23 m,起挑流量为 277.12 m^3/s;收挑水位为 366.44 m,收挑流量为 222.36 m^3/s。

8.5.1.5 动水时均压力

一般认为水流空蚀破坏的形成是由水流发生空化引起的。当水流速度达到一定程度,水流的局部压力下降到小于水的饱和蒸汽压力时,水流内部就会出现空泡,产生空化现象。当空泡移动到大于饱和蒸汽压力的区域时,由于外部压力的作用,空泡溃灭,同时

表 8-22　泄洪洞起挑、收挑情况

序号	闸门开度	起挑		收挑	
		库水位/m	流量/(m^3/s)	库水位/m	流量/(m^3/s)
1	0.25e	380.94	193.95	376.14	151.79
2	0.35e	376.58	208.00	372.58	168.65
3	0.45e	373.46	230.49	370.54	191.14
4	0.55e	371.46	247.35	368.90	196.76
5	0.65e	370.66	267.03	368.34	208.00
6	0.80e	368.74	275.46	367.34	219.25
7	1.00e	368.23	277.12	366.44	222.36

释放出巨大的能量，这种能量通过四周水体的传递，对固定的边壁形成巨大的冲击力，从而使边壁形成空蚀破坏。水工泄水建筑物的水流流速越高，压强越低，则越容易产生空化。当水流的空化数小于初生空化数时，将可能发生空蚀。

水流的空化数 K 按下式计算：

$$K=\frac{\frac{p}{\gamma}+h_a+h_v}{\frac{v^2}{2g}} \tag{8-4}$$

式中　K——空化数；

h_a——大气压强，计算时采用 10.33 m 水柱；

h_v——饱和蒸汽压强，计算时取 0.43 m(30 ℃时)水柱；

v——测点时均流速，m/s；

p/γ——测点相对压力水头，m。

1. 顶板动水时均压力

图 8-45 为泄洪洞进口顶板动水时均压力分布，表 8-23 给出了泄洪洞进口顶板动水时均压力值，可以看出各种工况下压力趋势基本一致：进口顶板椭圆曲线段压力缓慢下降，表现为水流收缩特性；压板起始段压力值较高，表现为水流冲击作用，压力在该处变化大。各级工况下，除桩号 0+000.50 处出现负压外，其余压力均为正压，且随着库水位的升高，压力变化趋于平缓。50 年一遇库水位为 417.20 m 时，桩号 0+000.50 处顶板的负压为-3.73 m 水柱；500 年一遇库水位为 418.36 m 时，桩号 0+000.50 处顶板的负压为-3.17 m 水柱；5 000 年一遇库水位为 422.41 m 时，桩号 0+000.50 处顶板的负压为-3.01 m 水柱。

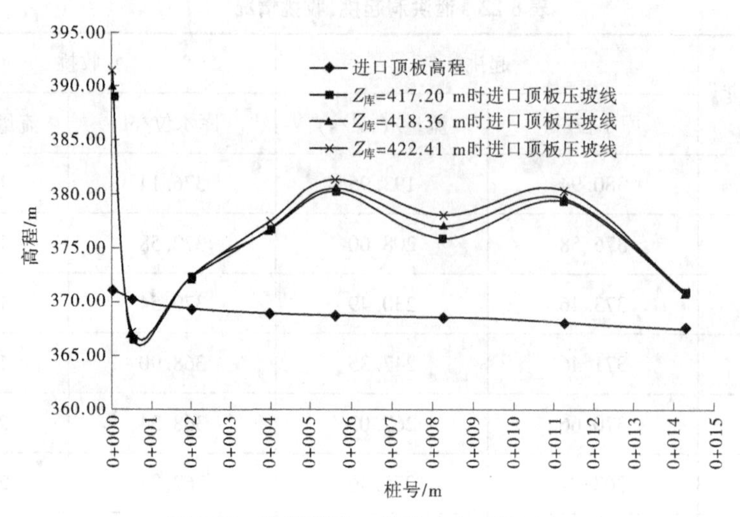

图 8-45　泄洪洞进口顶板动水时均压力分布

表 8-23　泄洪洞进口顶板动水时均压力值

序号	桩号	测点高程/m	$Z_{库}$=417.20 m		$Z_{库}$=418.36 m		$Z_{库}$=422.41 m	
			压力值/m 水柱	压坡线高程/m	压力值/m 水柱	压坡线高程/m	压力值/m 水柱	压坡线高程/m
1	0+000.00	371.16	17.90	389.06	18.94	390.10	20.30	391.46
2	0+000.50	370.27	-3.73	366.54	-3.17	367.10	-3.01	366.46
3	0+002.00	369.46	2.96	372.42	2.84	372.30	2.88	372.30
4	0+004.00	368.95	7.71	376.66	7.83	376.78	8.55	377.50
5	0+005.60	368.74	11.48	380.22	11.84	380.58	12.68	381.42
6	0+008.25	368.70	7.24	375.94	8.36	377.06	9.36	378.06
7	0+011.25	368.10	11.28	379.38	11.58	379.68	12.32	380.42
8	0+014.25	367.50	3.40	370.90	3.44	370.94	3.56	371.06

2. 闸门槽动水时均压力及水流空化数

泄洪洞检修门槽宽 3.0 m，深 1.60 m，其宽深比 W/D=1.88；该门槽为Ⅰ型门槽，此形式初生空化数 $K_i = 0.38\dfrac{W}{D} = 0.7$。

表 8-24 给出了泄洪洞闸门槽动水时均压力及水流空化数，可知实测的最小空化数为 1.23，安全裕度为 1.76，闸门发生空蚀破坏的可能性较小，闸门槽设计合理，满足规范要求。

3. 底板动水时均压力

表 8-25 给出了泄洪洞底板时均压力值，图 8-46 为泄洪洞底板动水时均压力分布。各

级工况下,除桩号 0+032 处出现负压外,其余压力均为正压,且随着库水位的升高压力变化趋于平缓。50 年一遇库水位为 417.20 m 时,桩号 0+032 处底板的负压为-0.85 m 水柱;500 年一遇库水位为 418.36 m 时,桩号 0+032 处底板的负压为-1.01 m 水柱;5 000 年一遇库水位为 422.41 m 时,桩号 0+032 处底板的负压为-1.33 m 水柱。

表 8-24　泄洪洞闸门槽动水时均压力及水流空化数

序号	桩号	测点高程	$Z_{库}=417.20$ m		$Z_{库}=418.36$ m		$Z_{库}=422.41$ m	
			P/m	K	P/m	K	P/m	K
1	0+007.50	360.45	35.48	1.50	36.02	1.48	40.88	1.51
2	0+007.50	364.50	31.43	1.37	31.97	1.35	36.74	1.39
3	0+007.50	368.10	27.47	1.24	28.37	1.23	33.14	1.29

表 8-25　泄洪洞底板时均压力值

序号	桩号	测点高程/m	$Z_{库}=417.20$ m		$Z_{库}=418.36$ m		$Z_{库}=422.41$ m	
			压力值/m 水柱	压坡线高程/m	压力值/m 水柱	压坡线高程/m	压力值/m 水柱	压坡线高程/m
1	0+014.25	360.00	2.55	362.55	2.79	362.79	3.47	363.47
2	0+032.00	360.00	-0.85	359.15	-1.01	358.99	-1.33	358.67
3	0+042.00	359.80	6.67	366.47	6.59	366.39	5.99	365.79
4	0+082.10	359.00	3.19	362.19	3.31	362.31	3.63	362.63
5	0+122.10	358.20	3.67	361.87	3.91	362.11	3.67	361.87
6	0+162.10	357.40	7.67	365.07	5.03	362.43	4.59	361.99
7	0+202.10	356.60	5.95	362.55	5.91	362.51	5.95	362.55
8	0+242.10	355.80	4.79	360.59	4.87	360.67	4.97	360.77
9	0+282.10	355.00	7.71	362.71	7.83	362.83	7.97	362.97
10	0+322.10	354.20	6.07	360.27	6.19	360.39	6.27	360.47
11	0+362.10	353.40	6.23	359.63	6.47	359.87	6.51	359.91
12	0+402.10	352.60	6.35	358.95	6.47	359.07	6.51	359.11
13	0+442.10	351.80	5.87	357.67	5.91	357.71	5.99	357.79
14	0+482.10	351.00	6.71	357.71	6.75	357.75	6.87	357.87
15	0+522.10	350.20	5.87	356.07	6.59	356.79	6.63	356.83
16	0+549.97	349.63	7.44	357.07	7.48	357.11	7.52	357.15
17	0+575.60	349.13	15.78	364.91	16.10	365.23	16.26	365.39
18	0+577.97	349.32	19.19	368.51	19.35	368.67	20.15	369.47
19	0+580.80	349.92	18.95	368.87	19.15	369.07	20.15	370.07
20	0+583.00	350.83	14.60	365.43	15.24	366.07	16.40	367.23
21	0+584.40	351.62	4.29	355.91	4.65	356.27	4.85	356.47

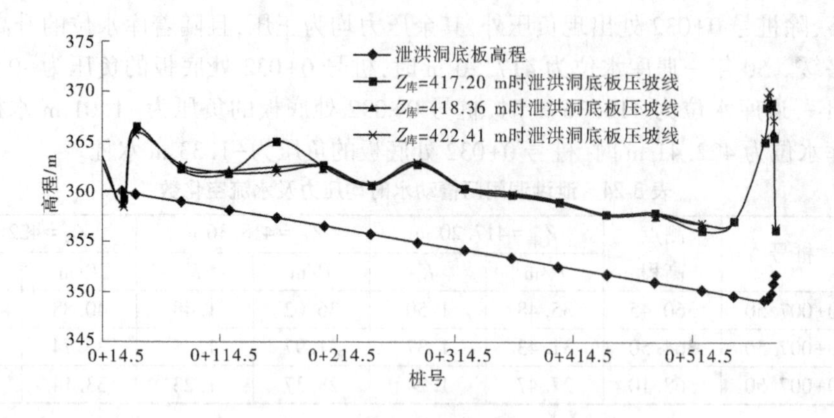

图 8-46　泄洪洞底板动水时均压力分布

8.5.1.6　**沿程水面线**

图 8-47～图 8-49 为泄洪洞 50 年一遇、500 年一遇设计洪水位和 5 000 年一遇校核洪水位沿程水面线的分布情况，并在表 8-26 中列出了相关的数据资料。沿程水面线测点沿泄洪洞中轴线布置，可以看出水流出有压短管跌落后逐渐加速，水深沿程递减。

本泄洪洞为明流洞，且为高速水流，水面也存在掺气问题及掺气水深问题，由于模型流速较低，水面掺气有限，不能反映原型掺气情况，模型所测的水深基本上没有反映掺气，基本上可以作为清水水深，这个问题通过掺气水深解决。洞身净空余幅与洞中掺气水深直接相关，国内计算掺气水深使用较多的公式为

$$h_a = h/\beta$$

$$\beta = 0.937/(Fr\psi B/h) \times 0.088 \tag{8-5}$$

式中　h_a——掺气水深，m；

h——清水深，m；

β——含水比；

Fr——弗劳德数，$Fr=v^2/gR$；

v——平均流速，m/s；

R——水力半径，m；

ψ——反映糙率 n 及水力半径 R 的无因次数，$\psi = ng0.5/R^{1/6}$；

B——渠槽宽度，m。

采用式(8-5)计算断面掺气水深列于表 8-27。对比表 8-27 里的资料可知，沿洞身掺气水深最大值，即余幅最小值位于洞出口前 0+550 断面附近，50 年一遇洪水位时最小余幅为 22.26%，设计洪水位时最小余幅为 21.55%，校核洪水位时最小余幅为 19.29%，洞身余幅不影响明流泄洪，满足设计和规范要求。

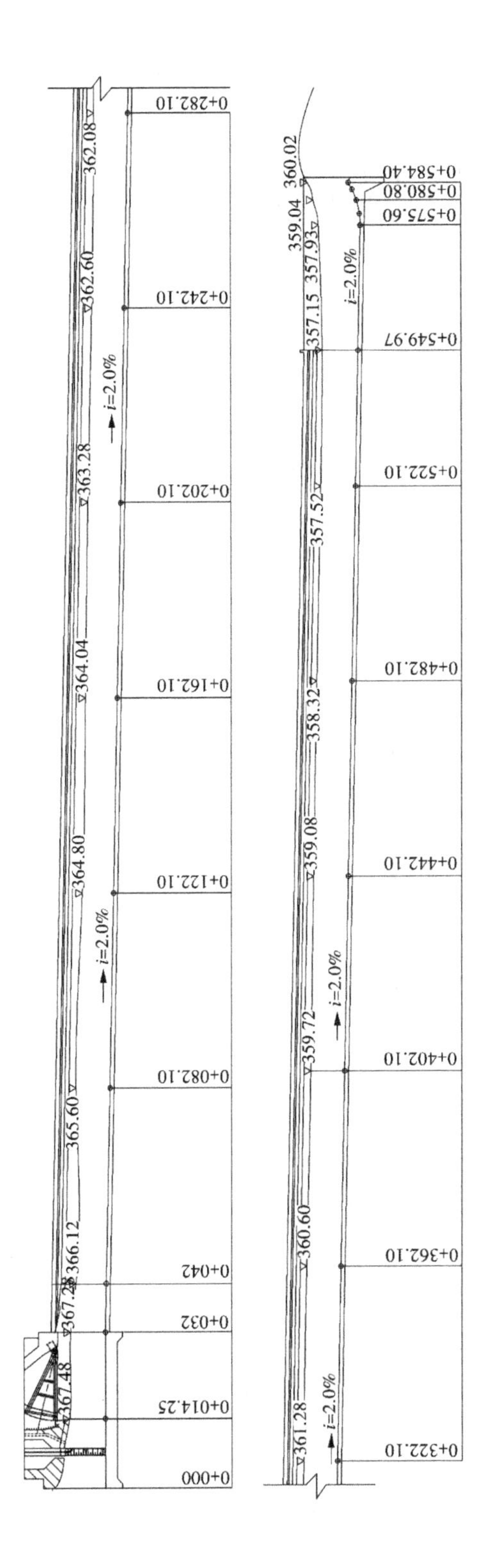

图 8-47　泄洪洞 50 年一遇洪水位沿程变化　（单位：m）

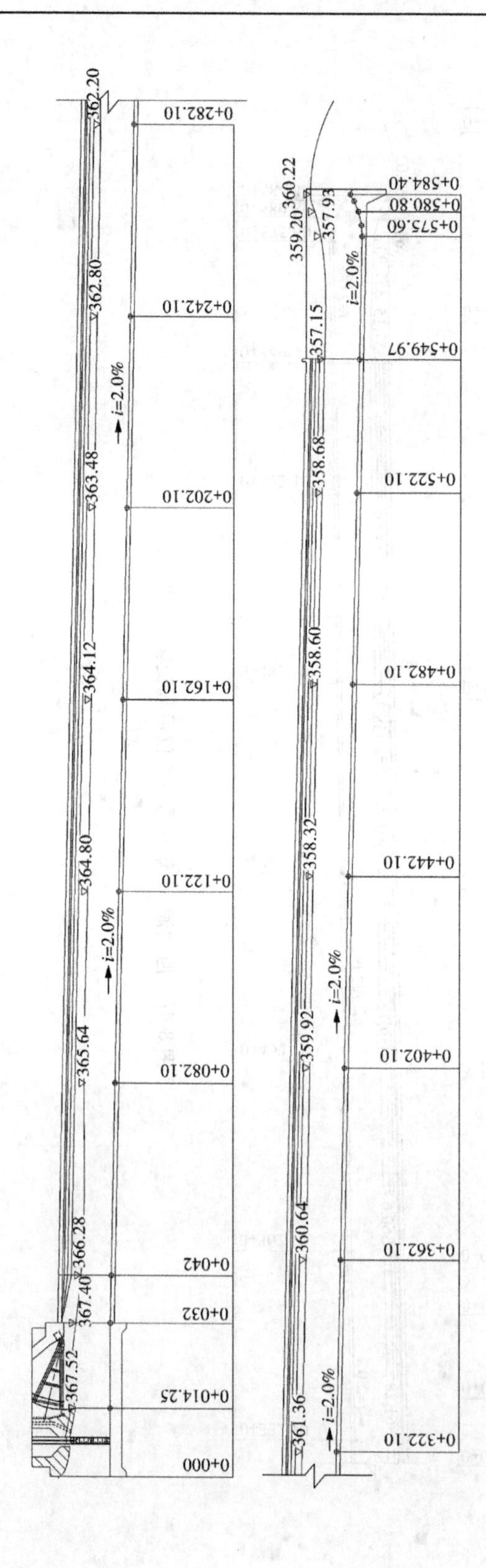

图 8-48 泄洪洞 500 年一遇(设计)洪水位沿程变化 (单位:m)

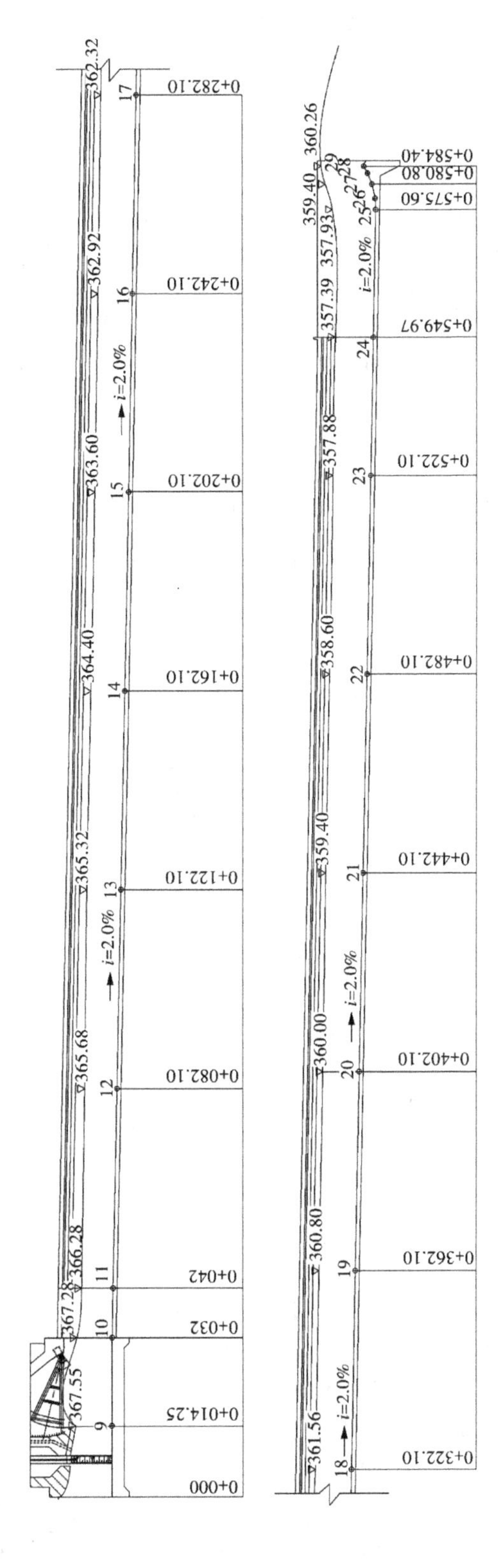

图 8-49　泄洪洞 5 000 年一遇(校核)洪水位沿程变化　(单位:m)

表 8-26　泄洪洞沿程水面线

单位：m

序号	桩号	测点高程	$Z_{库}$ = 417.20 m		$Z_{库}$ = 418.36 m		$Z_{库}$ = 422.41 m	
			$h_{测}$	$Z_{水面}$	$h_{测}$	$Z_{水面}$	$h_{测}$	$Z_{水面}$
1	0+014.25	360.00	7.48	367.48	7.52	367.52	7.55	367.55
2	0+032.00	360.00	7.28	367.28	7.40	367.40	7.28	367.28
3	0+042.00	359.80	6.32	366.12	6.48	366.28	6.48	366.28
4	0+082.10	359.00	6.60	365.60	6.64	365.64	6.68	365.68
5	0+122.10	358.20	6.60	364.80	6.60	364.80	7.12	365.32
6	0+162.10	357.40	6.64	364.04	6.72	364.12	7.00	364.40
7	0+202.10	356.60	6.64	363.24	6.88	363.48	7.00	363.60
8	0+242.10	355.80	6.80	362.60	7.00	362.80	7.12	362.92
9	0+282.10	355.00	7.08	362.08	7.20	362.20	7.32	362.32
10	0+322.10	354.20	7.08	361.28	7.16	361.36	7.36	361.56
11	0+362.10	353.40	7.20	360.60	7.24	360.64	7.40	360.80
12	0+402.10	352.60	7.12	359.72	7.32	359.92	7.40	360.00
13	0+442.10	351.80	7.28	359.08	7.32	358.32	7.60	359.40
14	0+482.10	351.00	7.32	358.32	7.60	358.60	7.60	358.60
15	0+522.10	350.20	7.32	357.52	7.48	357.68	7.68	357.88
16	0+549.97	349.63	7.52	357.15	7.52	357.15	7.76	357.39
17	0+575.6	349.13	8.80	357.93	8.80	357.93	8.80	357.93
18	0+577.97	349.32	8.92	358.24	9.12	358.44	9.12	358.44
19	0+580.80	349.92	9.12	359.04	9.28	359.20	9.48	359.40
20	0+583.00	350.83	8.80	359.63	9.20	360.03	9.21	360.04
21	0+584.40	351.62	8.40	360.02	8.60	360.22	8.64	360.26

表 8-27　计算断面掺气水深

序号	桩号	测点高程/m	$Z_{库}$ = 417.20 m		$Z_{库}$ = 418.36 m		$Z_{库}$ = 422.41 m	
			h_a/m	ω/%	h_a/m	ω/%	h_a/m	ω/%
1	0+042.00	359.80	6.88	30.38	7.07	28.51	7.07	28.51
2	0+122.10	358.20	7.14	27.75	7.14	27.75	7.65	22.61
3	0+202.10	356.60	7.10	28.22	7.36	25.52	7.48	24.34
4	0+322.10	354.20	7.49	24.25	7.61	23.05	7.80	21.10
5	0+442.10	351.80	7.57	23.40	7.62	22.88	7.89	20.21
6	0+549.97	349.63	7.68	22.26	7.75	21.55	7.98	19.29

8.5.2　溢洪道试验结果

8.5.2.1　泄流能力

试验工况依据设计单位提供的溢洪道泄流能力表，水位由低到高施放，见表 8-28。

表 8-28　前坪水库溢洪道设计泄流能力

水位/m	流量/(m^3/s)	水位/m	流量/(m^3/s)	水位/m	流量/(m^3/s)
403	0	411	3 250	419	9 191
404	144	412	3 878	420	10 066
405	406	413	4 542	421	10 968
406	746	414	5 239	422	11 894
407	1 149	415	5 970	423	12 845
408	1 606	416	6 732	424	13 821
409	2 111	417	7 523	425	14 820
410	2 660	418	8 343	—	—

根据表 8-29 可知溢洪道特征水位及流量，如表 8-30 所示。

表 8-29　溢洪道特征水位及流量

设计洪水标准	库水位/m	设计流量/(m^3/s)	说明
50 年一遇	417.20	7 687	进口底板高程 399.00 m，5×15 m，共 5 孔，挑流消能
500 年一遇(设计)	418.36	8 648	
5 000 年一遇(校核)	422.41	12 284	

表 8-30　溢洪道实测特征水位-流量关系

设计洪水标准	库水位/m	设计下泄流量/(m^3/s)	实测下泄流量/(m^3/s)	超泄流量/(m^3/s)	超泄/%
50 年一遇	417.20	7 687	7 789	102	1.33
500 年一遇(设计)	418.36	8 648	8 800	152	1.76
5 000 年一遇(校核)	422.41	12 284	12 867	583	4.75

表 8-31 为溢洪道全开时实测水位-流量关系，图 8-50 为溢洪道全开时实测特征库水位-流量关系曲线。从表 8-31 可以看出，在施放 50 年一遇洪水时，试验实测泄量为 7 789 m^3/s，较设计值大 1.33%；在施放 500 年一遇(设计)洪水时，试验实测泄量为 8 800 m^3/s，较设计值大 1.76%；在施放 5 000 年一遇(校核)洪水时，试验实测泄量为 12 867 m^3/s，较设计值大 4.75%。由此可见，溢洪道的泄流能力满足设计要求。

表 8-31 溢洪道全开时实测水位-流量关系

水位/m	流量/(m²/s)
403	0
407	1 178
410	2 756
413	4 646
416	6 752
417.20(50 年一遇)	7 789
418.36[500 年一遇(设计)]	8 800
422.41[5 000 年一遇(校核)]	12 867

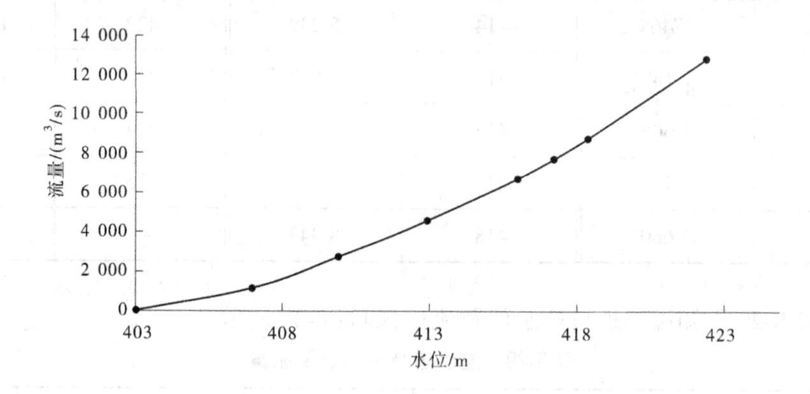

图 8-50 溢洪道全开时实测特征水位-流量关系曲线

溢洪道泄流能力按自由式宽顶堰计算：

$$Q = m_0 B(2g)^{1/2} H_0^{3/2} \tag{8-6}$$

式中 Q——流量，m^3/s；

B——总净宽，m；

m_0——包含侧收缩系数在内的流量系数；

H_0——包括行近流速水头的堰前水头，m。

根据式(8-6)，计算结果如表 8-32 所示。

表 8-32 溢洪道特征工况流量系数

设计洪水标准	库水位/m	实测下泄流量/(m³/s)	B/m	流量系数
50 年一遇	417.20	7 789	75	0.438
500 年一遇(设计)	418.36	8 800	75	0.440
5 000 年一遇(校核)	422.41	12 867	75	0.453

从表 8-32 可以看出，流量系数介于 0.438~0.453，随着水位的上升，流量系数逐渐增大。

在试验过程中，控制闸门开度 e 为一固定值，调整上游库水位，待稳定时同时测量下泄的流量,可得到某一闸门开度 e 下的过流流量与库水位的关系曲线。改变闸门开度 e 的大小,重复上述过程,可得到溢洪道各种开度情况下过流量与库水位的关系曲线。

在试验过程中,闸门开度 e(堰顶高程以上)取了 6 个值,分别为 2 m、4 m、6 m、8 m、10 m、全开,在这 6 种开度情况下,试验结果见图 8-51。可以看出,随着闸门开度的增大,曲线逐渐趋于平缓。

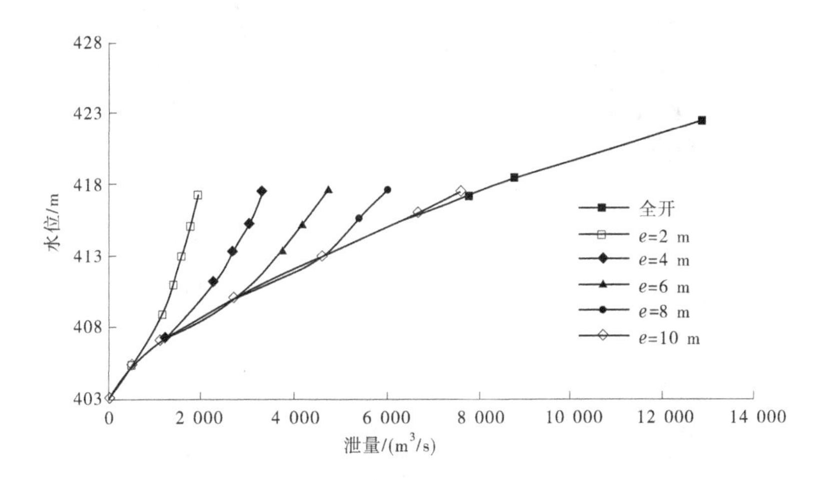

图 8-51　溢洪道不同开度时实测水位-流量关系曲线

8.5.2.2　水流流态

特征工况下,当库水位高于溢洪道堰顶高程 403.00 m 时,水流在墩头处有轻微的扰流现象,水流平顺流经闸室过墩墙后迅速扩散,在墩尾形成空腔,相邻两孔出射水流交汇形成较高且左右摇摆不定的水翅(见图 8-52~图 8-54)。50 年一遇洪水位时,水翅长 17.5 m,高 8 m;500 年一遇(设计)洪水位时,水翅长 20 m,高 9.5 m;5 000 年一遇(校核)洪水位时,水翅长 32.5 m,高 10 m。水流经泄槽并经鼻坎挑射入下游河道。

图 8-52　50 年一遇洪水时溢洪道水流流态

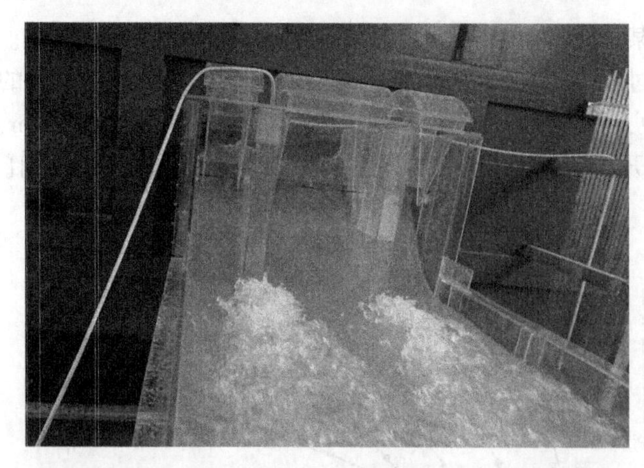

图 8-53　500 年一遇(设计)洪水时溢洪道水流流态

图 8-54　5 000 年一遇(校核)洪水时溢洪道水流流态

8.5.2.3　**水流流速**

实测溢洪道中轴线流速分布见表 8-33。由表 8-33 可知,水位 417.20 m 时,平均流速范围为 3.98~22.92 m/s;水位 418.36 m 时,洞内平均流速范围为 4.52~26.57 m/s;水位 422.41 m 时,平均流速范围为 5.78~27.00 m/s。最大流速出现在 0+149.00 断面,为 27.00 m/s;最小流速出现在 0+000.00 处,为 3.98 m/s。

表 8-33　实测溢洪道中轴线流速分布　　单位:m/s

序号	桩号	测点位置	$Z_{库}$=417.20 m	$Z_{库}$=418.36 m	$Z_{库}$=422.41 m
1	0+000.00	0.2h	3.98	4.52	5.78
		0.8h	7.62	8.55	10.82
2	0+001.50	0.2h	4.72	5.19	6.42
		0.8h	8.18	9.32	11.66
3	0+004.00	0.2h	6.02	6.29	7.16
		0.8h	9.36	10.21	12.51

续表 8-33

序号	桩号	测点位置	$Z_{库}=417.20$ m	$Z_{库}=418.36$ m	$Z_{库}=422.41$ m
4	0+008.00	0.2h	7.15	7.64	8.32
		0.8h	10.98	11.59	13.23
5	0+012.00	0.2h	10.09	10.25	11.27
		0.8h	10.85	11.79	12.19
6	0+016.00	0.2h	11.35	11.79	12.15
		0.8h	12.33	12.95	13.56
7	0+020.50	0.2h	13.62	12.85	13.45
		0.8h	10.45	11.33	13.55
8	0+023.50	0.2h	13.43	13.57	14.06
		0.8h	10.67	10.97	11.45
9	0+031.60	0.2h	15.05	15.85	16.20
		0.8h	12.74	13.28	13.96
10	0+035.00	0.2h	15.39	16.73	16.75
		0.8h	15.79	15.58	15.65
11	0+055.00	0.2h	15.93	16.87	17.28
		0.8h	16.01	16.07	17.11
12	0+075.00	0.2h	16.84	17.25	17.76
		0.8h	16.09	16.64	16.84
13	0+084.00	0.2h	17.56	17.63	18.12
		0.8h	16.75	16.80	17.69
14	0+093.00	0.2h	18.40	18.73	20.22
		0.8h	16.60	16.88	18.53
15	0+102.00	0.2h	18.63	19.78	19.88
		0.8h	17.01	17.54	18.57
16	0+110.50	0.2h	19.56	20.15	23.18
		0.8h	17.85	18.32	19.03
17	0+121.50	0.2h	20.50	20.55	23.55
		0.8h	18.76	19.64	20.69
18	0+131.00	0.2h	21.47	21.66	22.25
		0.8h	17.98	19.34	19.90

续表 8-33

序号	桩号	测点位置	$Z_{库}=417.20$ m	$Z_{库}=418.36$ m	$Z_{库}=422.41$ m
19	0+135.50	0.2h	21.45	21.52	23.00
		0.8h	16.42	18.38	18.44
20	0+139.00	0.2h	21.24	21.49	21.96
		0.8h	17.02	17.30	17.80
21	0+142.50	0.2h	22.92	24.83	24.95
		0.8h	19.50	20.30	20.89
22	0+149.00	0.2h	22.54	26.57	27.00
		0.8h	20.26	20.48	21.73

8.5.2.4 起挑、收挑

闸门全开时,起挑水位为404.66 m,起挑流量为282 m^3/s;收挑水位为404.01 m,收挑流量为93 m^3/s。各特征工况下溢洪道的挑距如表8-34所示。

表 8-34 各特征工况下溢洪道的挑距

设计洪水标准	库水位/m	挑距/m
50年一遇	417.20	101
500年一遇(设计)	418.36	109
5 000年一遇(校核)	422.41	118

8.5.2.5 动水时均压力

在三种特征水位下,溢洪道沿程压力数据如表8-35所示,压坡线如图8-55所示。分析试验资料可知,各级工况下,溢洪道全程均为正压,无负压出现。闸室控制段最大压力和最小压力均出现在校核水位时,最大压力位于0+023.50断面,为20.19 m水柱,最小压力位于0+012.00断面,为0.84 m水柱;泄槽段最大压力出现在校核洪水位时0+139.00断面,为22.14 m水柱,泄槽段最小压力出现在50年一遇洪水位时0+149.00断面,为0.55 m水柱。压力分布良好。

表 8-35 溢洪道沿程压力数据

序号	桩号	测点高程/m	$Z_{库}=417.20$ m		$Z_{库}=418.36$ m		$Z_{库}=422.41$ m	
			压力值/m水柱	压坡线高程/m	压力值/m水柱	压坡线高程/m	压力值/m水柱	压坡线高程/m
1	0+000.00	400.96	11.55	412.51	12.40	413.36	13.95	414.91
2	0+001.50	402.49	5.67	408.16	5.52	408.01	4.67	407.16
3	0+004.00	403.00	3.51	406.51	3.06	406.06	1.86	404.86
4	0+008.00	402.41	2.05	404.46	1.75	404.16	1.15	403.56

续表 8-35

序号	桩号	测点高程/m	$Z_{库}$ = 417.20 m		$Z_{库}$ = 418.36 m		$Z_{库}$ = 422.41 m	
			压力值/m 水柱	压坡线高程/m	压力值/m 水柱	压坡线高程/m	压力值/m 水柱	压坡线高程/m
5	0+012.00	400.77	2.29	403.06	0.74	401.51	0.84	401.61
6	0+016.00	398.20	2.56	400.76	3.51	401.71	5.31	403.51
7	0+020.50	394.76	9.60	404.36	10.75	405.51	14.55	409.31
8	0+023.50	391.87	14.74	406.61	16.14	408.01	20.19	412.06
9	0+031.60	389.43	11.93	401.36	13.53	402.96	18.33	407.76
10	0+035.00	389.43	10.48	399.91	12.08	401.51	17.13	406.56
11	0+055.00	389.23	4.68	393.91	5.43	394.66	7.78	397.01
12	0+075.00	389.03	3.68	392.71	4.28	393.31	5.63	394.66
13	0+084.00	388.72	0.79	389.51	0.94	389.66	1.34	390.06
14	0+093.00	387.49	1.07	388.56	1.22	388.71	1.77	389.26
15	0+102.00	385.29	1.02	386.31	1.22	386.51	1.57	386.86
16	0+110.50	382.37	2.89	385.26	3.19	385.56	4.04	386.41
17	0+121.50	377.91	2.35	380.26	2.95	380.86	4.60	382.51
18	0+131.00	374.11	11.55	385.66	13.35	387.46	17.90	392.01
19	0+135.50	372.37	13.89	386.26	15.44	387.81	20.14	392.51
20	0+139.00	371.62	15.64	387.26	17.29	388.91	22.14	393.76
21	0+142.50	371.50	10.26	381.76	11.86	383.36	17.01	388.51
22	0+149.00	372.96	0.55	373.51	0.95	373.91	2.15	375.11

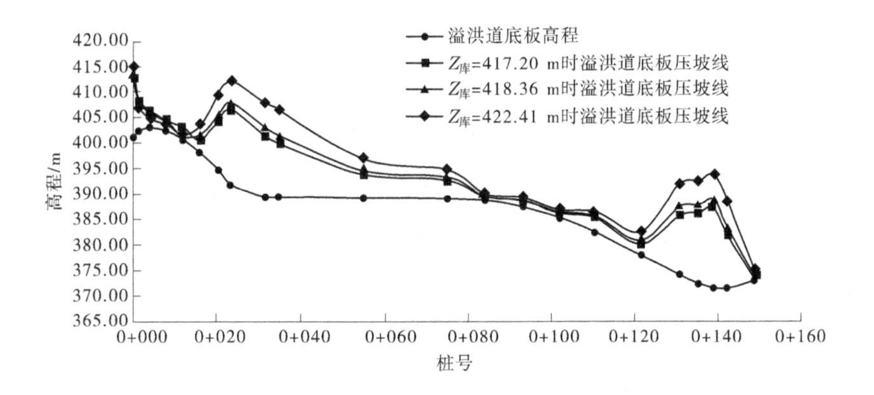

图 8-55　溢洪道在三种特征工况下沿程压坡线

8.5.2.6　**沿程水面线**

水位量测采用固定测针、活动测针联合测量,图 8-56~图 8-58 为溢洪道 50 年一遇、500 年一遇(设计)洪水位和 5 000 年一遇(校核)洪水位沿程水面线的分布情况,并在表 8-36 中列出了相关的数据资料,沿程水面线测点沿溢洪道中轴线布置。根据试验资料分析可知,各特征工况下水流都没有超过边墙,边墙高度设计合理。

表 8-36　溢洪道沿程水面线

单位:m

序号	桩号	测点高程	$Z_{库}$=417.20 m		$Z_{库}$=418.36 m		$Z_{库}$=422.41 m	
			$h_{测}$	$Z_{水面}$	$h_{测}$	$Z_{水面}$	$h_{测}$	$Z_{水面}$
1	0+000.00	400.96	13.61	414.57	14.07	415.03	16.49	417.45
2	0+001.50	402.49	11.35	413.84	12.00	414.49	14.40	416.89
3	0+004.00	403.00	10.50	413.50	11.35	414.35	13.50	416.50
4	0+008.00	402.41	9.75	412.16	10.75	413.16	13.15	415.56
5	0+012.00	400.77	9.25	410.02	10.25	411.02	13.00	413.77
6	0+016.00	398.20	9.00	407.20	10.00	408.20	12.80	411.00
7	0+020.50	394.76	9.75	404.51	10.75	405.51	13.50	408.26
8	0+023.50	391.87	8.00	399.87	9.00	400.87	13.15	405.02
9	0+031.60	389.43	5.75	395.18	6.65	396.08	9.75	399.18
10	0+035.00	389.43	5.35	394.78	6.00	395.43	8.75	398.18
11	0+055.00	389.23	4.50	393.73	4.95	394.18	6.90	396.13
12	0+075.00	389.03	4.40	393.43	4.90	393.93	7.05	396.08
13	0+084.00	388.72	4.40	393.12	4.90	393.62	7.00	395.72
14	0+093.00	387.49	4.50	391.99	4.80	392.29	7.25	394.74
15	0+102.00	385.29	4.60	389.89	5.35	390.64	7.00	392.29
16	0+110.50	382.37	4.50	386.87	5.25	387.62	6.80	389.17
17	0+121.50	377.91	4.40	382.31	5.00	382.91	6.76	384.67
18	0+131.00	374.11	4.48	378.59	4.91	379.02	6.91	381.02
19	0+135.50	372.37	4.57	376.94	5.12	377.49	6.90	379.27
20	0+139.00	371.62	4.54	376.16	5.10	376.72	6.88	378.50
21	0+142.50	371.50	4.18	375.68	4.45	375.95	6.44	377.94
22	0+149.00	372.96	4.08	377.04	4.31	377.27	6.03	378.99

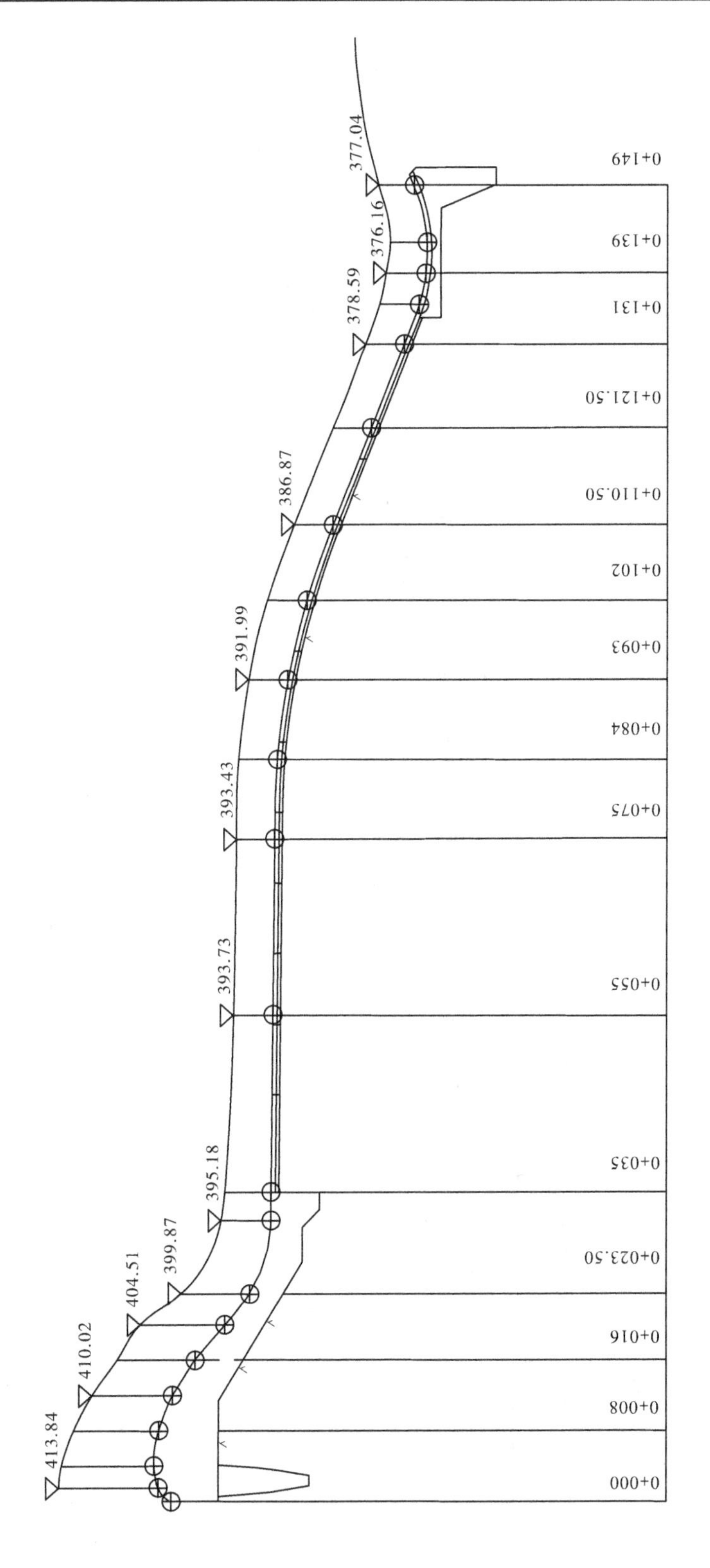

图 8-56　50 年一遇洪水时溢洪道沿程水面线　（单位：m）

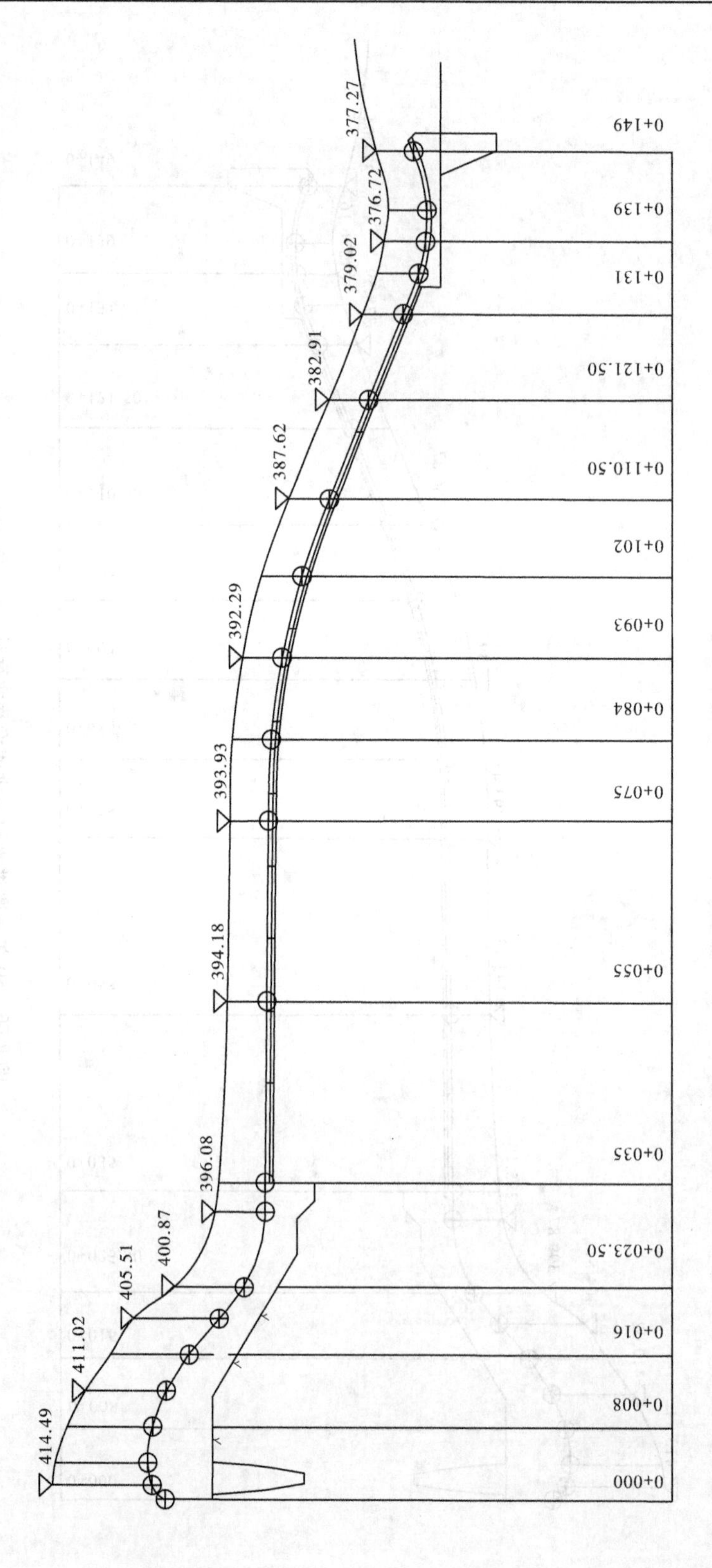

图 8-57 500 年一遇(设计)洪水时溢洪道沿程水面线 (单位:m)

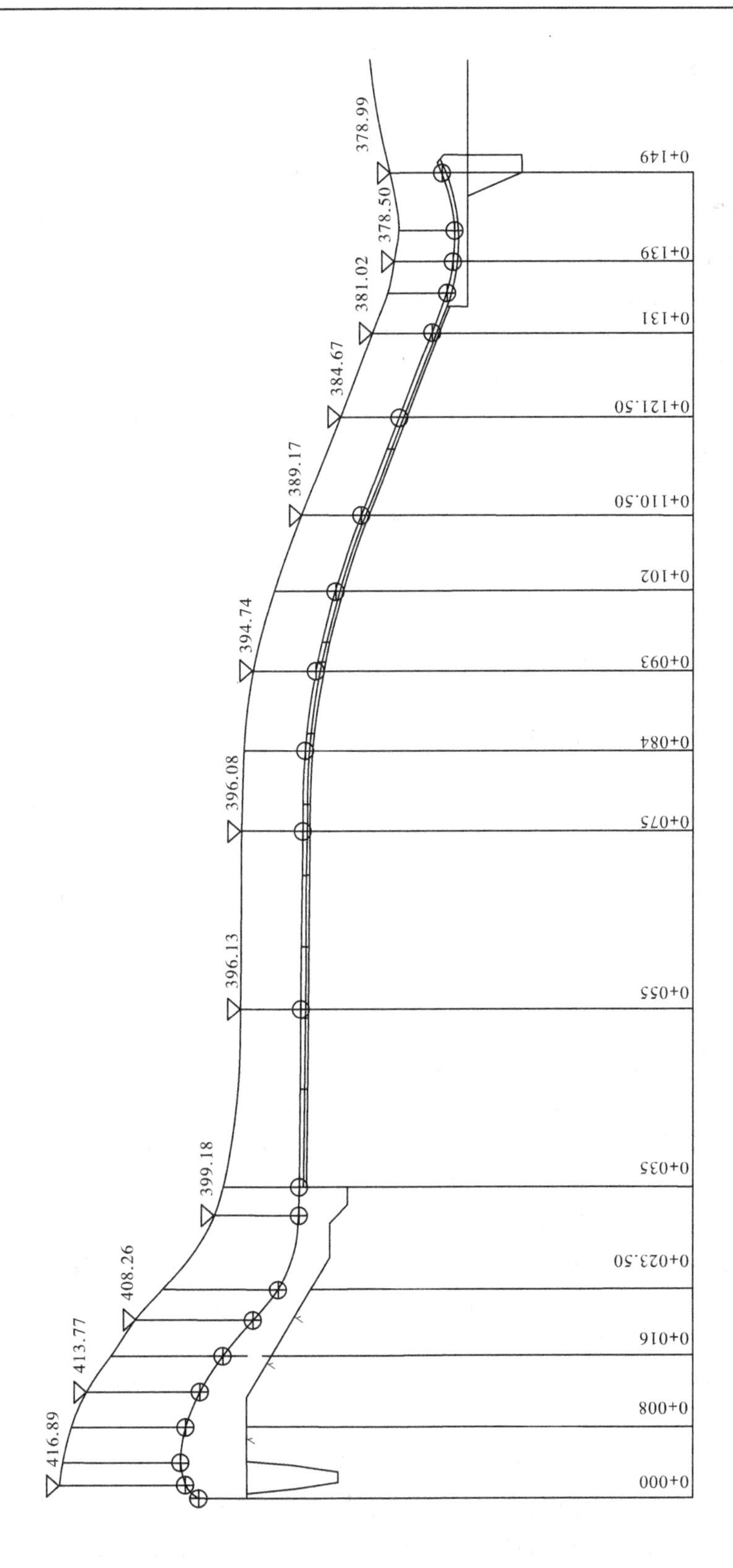

图 8-58　5 000 年一遇(校核)洪水时溢洪道沿程水面线　(单位:m)

8.5.3 试验总结

8.5.3.1 整体水工模型

经试验验证,前坪水库导流洞、溢洪道、泄洪洞整体设计布置合理,上游库区来水平顺,库区水面较为平静,各建筑物敞泄时无大的不良流态,各建筑物泄量满足设计要求,修改后设计方案可作为最终方案。

(1)试验结果表明,导流洞原设计方案情况下,施放10年一遇洪水时,试验实测泄量为921 m^3/s,较设计值大12.04%;施放20年一遇洪水时,试验实测泄量为1 097 m^3/s,较设计值大12.74%。因此,泄流能力满足要求。

(2)导流洞原设计方案和导流洞下游出口修改方案在施放10年一遇洪水和20年一遇洪水下,导流洞下游水面高程均低于两侧护岸高程。

(3)导流洞修改方案下游出口处桩号0+793.08以下流速比原计方案有所降低,但下游出口范围内流速仍达到3~8 m/s,所以要加强对导流洞下游出口段的防护。

(4)泄洪洞单独施放50年一遇洪水时,试验实测泄量为1 391 m^3/s,较设计值大4.27%;在单独施放500年一遇(设计)洪水时,试验实测泄量为1 399 m^3/s,较设计值大3.63%;在单独施放5 000年一遇(校核)洪水时,试验实测泄量为1 451 m^3/s,较设计值大3.50%,泄洪洞的泄流能力满足设计要求。

(5)溢洪道在单独施放50年一遇洪水时,试验实测泄量为8 298 m^3/s,较设计值大7.95%;在单独施放500年一遇(设计)洪水时,试验实测泄量为9 386 m^3/s,较设计值大8.53%;在单独施放5 000年一遇(校核)洪水时,试验实测泄量为13 544 m^3/s,较设计值大10.26%,溢洪道的泄流能力满足设计要求。

(6)溢洪道和泄洪洞联合泄洪时,在施放500年一遇(设计)洪水时,试验实测泄量为10 755 m^3/s,较设计值大7.57%;在施放5 000年一遇(校核)洪水时,试验实测泄量为14 951 m^3/s,较设计值大9.24%,泄流能力满足设计要求。

(7)溢洪道和泄洪洞联合泄洪时,各特征工况下水流都没有超过边墙且无水流击打牛腿现象,边墙和闸门牛腿高程设置合理。

(8)溢洪道和泄洪洞在各特征工况下沿程均无负压产生。

(9)试验结果表明,导流洞、溢洪道和泄洪洞的闸门启闭方式合理,满足规划拟定的调洪验算方案。泄洪洞在20年一遇洪水位411.0 m时,其泄流能力为1 284 m^3/s,满足设计中拟定的泄洪洞敞泄前的控泄要求。

(10)溢洪道和泄洪洞联合泄洪时,在施放50年一遇洪水时溢洪道冲坑最低点高程为322.75 m,泄洪洞冲坑最低点高程为329.50 m。在施放500年一遇(设计)洪水时溢洪道冲坑最低点高程为322.70 m,泄洪洞冲坑最低点高程为329.18 m。在施放5 000年一遇(校核)洪水时溢洪道冲坑最低点高程为316.36 m,泄洪洞冲坑最低点高程为327.34 m。

(11)溢洪道进口右侧导墙修改试验中,9种方案均满足溢洪道泄量要求,其中方案二和方案五进口处水流较平顺,右岸导墙附近没有出现强烈的旋流,水流流态较好,达到了对进水渠右导墙进行优化的目的,且方案二和方案五在校核水位下泄量比原方案分别增加 27 m³/s 和 22 m³/s,故推荐采用方案二或方案五的体形作为溢洪道进口右侧导墙的布置形式。

8.5.3.2　单体水工模型

1. 泄洪洞

(1)试验结果表明,该设计方案在施放 50 年一遇洪水时,试验实测泄量为 1 388 m³/s,较设计值大 4.05%;在施放 500 年一遇(设计)洪水时,试验实测泄量为 1 407 m³/s,较设计值大 4.22%;在施放 5 000 年一遇(校核)洪水时,试验实测泄量为 1 464 m³/s,较设计值大 4.42%,泄洪洞的泄流能力满足设计要求。

(2)根据试验结果,泄洪洞闸门局开和全开的情况下,起挑前水流未封顶,水流流态良好。

(3)试验结果表明,泄洪洞在库水位上升过程中有间歇性游荡漩涡出现,贯通吸气漩涡出现水位为 374.80~379.30 m;表层下陷不贯通漩涡出现水位为 379.30~389.20 m;水位超过 389.20 m,无漩涡产生。漩涡最大时直径约为 1 m,该漩涡对泄量、压力分布影响较小。

(4)泄洪洞进口顶板在各级工况下,除桩号 0+000.50 处出现负压外,其余压力均为正压,且随着库水位的升高压力变化趋于平缓。50 年一遇库水位为 417.20 m 时,桩号 0+000.50 处顶板的负压为-3.73 m 水柱;500 年一遇库水位为 418.36 m 时,桩号 0+000.50 处顶板的负压为-3.17 m 水柱;5 000 年一遇库水位为 422.41 m 时,桩号 0+000.50 处顶板的负压为-3.01 m 水柱。

闸门槽均无负压,压力分布良好。实测泄洪洞检修门槽附近的最小空化数为 1.23,大于门槽初生空化数 0.7,闸门槽设计满足规范要求。

泄洪洞底板在各级工况下,除桩号 0+032 处出现负压外,其余压力均为正压,且随着库水位的升高压力变化趋于平缓。50 年一遇库水位为 417.20 m 时,桩号 0+032 处底板的负压为-0.85 m 水柱;500 年一遇库水位为 418.36 m 时,桩号 0+032 处底板的负压为-1.01 m 水柱;5 000 年一遇库水位为 422.41 m 时,桩号 0+032 处底板的负压为-1.33 m 水柱。

(5)泄洪洞水位上升过程中,均未出现水翅击打门铰支座的现象,门铰支座设计高程合理。

(6)泄洪洞洞身掺气水深均小于直墙高度,洞顶余幅均大于 15%,满足规范和设计要求。

2. 溢洪道

(1)在施放 50 年一遇洪水时,试验实测泄量为 7 789 m³/s,较设计值大 1.33%;在施放 500 年一遇(设计)洪水时,试验实测泄量为 8 800 m³/s,较设计值大 1.76%;在施放 5 000 年一遇(校核)洪水时,试验实测泄量为 12 867 m³/s,较设计值大 4.75%;溢洪道的泄流能力满足设计要求。

(2)根据试验结果,溢洪道闸门局开和全开的情况下,水流平顺,由于矩形墩尾,相邻两孔出射水流交汇形成较高且左右摇摆不定的水翅,水翅落于底板形成较强的冲击波,恶化了泄槽水流流态,降低了出口水流的稳定性。试验过程中尝试采用流线形尾墩,根据试验观测,流线形墩尾的水翅大幅减低,对泄槽的不利影响明显降低,泄槽及出口水流趋于平稳,建议墩尾采用流线形,墩尾长在5~6 m时,水流流态较好。

(3)各级工况下,溢洪道全程无负压出现。闸室控制段最大压力和最小压力均出现在校核水位时,最大压力位于0+023.50断面,为20.19 m水柱,最小压力位于0+012.00断面,为0.84 m水柱;泄槽段最大压力出现在校核洪水位时0+139.00断面,为22.14 m水柱,泄槽段最小压力出现在50年一遇洪水位时0+149.00断面,为0.55 m水柱。压力分布良好。

(4)溢洪道水位上升过程中,均未出现水翅击打门铰支座的现象,门铰支座设计高程合理。

(5)溢洪道沿程水深均小于直墙高度,满足规范和设计要求。

第 9 章　高边坡生态护坡绿化

9.1　工程概况

河南省洛阳市汝阳县上店镇前坪村位于北纬 31°23′~36°22′,东经 110°21′~116°39′,地跨暖温带和北亚热带两大自然单元的我国东部季风区内。气候比较温和,具有明显的过渡性特征。南北各地气候显著不同,山地和平原气候也有显著差异。全年四季分明。总的气候特征是:冬季寒冷少雨雪,春短干旱多风沙,夏天炎热多雨,秋季晴朗日照长。日平均气温稳定在 10 ℃以上的初日在每年 4 月 1 日前后,豫西山地持续天数在 210 d 左右。

溢洪道进口左岸高边坡采用生态护坡,防护范围为进口段左岸 423.5 m 高程以上边坡,总工程量约为 15 000 m^2。边坡▽423.50~▽483.00 分别于 468.50 m、453.50 m、438.50 m 高程处设置 3 m 马道,边坡坡度均为 1∶0.5;边坡设有 3 m 间距防护锚杆和 UPVC(硬聚氯乙烯)排水管交错布置。

9.2　工程地形

溢洪道所处山体较为浑厚,左侧边坡最高处地面高程 483.00 m 左右。山体两侧山坡较陡,进水渠口处地面高程 400.00~455.00 m;背水侧底部为杨沟,沟底高程 343.50~348.00 m。

9.3　地层岩性

第⑦层安山玢岩(Pt_2m):暗紫色、紫红色,具斑状结构,块状构造,斑晶为斜长石,大部分已经风化成乳白色,少量为肉红色正长石。基质为隐晶质或玻璃质,并见有辉石、角闪石等暗色矿物,裂隙发育,裂隙面见有黄色铁锰质浸染及少量的钙质、锰质薄膜。质坚性脆,岩芯破碎,多呈碎块状。取芯率低,一般呈弱风化状。分布于进口至闸室段。

9.4　常见生态护坡及特点

近年来,随着大规模的工程建设和矿山开采,形成了大量无法恢复植被的岩土边坡。传统的边坡工程加固措施,大多采用砌石及喷混凝土等灰色工程,破坏了生态环境的和谐。随着人们环境意识及经济实力的增强,生态护坡技术逐渐应用到工程建设中。目前,国内较常见、技术较成熟的生态护坡技术如下。

9.4.1　人工种草护坡

人工种草护坡，是通过人工在边坡坡面简单播撒草种的一种传统边坡植物防护措施，多用于边坡高度不高、坡度较缓且适宜草类生长的土质路堑和路堤边坡防护工程。

优点：施工简单、造价低廉等。

缺点：由于草籽播撒不均匀，草籽易被雨水冲走，种草成活率低等，往往达不到满意的边坡防护效果，而造成坡面冲沟、表土流失等边坡病害，使得该技术近年应用较少。

9.4.2　平铺草皮

平铺草皮护坡，是通过人工在边坡面铺设天然草皮的一种传统边坡植物防护措施。

优点：施工简单，工程造价低，成坪时间短，护坡功效快，施工季节限制少，适用于附近草皮来源较易、边坡高度不高且坡度较缓的各种土质及严重风化的岩层和成岩作用差的软岩层边坡防护工程，是设计应用最多的传统坡面植物防护措施之一。

缺点：由于前期养护管理困难，新铺草皮易受各种自然灾害，往往达不到满意的边坡防护效果，而造成坡面冲沟、表土流失、坍滑等边坡灾害。近年来，由于草皮来源紧张，平铺草皮护坡的作用逐渐受到了限制。

9.4.3　浆砌片石骨架植草护坡

浆砌片石骨架植草护坡指用浆砌片石在坡面形成框架，在框架里铺填种植土，然后铺草皮、喷播草种的一种边坡防护措施。通常做成截水型浆砌片石骨架，能减轻坡面冲刷，保护草皮生长，从而避免了人工种植草坪护坡和平铺草皮护坡的缺点，适用于边坡高度不高且坡度较缓的各种土质、强风化岩石边坡。

9.4.4　框格内填土植草护坡

框格内填土植草护坡是指先在边坡上用预制框格或混凝土砌筑框格，再在框格内置土种植绿色植物。为固定客土，可与土工格室植草护坡、三维植被网护坡、浆砌片石骨架植草护坡、蜂巢式网格植草护坡结合使用。该方法造价高，一般仅在那些浅层稳定性差且难以绿化的高陡岩坡和贫瘠土坡中采用。

9.4.5　植生基质植物护坡

植生基质植物护坡是在稳定边坡上安装锚杆挂网后，使用植生基质专用喷射机将搅拌均匀的植生基质材料与水的混合物喷射至坡面上，植物依靠植生基质材料生长发育，形成植物护坡的施工技术，具有边坡防护、恢复植被的双重作用，可以取代传统的锚喷防护和砌石护坡等措施。其基本结构为：锚杆（钉）、网和植生基质 3 部分。

优点：解决了普通绿化达不到的施工工艺效果，不受地质条件的限制。

缺点：施工技术相对较难，工程量较大；喷播的基质材料厚度较薄，被太阳照晒后容易“崩壳”脱落；喷播的基质材料厚度较厚，重量过大，则挂网容易下掉；工程造价较高、投资较大。

9.4.6　液压喷播植草护坡

液压喷播植草护坡是国外近十多年新开发的一项边坡植物防护措施，是将草籽、肥料、黏着剂、纸浆、土壤改良剂、色素等按一定比例在混合箱内配水搅匀，通过机械加压喷射到边坡坡面而完成植草施工的。

优点：施工简单、速度快；施工质量高，草籽喷播均匀、发芽快、整齐一致；防护效果好，正常情况下，喷播一个月后坡面植物覆盖率可达70%以上，2个月后形成防护、绿化功能；适用性广。目前，国内液压喷播植草护坡在公路、铁路、城市建设等部门，边坡防护与绿化工程中使用较多。

缺点：固土保水能力低，容易形成径流沟和侵蚀；因品种选择不当和混合材料不够，后期容易造成水土流失或冲沟。

9.4.7　土工网垫植草护坡

土工网垫是一种新型土木工程材料，属于国家高新技术产品目录中新型材料技术领域重复各材料中的增强体材料。它是植草固土用的一种三维结构的似丝瓜网络样的网垫，质地疏松、柔韧，留有90%的空间可充填土壤、沙砾和细石，植物根系可以穿过其间，舒适、整齐、均衡地生长，长成后的草皮使网垫、草皮、泥土表面牢固地结合在一起，由于植物根系可深入地表以下30~40 cm，形成了一层坚固的绿色复合保护层。比一般草皮护坡具有更高的抗冲能力，适用于任何复杂地形，多用于堤坝护坡及排水沟、公路边坡的防护。

优点：土工网垫植草护坡具有成本低、施工方便、恢复植被、美化环境等优点。

缺点：现在的土工网垫大多数以热塑树脂为原料，塑料老化后，在土壤里容易形成二次污染。

9.4.8　土工格室植草护坡

土工格室植草护坡是指在展开并固定在坡面上的土工格室内填充改良客土，然后在格室上挂三维植被网，进行喷播施工的一种护坡技术。利用土工格室为草坪生长提供稳定、良好的生存环境。

优点：采用土工格室植草，可使不毛之地的边坡充分绿化，带孔的格室还能增加坡面的排水性能。适合于坡度较缓的泥岩、灰岩、砂岩等岩质路堑边坡。

缺点：要求边坡坡度较缓。

9.4.9　客土植生植物护坡

客土植生植物护坡是将保水剂、黏合剂、抗蒸腾剂、团粒剂、植物纤维、泥炭土、腐殖土、缓释复合肥等一类材料制成客土，经过专用机械搅拌后吹附到坡面上，形成一定厚度的客土层，然后将选好的种子同木纤维、黏合剂、保水剂、复合肥、缓释营养液经过喷播机搅拌后喷附到坡面客土层中。

优点：可以根据地质和气候条件进行基质和种子配方，从而具有广泛的适应性，客土与坡面结合，土层的透气性和肥力好，抗旱性较好，机械化程度高，速度快，施工简单，工期短,植被防护效果好,基本不需要养护就可维持植物的正常生长。该法适用于坡度较小的岩基坡面、风化岩及硬质土砂地、道路边坡、矿山、库区以及贫瘠土地。

缺点:要求边坡稳定、坡面冲刷轻微,边坡坡度大的地方,长期浸水地区均不适合。

由于工艺简单、施工速度快、植被防护效果好且经济,本工程采用客土植生植物护坡。通过挂网,可以增加客土的抗冲刷能力,同时大大地改善了客土在边坡上的附着条件,对边坡高度、坡率的适应性较强,在陡于1:0.75的岩质边坡上可以成功地覆盖植被,可以达到既稳固又经济、既环保又美观的良好效果。另外,所需的机械设备比较简单,主要是客土喷射设备和草籽喷播设备。用该技术进行防护,施工人员投入少,施工效率高,一个施工班组只需5~7人,每小时可完成喷射客土和草籽80~120 m^2。

9.5 施工工艺

根据当地气温、降雨量、坡比、岩石裂隙、岩石硬度、植物的选择及工地条件,决定采用勾花镀锌铁丝网+植被基材喷附材料,以增大生长发育基础与坡体的连接性;由于喷播边坡坡比为1:0.5,为保持客土植被基材形成整体形象前的稳定,还增加木质支撑板,防止植被基材滑塌、脱落。选择适合的草种和树种配合比,达到改善绿色植物的生长发育环境和促进目标树种生长的双重功能,以确保喷射效果和质量。客土喷播材料中包括植物种子、有机营养土、土壤改良剂、微生物菌剂、肥料等。客土喷播采用液压泵送式客土湿喷机。

9.6 主要材料

(1)Φ12螺纹钢筋、Φ6.5圆钢(或按照设计图要求)。

(2)5×7 cm勾花镀锌铁丝网(铁丝直径一般为2 mm)(或按照设计图要求)。

(3)Φ2.2镀锌铁丝。

(4)木质支撑板(杨木等轻质木材,厚1.5 cm、宽>5 cm)。

(5)土壤改良剂(保水剂及黏合剂)。

(6)复合肥料。

(7)草帘子或无纺布。

(8)草种:黑麦草、狗芽根、紫穗槐、多花木兰、紫花苜蓿、黄花槐、波斯菊等适宜当地气候及土质的草种(具体品种可按照业主指定)。

9.7 施工所需机械

使用主要机械如下:液压泵送式客土湿喷机、12 m^3 空压机、水车、装载机、载重汽车、液力喷播机、小型升降机、开山钻、电焊机、钢筋切割机等,具体应根据不同时期工作量和进度要求配置。

9.8　施工工艺及流程

溢洪道客土喷播生态护坡是先将镀锌铁丝网自上而下固定在边坡上,然后将客土(植物生存的基本材料)、纤维、长效缓释性肥料和种子等按一定比例配合,加入专用设备中充分混合搅拌后,通过空气压缩机压缩空气喷射到坡面上形成所需要的生长基础。

客土喷播工艺见图9-1。

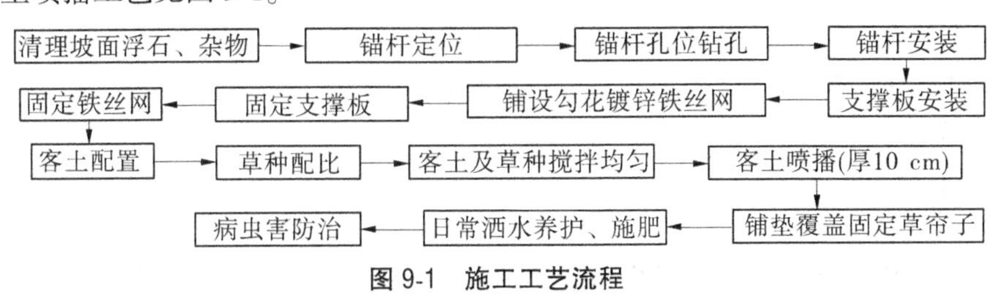

图9-1　施工工艺流程

9.8.1　坡面清理施工

(1)清理岩面碎石、杂物、松散层等,使坡面基本保持平整,对浅层不稳定的坡面,可采取点状喷浆使其稳定。

(2)施工前坡面的凸凹度平均为±10 cm,最大不超过±15 cm。

(3)对光滑岩面要通过挖掘横沟等措施进行加糙处理,以免客土下滑。

(4)对坡面残存植物,在不防碍施工的情况下应尽量保留。

9.8.2　土方施工流程

土方施工流程见图9-2。

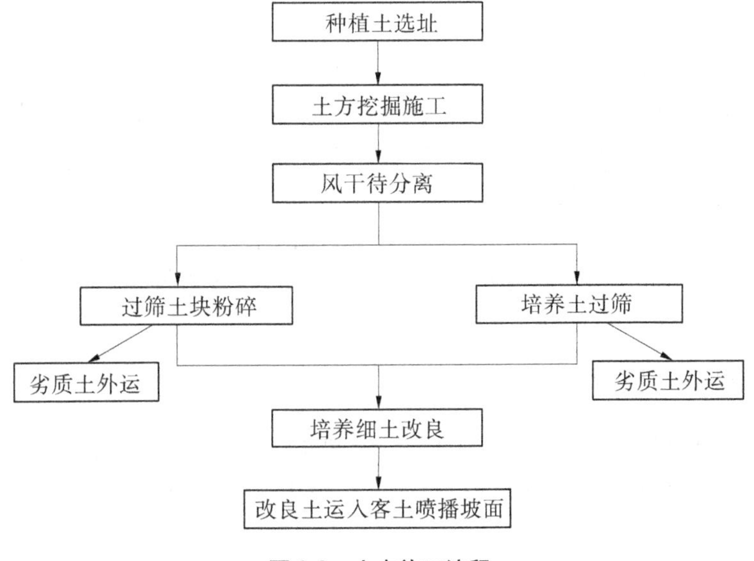

图9-2　土方施工流程

9.8.3　坡面锚杆定位

(1)锚杆分为两类,其中用于固定木质支撑板的主锚杆采用长 40 cm Φ 12 mm 螺纹钢筋,用于固定勾花镀锌铁丝网的副锚杆采用长 25 cm Φ 6.5 mm 圆钢。

(2)固定木质支撑板的主锚杆结合坡面地势设置,一般为坡长 80~100 cm 设置一层,同一层锚杆水平间距应控制在 80~100 cm。

(3)固定勾花镀锌铁丝网的副锚杆可结合坡面按照每平方米 6 根不规则布设。

(4)边坡支护工程防护锚杆可参与固定、承托。

(5)测量和放线方法:使用卷尺首先按纵横间距放点,确定主锚杆钻孔位置,然后在相邻的主锚杆之间补插副锚杆。

9.8.4　锚杆施工

(1)按照定位,采用风钻或者电锤在坡面上钻孔,主锚杆孔深应控制在 30~35 cm,副锚杆孔深应控制在 15~20 cm。

(2)用大锤将主副锚杆敲击进入岩体,外露在坡面外的锚杆长度一般不得大于 10 cm。

(3)对敲击进入岩体仍然松动的锚杆应采用木楔进行固定。

(4)钻孔时注意按照主副锚杆直径更换钻头。

9.8.5　支撑板施工

(1)选择木质一般的杨木(或松木等)提前加工成厚 1.5 cm、宽 5 cm 的板条(长度不限)。

(2)根据作业面布设主锚杆,分层安放支撑板。

(3)绑扎铁丝固定支撑板。

9.8.6　挂网施工

采用勾花镀锌棱形铁丝网,网孔规格一般为 5 cm×7 cm。挂网施工时采用自上而下放卷,并用细铁丝与锚杆绑扎牢固,网片横向搭接不小于 5 cm,纵向搭接不小于 20 cm,坡顶采用 U 形钉对钢筋网进行锚固,并预留 100~200 cm 的锚固长度。网与作业面放置有木质支撑板,可以保证间隙在 5 cm 以上。个别离岩面间距较小部位,可用草绳按一定间隔缠绕在网上,以保证间距并能增加附着力。另外,由于边坡较陡、喷播面较大,为保证稳固、不至垂落,挂网后,在网外侧边坡防护锚杆横向焊接Φ 8 镀锌钢筋(见图 9-3),使客土基质在岩石表面形成一个持久的整体板块。

9.8.7　客土材料及搅拌

基质组成:复合肥不少于 5 kg/100 m^2、磷肥不少于 4 kg/100 m^2、有机肥不少于 4 kg/100 m^2、黏合剂不少于 2 kg/100 m^2、保水剂不少于 2 kg/100 m^2。

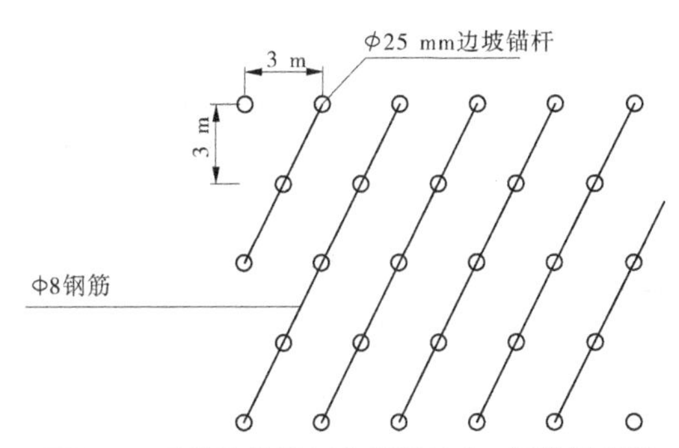

图 9-3　网外防护锚杆之间焊接φ8 钢筋示意图

9.8.7.1　主要客土材料

1. 岩面绿化料

有机成分含量:大于 80%;

N、P、K 含量:大于 5%;

pH 值:4.5~6.0;

主要作用:改善土壤,促进植物生长,加速岩面风化。

2. 进口特别绿化剂

进口特别绿化剂主要由保水剂(10 倍上下)、高分子凝结剂组成。保水剂是一种高效的土壤保湿剂,其微粒膨胀体吸收和释放的水能使土壤保水,可供植物生长期反复地吸收。高分子凝结剂(0.3‰)是高分子树脂类制剂,能使基材混合,形成易于植物生长的团粒结构。

3. 长效复合绿化剂

长效复合绿化剂是采用本地生产的含 N、P、K 及微量元素的肥料调配而成的,为保证木本群落的生长,含 P 量要高,含 N 量不易太高。

4. 混合草灌种子

混合草灌种子一般由几种草本及灌木种子混合而成。

5. 土料

尽量使用当地肥土或熟土,一般选择工程地原有的地表种植土粉碎风干过 8 mm 筛即可。

专用复合肥配比见表 9-1。

表 9-1　专用复合肥配比

用途	木本植物群落	草本植物群落
配比方案	A 方案	B 方案
N	9%	9%
P206	25%	13%
K	9%	9%
用量/(g/m²)	60	60

9.8.7.2 客土配合比

土壤改良材料(15%~25%)主要是植物纤维、有机肥、膨胀物辅助材料。目的是增加土壤肥力、保水能力和渗透性,增加土壤的缓冲力、微生物活性养分的供应。客土配合比见表9-2。

表9-2 客土配合比

岩面类型	岩面绿化料	当地材料
强风化岩面	1.0	2.0
中风化岩面	1.0	1.0
弱风化岩面	2.0	1.0

9.8.7.3 草种配比

生态护坡植物选择应遵循以下原则:

(1)所选植被最好是乡土类植物或与当地植被环境及已有植物种类一致,使之在工程后较短时间内融入当地自然环境。

(2)适应当地的气候、土壤条件(水分、pH值等)。

(3)根系发达,生长迅速,抗逆性强(抗旱、抗寒、抗病虫害、耐贫瘠),多年生。

(4)种子易得,栽培管理粗放,成本低。

我国地域辽阔,南北气候差异十分明显,因此不同地区适应种植的植物也不同,常用的坡面植物群落类型包括森林型、草灌型、草本型和观赏型。对于不同区域草种或灌木种的选择,国内常按地理区域来划分。综合我国许多生态护坡工程中种植植物的具体实例及野生植物品种驯化的成果来看,我国不同区域适合生态护坡的植物群落见表9-3。

表9-3 不同地域条件下生态护坡植物群落

区域	草本类植物群落	木本类植物群落
三北区	野牛草、羊茅、早熟禾、针茅、无芒雀麦、披碱草、冰草、小糠草、苔草、黑麦草、红豆草、沙打旺、白三叶、山荞麦、马兰花、小冠花	沙棘、柠条、刺玫、锦鸡儿、紫穗槐、杨柴、胡枝子、枸杞子、柽柳、霸王、白刺、四翅滨藜、沙地柏、梭梭、沙柳、金露梅、沙拐枣
华中地区	羊茅、早熟禾、小糠草、剪股颖、小冠花、狗牙根、香根草、双穗雀稗、假俭草、百脉根、黑麦草、紫花苜蓿、弯叶画眉、知风草、白三叶、金发草、大穗结缕草	蔷薇、报春、小蘖、杜鹃、山胡椒、山苍子、紫穗槐、绣线菊、酸枣、杞柳、山楂、柠条、多花木兰
华南地区	黑麦草、百喜草、狗牙根、香根草、画眉草、爬墙虎、白三叶、知风草、苇状羊茅、结缕草、葡茎剪股颖、双穗雀稗、假俭草、蟛蜞菊、吉祥草、草决明	地瓜榕、迎春花、金樱子、山毛豆、胡枝子、勒子树、蛇藤、米碎叶、龙须藤、小果南竹、紫穗槐、桤木、杜鹃
华东地区	紫羊茅、早熟禾、小糠草、狗牙根、香根草、假俭草、结缕草、马尼拉草、百喜草、三棵针、狼牙齿	小蘖、蔷薇、报春、爬柳、杜鹃、山胡椒、山苍子、紫穗槐、马桑、乌药

续表 9-3

区域	草本类植物群落	木本类植物群落
西南地区	羊茅、百喜草、剪股颖、黑麦草、狗牙根、早熟禾、假俭草、扁穗牛鞭草、双穗雀稗、毛花雀稗、小颖羊茅、宿根画草、狼尾草、小冠花、白三叶、结缕草	蔷薇、海棠、夹竹桃、紫穗槐、杜鹃
青藏高原地区	垂穗披碱草、白草、老芒麦、冷地早熟禾、星星草、赖草、羊茅、紫花针茅、无芒雀麦、西伯利亚冰草、高山嵩草、藏嵩草、驼绒藜	鬼箭锦鸡儿、沙棘、柠条、枸杞子、柽柳、霸王、白刺、沙地柏、金露梅、四翅滨藜

建议采用草灌型植被护坡，草灌混播有利于边坡的长期绿化与稳定，充分发挥两类植被的优势。早期草本植物能迅速覆盖边坡，避免水土流失，为灌木的生长提供温湿环境；灌木根系发达，是稳定群落的重要物种，生长稳定后可避免植被的退化。

建议草灌配比：黑麦草（10 g）+狗牙根（2 g）+紫花苜蓿（12 g）+多花木兰（3 g）+紫穗槐（3 g）+黄花槐（2 g）+波斯菊（2 g）（具体品种可按照业主指定）。

主要草种的基本特性：

（1）多年生黑麦草：须根系发达，耐贫瘠，有一定的耐践踏性，适应的土壤范围广，而耐热性和耐干旱性均较差。

（2）狗芽根：极耐酷暑、干旱。不耐遮荫，耐寒性差。

（3）紫花苜蓿：喜温暖半干旱气候，高温对其生长不利。抗寒性强，有雪覆盖时耐-40 ℃低温，抗旱能力强。

（4）多花木兰：适应性广，抗逆性强，耐热、耐干旱、耐瘠薄，较耐寒，再生性强，冬季以休眠状态越冬，并抗病虫害。

（5）紫穗槐：耐贫瘠，耐干旱，根系展性固土能力强，发芽生长稳定，可靠性强，稍耐阴，耐热，易于草本植物混播共生，在陡坡、石质山地能正常生长，初期生长较缓。

（6）黄花槐：种子播后出苗快，当年播种，当年开花结果，耐干旱，且耐酸碱、贫瘠的土地，土壤 pH 值在 5~9 的条件下均能生长良好，对水肥无特殊要求。根系发达，保土蓄水能力强，可防止水土流失，遏制植被破坏。性耐寒，-10 ℃左右无冻害，抗病害能力强，几乎无病虫害，生长量大，生长势强。

（7）波斯菊：对土壤要求不严，耐瘠薄土壤，但不能积水，不耐寒，忌酷热。

9.8.7.4　黏合剂与保水剂

黏合剂 20 g/m^2，保水剂 20 g/m^2。

9.8.7.5　材料拌和

将过筛客土配比后，草种、纤维、有机肥、黏合剂、保水剂等基料按比例充分搅拌均匀待喷播，拌和采用 PGS-20 筛土拌和机。

9.8.8 喷播施工

喷播采用 KP-25SR 型客土湿喷机,喷射施工时,应自上而下对坡面进行喷射,并尽可能保证喷出口与坡面垂直,距离保持在 0.8~1 m,一次喷附宽度 4~5 m。

喷附厚度 10~12 cm。将准确称量配比好的基材与植被种子充分搅拌混合后,通过喷射机喷射到所需防护的工程坡面,并保持喷附面薄厚均匀。事先准备好检测尺,施工者应经常对喷附厚度进行控制、检查。

9.8.9 覆盖

喷播完成后应及时覆盖草帘子或者无纺布,用竹钉固定及泥浆压固,以免雨水冲刷坡面,造成喷播材料流失。

9.8.10 养护管理

在每级边坡坡顶设纵向供水管,间隔 8.5 m 安装约 1 m 高喷洒器,用于植物种子从出芽至幼苗期间的喷洒养护,保持土壤湿润,个别部位由养护人员使用长杆接喷洒器养护。开始每天早晨浇一次水(炎热夏季早晚各浇水一次),随后随植物的生长可逐渐减少浇水次数,并根据降水情况调整。适时进行补种、清除杂草及病虫害的防治。

9.9 质量验收标准

9.9.1 验收标准

9.9.1.1 材料检验和验收

施工前,由监理工程师对拟使用的材料,检查其品牌、尺寸、规格和型号是否与监理代表处和业主批准的施工技术方案要求相符,特别是草种和基质材料必须满足业主的统一要求。

9.9.1.2 锚杆和支撑板、挂网检查验收

锚杆规格和长度必须在实施前由监理工程师逐一检查验收。锚杆深度、间距应符合要求,挂网连接应牢固、支撑板应牢固。

9.9.1.3 厚度检查和验收

喷播厚度应达到最小厚度 10 cm,表面均匀。

9.9.2 乔、灌、草种植验收标准

(1)种植材料、种植土和肥料等,均应在种植前由施工人员按其规格、质量分批进行验收,并报监理工程师备案。

(2)验收在种植施工完成 6 个月后进行。

(3)验收主要内容:①成活率指标。具体指标应符合表 9-4 的要求。②采取全检或抽检方法进行验收。抽样的数量应占各项量化数据总数的 5%以上,均匀布点。

表 9-4　成活率指标要求

植物类别	发芽率/%			
	不合格	合格	良好	优
乔、灌木	<85	85~90	90~95	>95
地被植物(草地除外)	<85	≥85	≥95	>95

9.10　质量保证措施

(1)按照国家法规及有关规范对工程质量进行严格管理。

(2)严格控制土料质量,控制好含水量,使之接近最佳含水量,防止开裂或软弹现象产生。

(3)严格控制草种质量及配合比。

(4)严格控制钢筋的规格、数量、间距、锚固长度,接头、保护层的厚度,使之符合设计与规范要求。

(5)建立完善的质量管理体系,保证工程一次成活,避免返工。

9.11　安全施工措施

(1)明确安全负责人、临时用电负责人、消防责任人、安全文明施工责任人。

(2)针对本项工程特点,编制有效的安全文明方案。做好布置管理,材料机具就位正确,场地清洁、用电布置合理。

(3)定期召开安全例会,每周组织安全文明施工检查,安全员进行现场日常巡检。

(4)施工现场管理:

①各种材料码放稳固整齐。

②临时用电必须定期检查。

③电焊机设单独开关,外壳做接地保护。

④洒水车洒水必须远离电源。

⑤外漏旋转部位须有防护罩。

⑥焊工应使用面罩或护目镜。

⑦开工前对上岗人员进行安全教育,并签订安全协议。

⑧全体施工人员在喷播作业进行时必须戴安全帽、穿作业保护鞋。边坡上喷播必须系安全带、安全绳,并检查所用工具是否完好无损。

⑨挂网时施工人员须系安全绳,安全绳固定物体为钢钎、树木等,并确保稳固。严禁患有高血压、心脏病、贫血、癫痫病等人员从事挂网作业;疲劳过度、精神不振和思想情绪低落人员要停止作业;严禁酒后作业。

⑩施工现场要有明显的安全标志。与其他施工队交叉作业时,应协调好双方之间的

合作。

⑪施工前对坡面要进行详细调查,发现不稳定的坡体时,要做好安全防护措施,同时做好人员疏散并设立警告标识。

9.12　文明施工措施

按照文明工地建设有关要求,建立良好的工作、生活环境,树立施工企业的良好形象。

(1)各种建设材料、机具等要分类、分品种、分规格放置整齐。

(2)各施工点应有计划、有步骤地进行,做到有序开展、工完料清、场地恢复平整。

(3)临时设施、驻地必须因地制宜、布局合理、整齐有序、安全卫生。

(4)及时清理外运生活、建筑垃圾,并按要求进行处理。

(5)施工人员语言、行为、举止要文明、礼貌。

9.13　环境保护措施

(1)施工人员所使用的柴油机、空压机、运输车排放应达到当地标准。尽量减少对大气的污染,节约能源,控制油耗。

(2)合理使用农药、化肥,防止土壤污染和土壤结构破坏。

(3)对废弃物(无纺布、废机油、抹机油机布)回收率达到98%,无纺布揭开后进行回收,每次换机油时须用桶装好,送往有资力的回收站处理。

(4)严防外来物种对我国生物多样性和生态环境的危害。有害的有紫茎泽兰、毒麦、互花米草、飞机草、凤眼莲(水葫芦)、假高粱、一枝黄花等。

参考文献

[1] 中国水利水电科学研究院. 水工(专题)模型试验规程[M]. 北京:中国水利电力出版社,1995.

[2] 华东水利学院. 模型试验量测技术[M]. 北京:水利电力出版社, 1984.

[3] 武汉水利电力学院水力学教研室. 水力计算手册[M]. 北京:水利电力出版社,1980.

[4] 吴持恭. 水力学[M]. 北京:高等教育出版社,1982.

[5] 左东启. 模型试验的理论和方法[M]. 北京:水利电力出版社,1981.

[6] 南京水利科学研究院. 水工(常规)模型试验规范[M]. 北京:中国水利水电出版社,1995.

[7] 包明金,刘雪松,田蜜. 溢洪道引水渠进口导墙形式优化研究[J]. 中国水运,2015,1(1):145-147.

[8] 王均星,白呈富,李泽. 巴山水电站溢洪道导水墙体型优化试验研究[J]. 武汉大学学报(工学版),2005,38(4):5-8.

[9] 王玄,王均星,崔金秀. 龙背湾溢洪道进水渠导水墙体型优化试验研究[J]. 中国农村水利水电,2009(7):100-102.

[10] 宋永嘉,田林钢,李河. 溢洪道进水渠进口形式试验研究[J]. 人民黄河,2005,27(9):56-57.

[11] 费文才,詹秋霞. 古洞口电站溢洪道进水渠优化布置试验[J]. 人民长江,1999,15(4):89-92.

[12] 钱宁,万兆惠. 泥沙运动力学[M]. 北京:科学出版社,1991.

[13] 钱宁,张仁,周志德. 河床演变学[M]. 北京:科学出版社,1987.

[14] 南京水利科学研究院. 水工模型试验[M]. 2 版. 北京:水利电力出版社,1985.

[15] 王俊勇. 明渠高速水流掺气水深计算公式的比较[J]. 水利学报,1981(5):48-52.